复合环境功能材料研究

冯艳文 郭 勇 著

燕山大学出版社

2020·秦皇岛

图书在版编目(CIP)数据

复合环境功能材料研究/冯艳文,郭勇著. —秦皇岛:燕山大学出版社,2020.10
ISBN 978-7-5761-0084-6

Ⅰ.①复… Ⅱ.①冯…②郭… Ⅲ.①复合材料—功能材料—材料研究 Ⅳ.①TB34

中国版本图书馆 CIP 数据核字(2020)第 199332 号

复合环境功能材料研究

冯艳文 郭 勇 著

出 版 人:陈 玉
责任编辑:孙志强
封面设计:刘韦希
出版发行: 燕山大学出版社
        YANSHAN UNIVERSITY PRESS
地　　址:河北省秦皇岛市河北大街西段 438 号
邮政编码:066004
电　　话:0335-8387555
印　　刷:英格拉姆印刷(固安)有限公司
经　　销:全国新华书店

开　　本:700 mm×1000 mm　1/16　印　　张:14.25　字　　数:230 千字
版　　次:2020 年 10 月第 1 版　　印　　次:2020 年 10 月第 1 次印刷
书　　号:ISBN,978-7-5761-0084-6
定　　价:58.00 元

前　言

"环境材料"通常是指兼具最佳环境协调性和实用性能的材料,是涉及资源、能源和生态的各类功能材料的总称,不仅重视材料实用性能,更重视环境协调和环境保护。按照环境功能材料在解决环境问题中所起的作用,可以将环境功能材料分为环境净化材料和环境修复材料。其中环境净化材料的主要功能是去除环境中的污染物。空气污染防治的方法主要包括吸收法、吸附法、催化转化法等。在水体净化过程中,会需要氧化还原材料、沉淀材料、吸附材料、混凝材料等。近十几年来,高级氧化技术得到迅猛发展,功能催化剂及电、光、化学等功能性材料是高级氧化技术获得应用的关键前提。本书主要介绍复合环境功能材料的研究,包括纳米 TiO_2/电气石复合环境材料、纳米 TiO_2/硅藻土复合环境功能材料、纳米 TiO_2/煅烧高岭土复合环境功能材料、秸秆生物提取环境材料的研究,详细描述了研究现状、制备方法、性能表征、机理分析等,并总结了在废水处理、工业循环水领域的应用研究。

著者多年来一直从事复合环境功能材料的研究,特别是纳米 TiO_2 光催化系列复合环境功能材料研究与开发。近十年来,著者及科研团队重点开发了纳米 TiO_2/电气石复合环境材料、纳米 TiO_2/硅藻土复合环境功能材料、纳米 TiO_2/煅烧高岭土复合环境功能材料等,尤其是在纳米 TiO_2/电气石复合环境材料方面的研究与应用方面取得了较为丰硕的成果。纳米 TiO_2 以其活性高、热稳定性好、抗光氧化性强、价格便宜等特性成为最受重视的一种光催化剂。但由于半导体 TiO_2 的能带带隙 $E_g=3.2$ eV,仅能吸收利用波长小于 387.5 nm 的紫外线部分,光生电子和光生空穴再复合率较高,致使太阳能利用率和量子效率低,工业应用受到极大限制。研究表明,微波辅助光催化、电场协助光催化等技术,能够大幅度提高光催化效率。尤其是有电场参与的光催化反应能够将光催化效率提高 3 倍以上。电场协助光催化技术通常把 TiO_2 做成膜电极,并对该膜电极施加数十到数百毫伏的阳极偏压,致使光生电子更易离开催化剂表面,从而提高光催化效率。目前国内外的研究主要以二维纳米 TiO_2 光电催化体系为主。电气石/TiO$_2$复合光催化材料将电气石具有的天然电场特性和纳米 TiO$_2$光催化强氧化特性进行有机结合,实现自然能量下的光电催化。在电气石/TiO$_2$复合催化剂体系中,在电气石微粒阴极表面形成了连续的 TiO$_2$ 微粒薄膜。当电气石/TiO$_2$复合催化剂受到紫外线的照射时,复合催化剂表面 TiO$_2$ 的价带电子将会受到激发而向导带跃迁,从而在价带形成光生空穴。而这时,在导带上的光生电子处于自由状态,一部分光生电子会迅速地和光生空穴进行再复合,而大部分电子将会受到复合催化剂内部电气石天然电场的吸引,迅速转移到电气石的阳极表面,并被其牢固地捕获,从而有效地避免了光生电子和光生空穴的再复合,提高了光生空穴的利用率,达到提高光催化效率的目的。电气石/TiO$_2$复合材料利用电气石天然电极性和辐射红外线特性,提高光催化效率,具有常规光电催化和微波辅助光催化效果,但无须外加电源和微波源,在环保等领域具有广阔应用前景。希望本专著的出版,能够对相关研究人员对复合环境功能材料的研究提供一定的借鉴和帮助。

本专著由冯艳文和郭勇共同编写,共分为 8 章,具体撰写情况如下,第 1 章绪论(冯艳文),第 2 章纳米 TiO$_2$/电气石复合环境功能材料(冯艳文),第 3 章纳米 TiO$_2$/硅藻土复合环境功能材料(冯艳文),第 4 章纳米 TiO$_2$/煅烧高岭土复合环境功能材料(冯艳文),第 5 章烟柴秆提取物在循环冷却水中的阻垢缓蚀性能(郭勇),第 6 章烟柴秆提取物与第二组分的缓蚀协同效应研究(郭勇),第 7 章烟柴秆提取物残渣对 Pb(II)吸附性能研究(郭勇),第 8 章烟柴秆提取物残渣对亚甲基蓝和刚果红的吸附性能研究(郭勇)。

感谢天津市企业科技特派员项目(编号 19JCTPJC60700)、天津职业大学专著专项基金对本专著的资助,同时特别感谢刘希东老师、朱虹老师、李璐老师、王炯老师、刘冰冰老师等对本专著的帮助。著者所在天津职业大学生物与环境工程学院各位同事多年来给予团队各种支持和配合,谨在此一并表示衷心的感谢。

冯艳文

2020 年 10 月于天津职业大学(天津)

目　　录

第1章 绪 论

1.1 环境功能材料

1.1.1 功能材料

A. Mortonu 于 1965 年提出"功能材料",是指具有优良的电学、磁学、光学、热学、声学、力学、化学和生物学等功能及相互转化功能的非结构性用途的材料。功能材料在现代材料中占有非常重要的地位,半导体电子功能材料、先进光学功能材料、光电子材料、形状记忆合金、生物医学功能材料、储能材料、能源材料、原子能反应堆材料、太阳能利用材料、高效电池材料、环境功能材料等在诸多领域展示了广泛的应用前景。

1.1.2 环境功能材料

日本山本良一教授在 20 世纪 90 年代初,首次提出"环境功能材料"。"环境功能材料"通常是指兼具环境协调性和实用性的材料。环境材料是涉及资源、能源和生态的各类功能材料的总称,不仅重视材料实用性能,更重视环境协调和环境保护。按照环境功能材料在解决环境问题中所起的作用,可以将环境功能材料进行如下分类。

1.1.2.1 环境净化材料

环境净化材料的功能主要是去除环境中污染物。例如,大气污染控制通常采用的是源头控制方案。空气污染防治的方法主要包括吸收法、吸附法、催化转化法等,那么必然涉及吸附剂、吸收剂、催化剂、各类离子交换树脂等。再比如,在水体净化过程中,会需要氧化还原材料、沉淀材料、吸附材料、混凝材料等。近十几年来,高级氧化技术得到迅猛发展,功能催化剂及电、光、化学等功能性材料是高级氧化技术获得应用的关键前提。在生物接触氧化中,人造纤维软性填料逐步替代了硬质塑料类网状和蜂窝状填料,人造纤维丝软性填料在提升接触氧化效率中发挥了至关重要的作用。此外,在面对电磁波、噪声等物理污染时,各种功能性材料日益引起重视。

1.1.2.2 环境修复材料

环境修复材料通常也常被称为生态修复材料,是指具有对遭到破坏的环境进行生态修复治理、恢复被破坏环境的生态特性的功能性材料。例如固沙材料及沙漠植被技术、CO_2 固定材料、O_3 层的修复材料等。

1.2 环境矿物材料

1.2.1 环境矿物材料的提出

1992 年,第 29 届国际地质大会上明确提出环境矿物学这一学科,环境矿物材料学是在环境矿物学的基础上发展起来的一门涉及人体健康和环境防护的矿物学分支学科。2016 年 12 月 10 日,中国科协批准成立中国硅酸盐学会矿物材料分会,标志着矿物材料特别是环境矿物材料的发展进入一个新的时期。近年来,环境矿物材料学得到了迅猛的发展,引起越来越多的环境工作者的重视。

1.2.2 环境矿物材料的定义

环境矿物材料是指由矿物及其改性产物组成的与生态环境具有良好协调性或直接具有防治污染和修复环境功能的一类矿物材料。我们认为,环境矿物材料既是具有环境协调性或环境功能的矿物材料,又是直接来源于矿物的环境材料,是二者的完美复合产物。环境矿物材料也可称之为矿物环境材料。因此,环境矿物材料需要具备两个最基本特征:(1)材料本身是以天然矿物或岩石为主要原料;(2)材料具有环境协调性或具有环境修复和污染治理功能。环境矿物材料的矿物性环境功能包括矿物的孔道过滤作用、表面吸附作用、物理效应作用、化学活性作用、离子交换作用、结构调整作用、纳米效应作用及与生物交互作用等。矿物性环境功能是环境矿物学的重要研究内容之一,主要利用天然(或改性)矿物有效治理固、液、气三类污染物。

1.2.3 环境矿物材料的分类

环境矿物材料可以矿物材料的分类来进行,因为环境矿物材料本身也是矿物材料的一部分,也可以根据环境矿物材料的用途进行分类,可分为治理大气污染的矿物材料、治理水污染的矿物材料、治理土壤污染的矿物材料和处理放射性污染的矿物材料。

(1)治理大气污染的矿物材料。比如可用碱性矿物材料处理含有酸酐等酸性物质的大气,包括有石灰石、方解石、生石灰、方镁石、水镁石等。如日本用方镁石、水镁石吸收 SO_2、SO_3 废气;石灰石和生石灰可进行烟道干法脱硫,在 $t=820\sim1370\ ℃$ 下,用粒度为 $0.1\sim2\ mm$ 的石灰石或生石灰对含 SO_2 为 $0.1\%\sim1\%$(体积分数)的烟气作脱硫处理,对废气的吸收容量可达 50%。

(2) 治理水污染的矿物材料。用矿物材料处理废水的主要方法有过滤、中和、沉淀、离子交换、吸附等。滤用矿物材料常用的有石英、尖晶石、石榴石、多孔 SiO_2、硅藻土等,板柱状矿物和片状矿物不宜单独作过滤用矿物材料。控制水体 pH 的矿物有方解石、白云石、生石灰、石灰乳、水镁石、方镁石、橄榄石、蛇纹石、长石等。利用矿物的荷电性,与水体中具异号电荷的污染物作用产生凝聚消除污染,如明矾、绿矾、苏打、生石灰、三水铝石、高岭石、蒙脱石等均具有这种作用。沸石、蒙脱石、石墨、蛭石、伊利石、绿泥石、高岭石、凹凸棒石、坡缕石、海泡石等具有良好的吸附性和离子交换性,可用于清除废水中的 NH_4^+、$H_2PO_4^-$ 和重金属离子 Hg^{2+}、Cd^{2+}、Pb^{2+}、Cr^{3+}、As^{3+}、Ni^{2+} 等。海泡石处理含 Ni^{2+} 污水,对 Ni^{2+} 的去除率可达 $85\%\sim96\%$,优于活性炭吸附剂,且易于再生;凹凸棒石作吸附剂处理印染厂污水,对 Cr 系有机染料的脱除率和脱色率分别可达 84% 和 95%。磁铁矿可去除废水中的颜色、悬浮物和铁、铝等。磁黄铁矿可清除 Cu^{2+}、Cd^{2+}、Pb^{2+}、As^{3+}、As^{5+}、Cr^{6+} 等,去除率可达 98%。

(3) 土壤修复用矿物材料。土壤污染治理环境矿物材料目前主要用于固定、降解和去除土壤环境中的重金属和有机污染物。常用的土壤污染治理环境矿物材料包括煤基复合材料及粉质矿物材料、黏土矿物、铁氧化物、磷石灰、活性炭等。磷酸盐、碳酸盐和硅酸盐材料是最常见的土壤重金属修复稳定化材料,常单独使用或几种材料联合使用。

(4) 处理放射性污染的矿物材料。石棉、玻璃纤维、人造有机纤维等可用于吸附、过滤放射性气体和空气中具有放射性的尘埃,沸石等可净化被放射性物质污染的水体,软锰矿对放射性元素也有强的吸附作用。矿物固化法是处理放射性废渣的最有效方法,固化包括对放射性元素的永久性吸附、包裹或经反应生成安全性固体物质。如硼砂、磷灰石、石英混合物在 $1000\ ℃$ 以上熔化后,可制成耐辐射的稳定玻璃体,这种玻璃体可取代过去使用的水泥(抗水性差、易于浸出放射性的物质)和沥青(易老化而造成泄漏),固化放射性废物。

1.2.4 环境矿物材料的应用现状及发展趋势

1.2.4.1 污染物净化与矿物资源化

环境矿物材料的环境功能包括孔道过滤作用、离子交换作用、结构调整作用、表面吸附作用,成本低、工艺简单、处理效果好且无二次污染,在环境治理领域应用前景广阔。环境矿物材料在环境治理中的应用见表 1-1。

表 1-1 环境矿物材料在环境治理中的应用

治理范围	功能	环境矿物材料
水污染治理	过滤 吸附 净化	石英、尖晶石、石榴石、海泡石、坡缕石、膨胀珍珠岩、硅藻土及多孔 SiO_2、膨胀蛭石、麦饭石等用于化工和生活用水过滤。白云石、石灰石、方绿石、水绿石、蛇纹石、钾长石、石英等用于消除水中过多的 H^+ 或 OH^-,明矾石、三水铝石、高岭石、蒙脱石、沸石等用于清除废水中有机物和重金属离子等
大气污染治理	中和 吸附	石灰石、菱绿矿、水绿石等碱性矿物用于中和可溶于水的气体,这些有害气体多为酸酐。沸石、坡缕石、海泡石、蒙脱石、高岭石、白云石、硅藻土等多孔物质用于制作吸附剂吸附有毒有害气体
固体废物处理与处置	吸附 固化	膨润土、海泡石、石膏、浮石、粉煤灰、电石渣
放射性污染治理	过滤 离子交换 吸附 固化	石棉用作过滤材料消除放射性气体及尘埃。沸石、坡缕石、海泡石、蒙脱石等用作阳离子交换剂净化被放射性污染的水体。沸石、坡缕石、海泡石、蒙脱石、硼砂、磷灰石等可对放射性物质永久性吸附固化
土壤污染修复	中和 吸附	膨润土、海泡石、沸石、珍珠岩、石膏、蛭石、高岭土、硅藻土、石灰石、铁锰矿物、浮石、粉煤灰、电石渣等
噪声	隔音	沸石、浮石、蛭石、珍珠岩等轻质多孔非金属矿物可生产用于保温、隔热、隔声的建筑材料

1.2.4.2 环境矿物材料改性与调控

天然环境矿物材料因为其具有良好的孔道过滤、矿物表面吸附、化学活性、离子交换、物理效应及纳米效应等基本性能,在废水废气治理领域中发挥着独特的作用。然而其应用效果却参差不齐,甚至来自不同地区、不同矿产的同种矿物材料,也很难得到同样的应用效果。为了更好地开发和利用新型环境矿物材料,使其充分发挥在环境污染防治中的作用。近年来,国内外学者将研究重心逐渐转移为环境矿物材料的改性与调控,通过物理、化学、生物以及复合改性等方法,对天然环境矿物材料的结构、成分、性质进行调控,使其具备更广泛、更有效、更稳定的环境功能。

环境矿物材料改性是指将天然矿物从自身性质或理化性能方面进行直接或间接的改性,最终达到提高其使用价值和开拓材料应用功能的目的。国内外有关改性环境矿物材料的制备与应用研究已经取得诸多进展,包括化学改性、物理改性、复合改性等。

(1)物理改性与调控

环境矿物材料的物理改性与调控就是通过物理手段改变环境矿物材料的理化性质,向环境矿物材料中增加填料或通过物理方法提高其纯度、改变其结构,从而增强其环境性能,达到预期的材料性能。常规的物理改性与调控方法包括机械力改性、热处理改性、煅烧改性、焙烧改性、烧结、微波改性、超声改性等。

(2)化学改性与调控

化学改性即通过化学反应改变材料的物理、化学性质,或者根据材料的自身性质,运用化学反应或手段,定向改变材料的结构、成分、性质。化学改性分为无机改性和有机改性两类。层状矿物材料的改性多采用无机改性,例如为了提高矿物离子交换性能,可以通过改性增加矿物材料的层间距。应用有机改性剂来部分改造或提升矿物材料物理化学性质的方法被称为有机改性。有机改性主要包括插层改性、表面吸附改性及嫁接改性等。

(3)复合改性

复合改性是指通过两种或两种以上改性手段,对同一材料进行改性,以强化材料的理化性能或赋予材料新的理化性质。常见的复合改性方法可根据改性过程分为两种:一种是同步进行复合改性,即运用两种或两种以上的改性方法同时对材料进行改性,例如微波辅助改性、超声辅助改性、在水热条件下进行化学插层改性、微波回流条件下制备复合材料等;另一种是分段改性方法,即将不同的改性方法按照一定顺序分段进行,上一阶段的改性结果将为下一阶段的改性操作提供条件或做铺垫,例如为同一材料负载多个官能团,需要在不同的反应单元设置投加不同的药剂,使官能团逐步有序地接枝在材料表面。

1.2.4.3 环境矿物材料发展趋势

经过几十年的认识和发展,矿物材料已在环境保护领域呈现很好的社会和经济价值。目前,环境矿物材料在改性、表征及再生方面的研究较多,但主要关注点在于通过化学处理、表面和热处理改性等方式改变矿物的物化性质以获得高性能材料,今后还应加强以下几个方面的研究。

(1)环境矿物材料的结构与性能数据库构建。目前天然或经过改性后的环境矿物材料在环境污染治理工程中得到了广泛应用,但是缺乏其结构与应用领域和环境净化性能之间的关系研究。今后应通过矿业和环境等学科之间的交叉与融合,基于现有实验室和工程应用大数据,建立我国环境矿物材料应用数据库,以指导环境矿物材料的开发和应用。

(2)新型多功能环境矿物材料的开发。为了实现能源消耗最优化、资源利用效率最大化,以及环境负荷最小化,需要在现有的技术基础上开发出新的环境矿物材料。目前已经开发出的环境矿物材料在环境污染治理领域性能较单一,往往仅对单一污染物具有较好的效果,但是无论是水、大气、固体废物以及土壤等环境要素中,多种污染物同时并存,如无机与有机污染物并存、不同价态离子并存等,因此应在充分认识矿物本身结构和性质的基础上,研究新的改性方法(如无机、有机与生物的复合改性),赋予环境矿物材料同步去除多种污染物的功能。

(3)环境矿物材料的造粒和再生循环利用研究。环境矿物材料粒度越细,污染物净化效果越好,但给实际应用带来很多困难,如水处理易于流失、水流阻力大、土壤修复时污染物难以移除等。因此今后应加强环境矿物材料的造粒研究,重点研究不改变材料性能的造粒技术以及污染物移除技术。另外,大多数环境矿物材料在污染治理过程中最终会达到吸附饱和,为了不产生二次污染和解决材料循环利用问题,今后应发展新型矿物材料再生技术。

(4)环境矿物材料改性和污染物去除基础理论研究。基于矿物的地球化学特性,借助于有机界生物净化环境的理论,开发新的环境矿物材料改性技术,通过更为先进的表征手段研究环境矿物材料的改性机理,同时研究环境矿物材料的性能与污染物去除之间的关系行为规律,为新型环境矿物材料的设计、制备提供依据。

（5）拓展复合改性方法的联合应用。比如可以通过矿物基来制备纳米光催化复合功能材料，在纳米 TiO_2 光催化反应体系中引入电气石微粉，能够显著提升光催化反应效率。因此，在未来环境矿物材料在污染治理中的研究应用拓展矿物材料与其他处理技术联用也将是一个重要方向。

1.3　纳米 TiO_2/矿物复合环境功能材料

1.3.1　纳米 TiO_2 多相光催化技术

TiO_2 多相光催化技术作为一种可利用太阳能的绿色、无污染技术，广泛应用于重金属、染料废水、除草剂、杀虫剂、EDCs 废水等各种污染物的处理。TiO_2 多相光催化技术的工业化使用，涉及两方面的关键瓶颈：一是研制具有高光利用率、高光催化效率、高回收率的纳米 TiO_2 光催化剂；二是研制易于工艺简单、操作方便、光能效率高的光催化反应装置。

1.3.1.1　种类、性质与应用

按照目前的生产和应用实践，对纳米 TiO_2 的种类和性质可通过 TiO_2 晶型和颗粒单元形态及应用领域进行区分。按 TiO_2 晶型的不同，纳米 TiO_2 可分为金红石型、锐钛矿型、板钛矿型、无定型 TiO_2 以及由两种或以上晶型组成的混晶型产物。由于颗粒尺寸处在纳米级别，所以纳米 TiO_2 比同晶型的微米级 TiO_2 具有更加显著的功能特点。

观察其结构（见图 1-1），我们可以看出三种晶型之中，金红石相 TiO_2 的结构是对称的，所以其在高温状态下是比较稳定的，不易发生反应，为高温相，其余两种相态的结构均有一些不同程度的变形，并非对称图形。板钛矿的程度相比之下要小一点，但是因为其对称性比之较差，所以板钛矿的化学性质更加不稳定。金红石与锐钛矿的结构上的差异导致了它们的性质有很大差异，从热力学角度来讲，金红石是比较稳定的晶型，熔点为 1870 ℃，是 TiO_2 的高温型，而锐钛矿是 TiO_2 的低温相，一般在 $500\sim600$ ℃时发生变化，转变为金红石。TiO_2 的晶型转变主要是因为 TiO_2 八面体结构的重排，由于金红石的排列更加紧密，所以其硬度、介电常数相比之下要更高，所以经常被用作为白色涂料和防紫外线材料，在防紫外线方面和工业涂料方面有着很好的应用。锐钛矿空穴不易在表面复合，因为具有更好的光催化活性，能够直接降解太阳光中的紫外光，因此，锐钛矿在环境污染处理方面有着巨大的前景，能作为良好的光催化材料。

TiO$_2$ 三种晶型的实物图及物理性质如图 1-2 和表 1-2 所示。

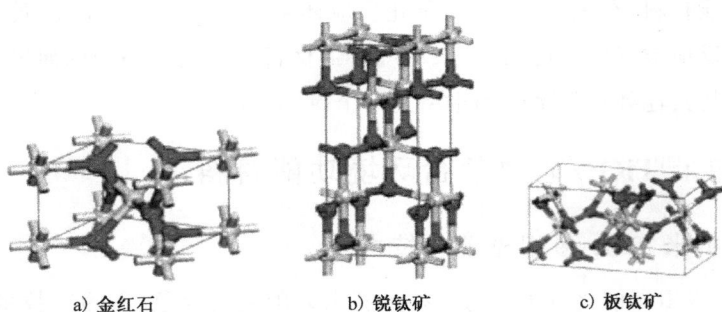

a) 金红石　　　　　　　b) 锐钛矿　　　　　　　c) 板钛矿

图 1-1　TiO$_2$ 的结构示意图

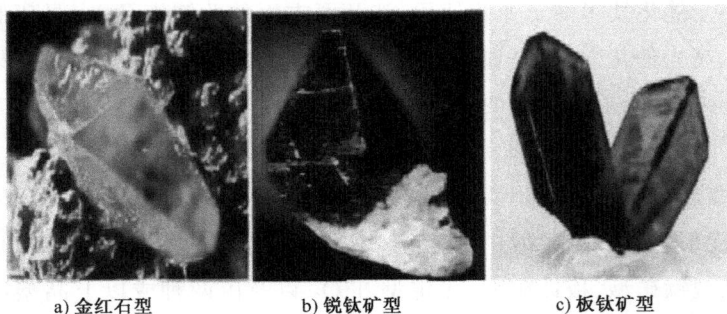

a) 金红石型　　　　　　b) 锐钛矿型　　　　　　c) 板钛矿型

图 1-2　TiO$_2$ 的实物图

表 1-2　TiO$_2$ 三种晶型物理性质的比较

晶型	金红石	锐钛矿	板钛矿
晶系	四方	四方	斜方
晶胞参数	4.584	3.733	5.436
	4.584	3.733	0.916 6
	2.953	9.37	0.513 5
生成热(kJ/mol)	−943.5	−912.5	/
绝对熵(kJ/mol)	50.25	49.92	/
密度(g/cm^3)	4.24	3.83	4.17
介电常数	110～117(粉末)	48(粉末)	78(中性晶体)
硬度(Mohs)	7.0～7.5	5.5～6.0	5.5～6.0
带隙宽度(eV)	3	3.21	3.13
折射率	2.946 7	2.568 8	2.809

金红石型纳米 TiO_2 具有很强的紫外线吸收作用,这是它作为具有较小禁带宽度(3.2 eV)的半导体物质,通过吸收波长小于 415 nm 的电磁波(包括紫外线和部分可见光)实现电子跃迁的结果。再加之它在耐候性、热稳定性和化学稳定性等方面均优于锐铁矿型纳米 TiO_2,所以,它成为有屏蔽紫外线需求的产品的添加材料,如添加在太阳伞布料和高耐候性外墙涂料等制品当中,可大大提高这些制品的耐老化性能。金红石型纳米 TiO_2 还用于汽车面漆中,增加金属面漆颜色的丰满度和视角闪色性以提高装饰效果。

锐铁矿型纳米 TiO_2 是具有典型光催化特征的半导体物质,其光催化活性显著强于金红石型纳米 TiO_2,现已成为功能性强、用量大和应用领域最广泛的光催化材料,对其光催化效应及其应用技术的研发,已成为纳米 TiO_2 材料领域重要的研究内容。锐铁矿型纳米 TiO_2 已广泛用于光催化降解治理工业和生活废水、去除人居环境中有害细菌和降解净化室内空气等场合。

板钛矿属于晶型不稳定的 TiO_2,早期的人工合成因很难得到均一的板钛矿型纳米 TiO_2,故对其包括光催化性在内的性质的研究十分缺乏。自 2003 年成功合成板钛矿型纳米 TiO_2 后发现,板铁矿型纳米 TiO_2 也具有较强的光催化性能,甚至强于金红石型纳米 TiO_2。

颗粒单元形态纳米 TiO_2 颗粒主要有实心体颗粒和空心体颗粒两种形态,其中实心体颗粒包括零维纳米颗粒(颗粒三维尺度相当,均处在纳米尺度,如球柱形纳米 TiO_2)、一维纳米结构颗粒(TiO_2 纳米棒、纳米纤维、纳米线、纳米带和纳米管等)和二维纳米薄膜等。纳米 TiO_2 空心体主要有中空 TiO_2 纤维和中空 TiO_2 空心球(微孔和介孔结构)等。

粒径和形貌是影响 TiO_2 光催化性质的因素,具有一维和二维结构的纳米 TiO_2 实心体颗粒更有利于其光催化性的发挥,并且比一般的零维纳米颗粒更容易获得分散性良好和容易回收的应用体系。具有中空形态,包括介孔结构、孔洞结构和空壳结构的纳米 TiO_2 空心体颗粒,一般具有比表面积大、密度低、稳定性高和传质过程好等特点,孔洞和中空部分能容纳大量客体分子而具有微观"包裹"效应。由于大的比表面积更有利于反应物吸附和光能的吸收,因此孔洞结构的纳米 TiO_2 比之同晶形的实心颗粒具有更高的光催化活性。

1.3.1.2 纳米 TiO_2 光催化剂研究进展

纳米 TiO_2 光催化剂的研究大致可以分成三个阶段:第一个阶段是初始阶

段,初始阶段的纳米 TiO_2 光催化剂的典型特征是主要为纳米级颗粒型,比表面积较大,具有比较宽的光利用范围,光生电子—光生空穴复合率低,光催化效率高等特点。初始阶段的纳米 TiO_2 光催化剂面临的最大难题是无法实现回收,无法重复利用,初始阶段的典型代表为 P25-TiO_2(德国 Degussa 公司生产)。第二个阶段是零维结构纳米 TiO_2 光催化剂阶段。这个阶段,主要集中在研究既保证高光催化剂活性,又保证高回收率。研究方法主要包括过渡金属、贵金属、稀土金属等掺杂,制备负载型复合催化剂等。通过金属掺杂,能够实现纳米 TiO_2 光催化剂的可见光光催化,同时有效地降低了光生电子—光生空穴复合率。以玻璃珠、活性炭、石英玻璃管、沸石、玻璃、电气石、光导纤维等,制备负载型复合纳米 TiO_2 光催化剂,能够显著提升催化剂的回收率。第三个阶段是多维结构纳米 TiO_2 光催化剂研究阶段。多维结构纳米 TiO_2 光催化剂主要包括纳米和微米级的一维 TiO_2 棒/管/纤维;二维 TiO_2 层级薄板;三维 TiO_2 交联体等。多维结构纳米 TiO_2 光催化剂的典型特点是:具有更大的比表面积、更强的污染物吸附能力、更高的光催化活性。

1.3.1.3　纳米 TiO_2 光催化反应装置研究进展

良好的纳米 TiO_2 光催化反应装置可以为光催化反应提供一个光能效率高、反应稳定的环境,是纳米 TiO_2 多相光催化技术得以进行工业化应用的重要条件。依据纳米 TiO_2 光催化剂呈现方式的不同,其光催化反应装置主要可以分为固定床反应装置、悬浮浆态反应装置、流化床反应装置以及填充床反应装置;依据光源与废水的相对位置,可以分为光源内置式反应装置、光源外置式反应装置以及导光式反应装置;依据操作方式可以分为间接式反应装置和连续式反应装置;依据光源种类的不同,又可以分为自然光源反应装置和人造光源反应装置。不同类型光催化反应装置的特点如表 1-3 所示。

表 1-3　光催化反应装置的分类和特点

分类方式	类别	特点
催化剂存在方式	悬浮浆态反应装置	光源、光催化剂、废水互相接触面积大,无传质限制,光催化剂易团聚失活,需回收
	固定床反应装置	光催化剂负载于载体上,因而无须分离回收,但易于脱落、流失,且光源、光催化剂、废水互相接触面积较小,传质有限制

分类方式	类别	特点
催化剂存在方式	流化床反应装置	光催化剂为微米级或负载于颗粒上,易于分离,传质限制较小,负载催化剂易失活、脱落
	填充床反应装置	光催化剂无须分离,但相互之间对光源有遮蔽作用,传质限制较大
光源与废水相对位置	光源内置式反应装置	光源可全方位对体系辐射,光源利用率高
	光源外置式反应装置	光源无法全方位辐射,光源利用率低
	导光式反应装置	催化剂负载于载体上,载体可传递光源,光强度不均匀,光催化剂易脱落、流失,且光源、光催化剂、废水互相接触面积较小,传质有限制
操作方式	间接式反应装置	一般为批式处理,应用受限,停留时间不受限制
	连续式反应装置	连续式处理,适合工业化应用。停留时间较短,影响处理效果
光源种类	自然光源反应装置	一般可分为聚光型和非聚光型,聚光型反应装置效率高、投资大、反应速率快;非聚光型反应装置投资较低、简单、反应速率较慢,两种类型均受天气影响大
	人造光源反应装置	光源波长强度可控,不受天气影响,但需要消耗电源,增大处理成本

不同光催化反应体系和各类反应装置因为装置本身的结构和特点均有一定的优点和局限。目前纳米 TiO_2 光催化反应装置的发展趋势,主要是集中研究综合各类反应装置特点的复式反应装置,实现反应体系中气、液、光等单元合理设置,以提高光催化反应效率。

1.3.1.4　光电催化反应技术

通常 TiO_2 光催化技术通过紫外光的照射,TiO_2 颗粒会激发产生电子(e^-)和空穴(h^+)对(见图 1-3)。产生的空穴具有强氧化性,可直接氧化污染物。另外,空穴和电子也能与液相中的 O_2 和 H_2O 等作用,生成强氧化性的 $\cdot OH$ 和 O_2^- 等。但空穴和电子容易复合,以能量的形式散失,且复合时间很短,一般小于 10 ns。为了阻止电子和空穴的复合,研究人员研发了通过外加直流电压,通过外电压将光生电子驱赶至反向电极表面的 TiO_2 光电催化技术,大大提高了氧化处理效果,其原理如图 1-4 所示。常用的 TiO_2 光催化剂有 TiO_2 纳米管、TiO_2 纳米阵列、TiO_2 纳米带、TiO_2 纳米棒、TiO_2 薄膜等,以及采用 B、N 等非金属元素,Cr、Cu、Fe、Ag、Au 等金属元素以及 SiO_2、WiO_3、SnO_2、Cu_2O 等氧化物掺杂 TiO_2 材料等。TiO_2 光电催化技术的核心在于研制 TiO_2 膜电极,目前主要有化学气相沉积法、电化学沉积法、溶胶凝胶法、热胶黏合法、水热合成法、磁控溅射法等。为了更好地将 TiO_2 光电催化技术用于工业实际中,光电催化反应装置的研制也是研究的重点,目前主要有悬浮态光电极反应装置、固定化膜光电极反应装置和透明固定化膜电极反应装置、液膜光电催化反应装置等。目前,该技术在多种难降解有机废水中均得到了研究与应用,主要包括:①染料废水,TiO_2 光电催化技术可用于各种不同种类染料废水的处理,包括偶氮染料废水、蒽醌类染料废水、杂环类染料废水以及孔雀石等芳甲烷染料废水的处理;②化工废水,包括醛类废水、苯类废水、有机酸废水、杀虫剂废水、除草剂废水、表面活性剂废水等;③制药废水,包括金霉素、四环素、土霉素、三氯生、阿昔洛韦、氧氟沙星、双氯芬酸等;④垃圾渗滤液。

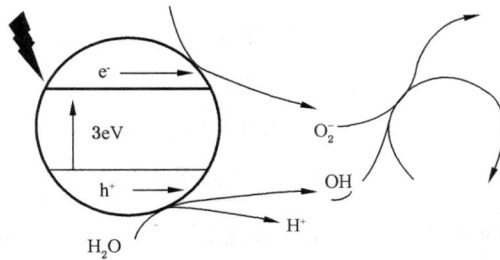

图 1-3　TiO_2 光催化技术原理图

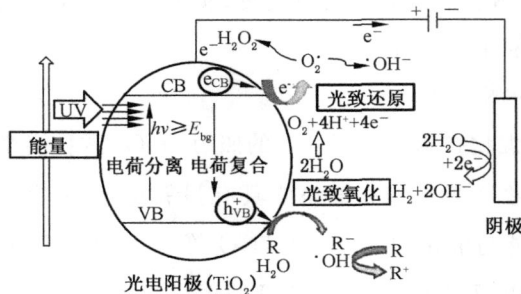

图 1-4　TiO_2 光电催化技术原理图

1.3.2 纳米 TiO_2/矿物复合环境功能材料设计

1.3.2.1 TiO_2/矿物颗粒复合的设计原则

（1）颗粒复合方式与特点

根据颗粒复合的概念与特征：TiO_2/矿物复合颗粒是指由特定的非金属矿物颗粒与 TiO_2 颗粒或 TiO_2 聚集体以某种有序方式结合而形成的复合颗粒，矿物 TiO_2 复合粉体是该复合颗粒以集合体（粉体）形式组成的具有特定功能的粉体材料。TiO_2/矿物复合颗粒是典型的微纳米尺度上颗粒的有序复合产物，根据复合方式、形态和功能性的预先设计可以推断：TiO_2/矿物复合颗粒及粉体可呈现由矿物基体协同影响后的 TiO_2 性质，或呈现非金属矿物与 TiO_2 的双重性质。由于复合颗粒的性质是影响颗粒集合体材料（粉体）功能性质的主要因素，所以通过微观上对矿物与 TiO_2 颗粒复合作预先设计可成为调控复合粉体性能的依据，并以此作为复合粉体功能化的手段。

（2）TiO_2/矿物复合颗粒的分类

TiO_2/矿物复合颗粒可按复合颗粒的形貌、功能性质、制备方法、TiO_2 形态和颗粒间的复合形态等进行分类。

TiO_2/矿物复合颗粒依其外观形貌可分为针状、柱状、片状、球状等类型，主要取决于参与复合的矿物基体颗粒的形貌特征，如以石英为包核基体制备的 TiO_2 包覆型复合颗粒为似球形，以碳酸钙为基体的复合颗粒为方柱形，以绢云母为基体则为片体状；以蒙脱石为基体的 TiO_2 柱撑型复合颗粒为片状，沸石负载纳米 TiO_2 复合颗粒为柱状等。

按功能性质，TiO_2/矿物复合颗粒材料分为珠光颜料、白色颜料、光催化材料（TiO_2 柱撑型和负载型复合颗粒）和增白材料（电气石 TiO_2 复合颗粒）等。

按制备方法和工艺，TiO_2/矿物复合颗粒材料目前有化学沉积法（水解法和溶胶凝胶法等）、固相机械力化学法、液相机械力化学法和自组装方法制备等各种类型。

TiO_2/矿物复合颗粒按其中 TiO_2 粒子的形态分为单一颗粒、颗粒聚集体、致密层等类型，根据 TiO_2 晶型，则可分为锐铁矿型、金红石型、无定型和混合晶型等。

按参与复合的单颗粒之间的复合形态，TiO_2/矿物复合颗粒分为包覆型（包括 TiO_2 包覆在矿物颗粒表面和矿物粒子包覆在 TiO_2 表面）、混合型（无序混合和有序凝聚）、柱撑型和表面负载型等类型。按照矿物与 TiO_2 颗粒界面间的结合性质，又分为化学结合型（界面间形成化学键）和物理结合型（颗粒间靠物理作用力结合）。

（3）TiO_2/矿物颗粒复合与功能化设计原则

1）功能化设计

TiO_2/矿物复合颗粒及复合粉体的功能主要包括物理性能和化学性能两方面，根据其组分与结构特征分析，物理性能主要源自参与复合的某一种或几种单颗粒的性质，参与复合的另外单颗粒对此形成协同作用；其化学性能则具有参与复合的各类单颗粒的双重或多重性质。因此，对 TiO_2/矿物复合颗粒的功能化设计应本着这一原则、思路和目标进行，具体包括以下两方面内容：

其一，参与复合的 TiO_2 的选择。包括 TiO_2 颗粒尺度、结晶形态以及聚集形态的选择。若 TiO_2 颗粒为亚微米尺度（$0.3\sim0.5~\mu m$），则其与矿物基体形成的复合颗粒主要呈现颜料功能；若 TiO_2 为纳米尺度颗粒，则 TiO_2/矿物复合颗粒呈现光催化功能。除 TiO_2 颗粒尺度外，TiO_2 的结晶形态应与按颗粒尺度所设计的具体功能性质的要求相一致，如所设计复合颗粒为光催化功能，则参与复合的 TiO_2 颗粒必须为锐铁矿型。

此外，TiO_2 是以单一颗粒、聚集颗粒还是致密颗粒层等形态参与复合，不仅能直接决定其与矿物基体的复合方式，而且也对 TiO_2 发挥功能性质的程度以及最终赋予复合颗粒的功能性质产生影响。

其二，参与复合的矿物基体的选择，指对矿物结构、颗粒形貌、表面组分及种类的选择。矿物基体的选择决定其对复合颗粒功能性质的协同作用方式和程度，如基于 TiO_2/矿物复合颗粒颜料功能的设计，选择亚微米 TiO_2 颗粒和绢云母矿物进行复合，以充分发挥绢云母因高纵横比的片理特性和晶体偏光效应等因素形成的遮盖、吸收紫外线等颜料协同效应。选择纳米 TiO_2 颗粒和具有孔道结构的矿物进行颗粒复合，发挥纳米 TiO_2 的光催化功能，通过矿物孔道对气体污染物的强吸附作用和传递作用发挥对空气净化功能的协同作用。

2）结构化设计

TiO_2/矿物复合颗粒的结构化设计，就是对 TiO_2 颗粒和矿物基体的有序复合方式进行预先设定，并采用科学方法予以实现的过程。前已叙及，矿物和 TiO_2 颗粒的性能对形成二者复合颗粒的功能起着决定性作用，但如何有效地发挥这些作用还取决于两种颗粒间的复合方式以及颗粒为满足该方式所进行的必要的处理和特性的改造等。因此，结构化设计对 TiO_2/矿物复合颗粒及功能化至关重要。

TiO_2/矿物复合颗粒按矿物与 TiO_2 颗粒间的复合形态主要分为以下结构类型：

① 包覆型结构，主要是 TiO_2 包覆在矿物颗粒表面，也包括矿物粒子包覆在 TiO_2 表面。

② 混合型结构，指矿物与 TiO_2 颗粒之间的无序混合和有序凝聚混合。

③ 柱撑型结构，纳米 TiO_2 插层和固化在层状硅酸盐矿物的层间得到的复合颗粒。

④ 负载型结构，纳米 TiO_2 颗粒在矿物的孔道、空隙和表面负载形成的复合颗粒。

3）制备方法设计

TiO_2/矿物复合颗粒的制备方法设计，就是以最合理和最快捷的手段获得所要求功能和所要求结构化的复合颗粒材料的科学方法。在完成功能设计和相匹配的结构化设计后，实现这些功能和结构的重要依托便是复合颗粒的制备方法与手段。而对某种制备方法的选择也往往就决定了 TiO_2/矿物复合颗粒的结构与功能类型。因此，TiO_2/矿物复合颗粒的功能化、结构化与制备方法之间在设计方面具有高度统一性。

目前，可制备 TiO_2/矿物复合颗粒的方法和工艺主要有：

① 化学沉积包覆方法，用来制备矿物颗粒表面包覆 TiO_2 为特征的复合颗粒，复合颗粒具有类似 TiO_2 的颜料性能或改善矿物颗粒外观特性。

② 机械力化学包覆方法，即在可产生机械力化学效应的研磨体系中进行颗粒包覆和复合的方法，包括制备体系以空气为介质的固相机械力研磨法和以水等液体为介质的液相机械力研磨法等。

③ 机械力强力均化方法，用来实现亚微米矿物颗粒在 TiO_2 颗粒间的穿插和嵌入，从而制备元序混合和有序凝聚结构特征的复合颗粒体。主要目的是保持 TiO_2 的颜料性能，并降低复合颗粒材料的产品成本和使用成本。

④ 矿物层间柱撑方法，通过离子交换使 Ti 及水化物进入层状硅酸盐矿物的层间域，再通过煅烧使其转化为 TiO_2 并固化。这种方法用来制备柱撑型 TiO_2/矿物复合颗粒，其功能是使 TiO_2 形成高效的光催化作用。

⑤ 矿物孔道和表层负载方法，将纳米 TiO_2 颗粒在矿物的孔道、空隙和表

面进行负载以制备具有高效光催化效应的 TiO_2/矿物复合颗粒。

4）稳定性设计

在设定的复合结构模式下，矿物与 TiO_2 颗粒复合时的彼此牢固结合十分重要，因为这是确保复合颗粒稳定性，进而确保 TiO_2/矿物复合颗粒形态、性能和性能稳定的内在机制。只有矿物与 TiO_2 颗粒牢固结合，所形成复合粒才不会因机械等外力作用或体系环境的作用出现颗粒分离及单颗粒聚集的现象。所以，稳定性设计是 TiO_2/矿物复合颗粒预先设计的重要内容。

实现矿物与 TiO_2 颗粒间的稳定结合应遵循以下设计原则：

复合体系中参与复合的颗粒之间形成吸引作用。根据颗粒的有序复合原则，异质颗粒应接近到可实现彼此牢固结合的作用力范围，才能为最终实现稳定复合创造前提。可通过调节复合体系的性质使参与复合的异质颗粒间形成相互吸引作用，如在液相机械力化学方法制备包覆型 TiO_2/矿物复合颗粒过程中，根据 DLVO 理论，矿物和 TiO_2 颗粒间存在着由颗粒物质与介质物质（哈马克常数）所决定的范德华作用和颗粒之间因双电层作用产生的静电作用。而这些作用的性质（吸引、排斥）、程度和最终导致的颗粒间的综合作用取决于颗粒表面形态和体系性质，因此，可通过调节颗粒和介质体系的性质以实现矿物与 TiO_2 颗粒呈现吸引或弱排斥作用。

颗粒复合时在界面处形成化学键或具有化学性质的结合。矿物在通过粉碎等受力方式形成颗粒时，表面将根据解理和断裂行为呈现相应的组分性质（原子种类、密度和不饱和程度等），这些组分与复合体系的介质作用（如在水介质中发生水解）可形成官能团组。同理，TiO_2 表面的 Ti 和 O 组分也能与介质作用形成官能团。这些官能团的形式和程度取决于颗粒表面组分的活化程度（原结构键的不饱和程度等）以及介质的成分与理化性质等。矿物与 TiO_2 颗粒应通过彼此的表面官能团之间的作用或官能团与颗粒表面其他组分之间的作用形成具有化学性质的结合，或直接形成化学键。只有这样，矿物与 TiO_2 颗粒的结合才是牢固的。因此，在 TiO_2/矿物复合颗粒的稳定化设计中，除选择相应类别的矿物基体外，还要特别注意调控粉碎等形成矿物颗粒的方式和复合体系的性质，以使矿物与 TiO_2 颗粒彼此形成能够进行化学反应的官能团和界面成分。颗粒复合时在界面处存在化学键或形成具有化学性质的结合是提高复合颗粒结构与性能稳定性的重要保障。

通过颗粒表面有机碳链间的缔合形成具有较高作用力的结合。可通过表面有机改性等方式对矿物与 TiO_2 进行颗粒表面诱导疏水性调控,再将具有诱导疏水性的矿物与 TiO_2 颗粒置于同一系统中进行复合。在使矿物与矿物颗粒间、TiO_2 与 TiO_2 颗粒间保持较强的排斥作用,而矿物与 TiO_2 颗粒间保持较弱的排斥作用,或保持吸引作用的前提下,适当输入外加能量,矿物与 TiO_2 颗粒间的排斥能垒可被克服,二者即可接近至各自表面有机碳链相互缔合、缠结的范围,并由此完成通过这种缔合而形成的颗粒复合。理论计算和实践均表明,矿物与 TiO_2 颗粒表面有机碳链间的缔合作用力相当强大。

纳米颗粒参与复合时具有强烈的亲和作用。纳米颗粒具有显著的界面效应和小尺寸效应,所以当参与复合的 TiO_2 颗粒为纳米尺度时,在 TiO_2 颗粒和矿物颗粒之间呈现显著、强劲和稳定的分子间亲和作用力。这种作用往往成为颗粒间形成强烈作用力的前提,或直接影响颗粒牢固结合的内在作用。

1.3.2.2　TiO_2/矿物颗粒复合方法

（1）TiO_2 在矿物颗粒表面包覆复合

1）化学沉积包覆法

化学沉积包覆法是指在金属无机盐或金属醇盐溶液中加入作为包核的基体材料并均匀分散,然后通过沉淀剂反应或通过加热等控制方式引发金属盐发生水解生成金属氢氧化物或含水金属氧化物固体,并沉淀包覆在包核颗粒表面上,再通过水洗、除杂、脱水、热处理晶型转化等环节最终形成基体颗粒表面包覆金属氧化物的复合颗粒。

在制备 TiO_2/矿物复合颗粒材料方面,化学沉积包覆法主要用来制备矿物颗粒表面包覆 TiO_2 为特征的复合颗粒,主要采用硫酸氧钛（$TiOSO_4$）和四氯化钛（$TiCl_4$）的水解反应进行颗粒包覆复合。

根据 TiO_2 复合比例及其与矿物的结合方式,所制备 TiO_2/矿物复合颗粒材料或具有类似 TiO_2 的颜料性能,或具有珠光颜料效应,或形成对矿物基体白度等外观特性的改善。在矿物与 $TiO_2 \cdot H_2O$ 复合体通过各自起基形成牢固结合及热处理基础上,可通过在矿物与 TiO_2 颗粒间形成具有化学性质结合的方式得到 TiO_2/矿物复合颗粒。按该方法制备的复合颗粒具有 TiO_2 包覆均匀、稳定、致密和效果优良等特点。不过,由于铁盐水解体系为强酸性,所以该方法不能使用碱性矿物（如碳酸钙）作为包核基体。

化学沉积法也被用来制备 TiO_2 表面包覆其他物质的复合颗粒。如在 TiO_2 悬浮液中加入硫酸铝($Al_2(SO_4)_3$)和氢氧化钠($NaOH$)溶液,通过后两者反应物包覆、陈化、洗涤和干燥等即可制得 TiO_2 表面包覆纳米氧化铝 TiO_2-Al_2O_3 复合颗粒材料,如将硅酸钠和 H_2SO_4 溶液加入,可制备 TiO_2-SiO_2 复合颗粒材料,从而分别提高 TiO_2 的分散性和耐老化性。

2) 机械力化学颗粒包覆法

机械力化学颗粒包覆法是指在机械粉碎(研磨)包核基体和包膜物的体系中,借助二者(或其一)在细化中产生的机械力化学效应,引发作为包膜物的固体细颗粒物质与作为包核基体的粗颗粒物质之间产生界面反应以制备包覆型复合颗粒材料的方法,包括粉碎活化为空气介质体系的固相机械力研磨法和水介质体系的液相机械力研磨法。

固相机械力研磨法制备 TiO_2/矿物复合颗粒材料时,将 TiO_2 和与之在粒度上相匹配的矿物基体颗粒一起置于具有粉碎与混合功能的设备中,在强烈的机械力作用下,矿物与 TiO_2 颗粒发生界面复合,当彼此间存在较大的尺度差异时,便形成包覆型复合颗粒。该方法具有工艺简单、无须干燥处理等优点,但也存在颗粒团聚现象严重、分散性差、颗粒间反应弱、包覆不完整、复合颗粒材料性能差且不稳定等问题。

液相机械力研磨法是在液体介质(主要是水)体系条件下,借助固体物质在机械研磨细化中产生的机械力化学效应,引发作为包覆物的固体细颗粒物质与作为被包覆物的粗颗粒物质之间的界面反应以形成复合颗粒。液相机械力化学法制备 TiO_2/矿物复合颗粒材料的工艺环节为:①TiO_2 分散和矿物基体细化;②颗粒表面活化与 TiO_2/矿物间尺度匹配;③颗粒表面官能团等表面性质调节;④颗粒分散行为与颗粒间作用行为调节;⑤矿物与 TiO_2 颗粒间实现牢固结合。一般是外部输入能量,提高矿物与 TiO_2 颗粒间的碰撞概率,克服二者排斥作用的能量以接近颗粒表面官能团相互作用的范围,或颗粒间在最低能量条件下实现聚集的范围;⑥去除杂质并脱水干燥。液相机械力研磨法克服了化学沉积包覆法不适合碱性矿物基体和固相机械力研磨法颗粒团聚现象严重等问题。

(2) TiO_2/矿物颗粒有序凝聚复合

有序凝聚复合是指采用机械力搅拌混合等方法,通过对基体矿物和 TiO_2 颗粒组成的混合物或二者与水组成的悬浮被进行机械搅拌及一定程度的解聚、打散作用,在矿物和 TiO_2 颗粒充分温合、分散的基础上,实现二者一定方式复合以形成复合颗粒或复合体的方法。

（3）纳米 TiO_2 在矿物表面负载复合

矿物孔道是指在某些环状、层状、架状和岛状等结构的矿物中,由原子、离子或两者组成的结构单元所构成的一条或多条沿一定方向延伸的孔洞或通道。将作为客体的纳米 TiO_2 负载于作为主体(载体)的矿物的孔道、空隙和表面便可制得负载型 TiO_2/矿物复合颗粒。常用的载体矿物(岩石)包括沸石(天然沸石和分子筛)、硅藻土、海泡石和人工合成介孔材料等。在矿物孔道负载 TiO_2 过程中,矿物的孔道结构起到微反应装置作用,可有效控制纳米 TiO_2 的粒径,并通过孔道结构的隔离提高 TiO_2 的分散作用。如果载体合适,那么矿物 TiO_2 复合颗粒材料的光催化活性可比未负载 TiO_2 显著提高。另外还能将使用后的光催化剂回收,从而降低成本。

（4）层状硅酸盐矿物层间 TiO_2 柱撑复合

利用作为基质矿物的层状硅酸盐的层间离子交换性,将作为柱化剂的 TiO_2 水合物(聚合羟基钛阳离子,$TiO_2(OH)_4$ 或 $[Ti_{20}O_{32}(OH)_{12}(H_2O)_{18}]^{4+}$)通过离子交换作用引入到矿物层间,再将产物蜡烧便制得矿物层间载带 TiO_2、TiO_2 与硅酸盐片层紧密结合的 TiO_2/矿物复合颗粒材料。上述制备 TiO_2/矿物复合颗粒的方法即为层状结构硅酸盐 TiO_2 柱撑法。

层间柱撑载带 TiO_2 的矿物主要有蒙脱石、高岭石和累托石等,以它们为基质矿物形成的矿物 TiO_2 复合颗粒又称为 TiO_2 柱撑蒙古土矿物、层柱黏土土矿物或交联蒙古土矿物,制备 TiO_2 柱撑蒙古土矿物的目的是强化 TiO_2 粒子的分散性以提高其光催化效应,并实现 TiO_2 应用时在液体介质中的回收。

参考文献

［1］郑水林,孙志明.非金属矿加工与应用［M］.4 版.北京:化学工业出版社,2019.

［2］张明星,陈海袋,颜翠平,等.机械动能磨制备硬质高岭土微粉的工艺参数研究［J］.金属矿山,2012(3):123-126.

［3］孟凡娜.天然沸石超细粉碎对离子交换性的影响［J］.中国非金属矿工业导刊,2008(6):37-38.

[4] 郑水林.重质碳酸钙生产技术现状与趋势[J].无机盐工业,2015,47(3):1-3,26.

[5] 崔啸宇,李晓光,郭凌坤,等.重质碳酸钙立式磨粉磨工艺及操作浅析[J].中国非金属矿工业导刊,2014(1):37-40.

[6] 干方群,周健民,王火焰,等.凹凸棒石环境矿物材料的制备及应用[J].土壤,2009,41(4):525-533.

[7] 陈德炜,葛晓陵,Quteen Shi,等.重质碳酸钙颗粒在超细粉碎工艺中的分形维数和多维分形特征变化[J].纳米科技,2014(4):40-44.

[8] 洪微.煤尾矿中硬质高岭土选矿提纯试验研究[D].武汉:武汉理工大学,2014.

[9] 刘连花.铝粉煤灰提取氧化铝的工艺与机理研究[D].北京:中国地质大学(北京),2015.

[10] 郑水林.中国非金属矿深加工技术现状、机遇、挑战和发展趋势[J].中国非金属矿工业导刊,2000(5):1-8.

[11] 彭伟军,张凌燕,白丽丽,等.吉林地区隐晶质石墨矿浮选提纯试验研究[J].碳素技术,2015,34(3):48-54.

[12] 朱健,王平,雷明婧,等.硅藻土的复合改性及其对水溶液中 Cd^{2+} 的吸附特性[J].环境科学学报,2016,36(6):2059-2066.

[13] 王会丽,赵越,马乐宽,等.复合改性膨胀石墨的制备及对酸性艳蓝染料的吸附[J].高等学校化学学报,2016,37(2):335-341.

[14] 徐金芳,施炜,倪哲明,等.阴-非离子表面活性剂复合改性水滑石的表面性质研究[J].无机化学学报,2014,30(5):977-983.

[15] 任瑞晨,庞鹤.内蒙古某隐晶质石墨矿乳化浮选试验研究[J].非金属矿,2015(4):46-48.

[16] 熊大和.SLon 磁选机在淮北煤系高岭土除铁中的应用[J].非金属矿,2004(5):44-46.

[17] 杨辉.滑石加工工艺方法浅析[J].矿产保护与利用,2014(3):56-58.

[18] 王星.从石媒中提取石墨的工艺研究[D].武汉:武汉工程大学,2015.

[19] 吴仙花,邱德瑜.天然硅藻土中的杂质快速清除[J].长春工程学院学报(自然科学版),2011,12(2):132-135,138.

[20] 何志伟,季海滨,赵增典.压块法提纯中碳鳞片石墨研究[J].山东理工大学学报(自然科学版),2016,30(3):37-41.

[21] 梁刚,赵国刚,王振廷.感应加热制取高纯石墨研究[J].碳素技术,2008,32(4):44-46.

[22] 王瑛琼,武鹏,徐长耀,等.高温碱煅烧法提纯隐晶质石墨[J].碳素技术,2008(1):26-29.

[23] 何堵勇,张凌燕,邓成才.非洲某大鳞片石墨矿选择性磨浮实验研究[J].硅酸盐通报,2016,35(9):2826-2831.

[24] 任瑞晨,张乾伟,石倩倚,等.高变质元烟煤伴生微晶石墨鉴定与分析[J].煤炭学报,2016,41(3):1294-1300.

[25] 林胜.我国超细粉碎设备的现状与展望[J].中国粉体技术,2016,22(2):78-81.

[26] 魏春光,张清岑,肖奇.隐晶质石墨超细粉体制备研究[J].非金属矿,2005,28(1):30-32.

[27] 周文雅.超细石墨粉的制备及其复合材料的力学性能研究[D].北京:中国地质科学院,2005.

[28] 张广强,许大鹏,苏文辉.高能机械球磨法制备高质量纳米 SiC 粉体[J].超硬材料工程,2009,21(2):15-18.

[29] 刘兴良,李香美,吕超.一种滑石和白云石分选方法及装置:中国,105233956A[P].2016-01-13.

[30] 魏宗武,穆枭,周德炎,等.一种白云石与石英的浮选分离方法:中国,104624381A[P].2015-05-20.

[31] 杨红彩.膨润土的矿物特征及其加工应用概述[J].中国非金属矿工业导刊,2004(41):55-57,102.

[32] 郑水林.非金属矿物环境污染治理与生态修复材料应用研究进展[J].中国非金属矿工业导刊,2008(2):4-5.

[33] 戴瑾.铁高岭土的漂白及煅烧增白工艺研究[D].厦门:厦门大学,2009.

[34] 于瑞敏.过渡金属氧化物及化学漂白工艺对高岭土白皮影响规律的研究[D].厦门:厦门大学,2008.

第2章 纳米TiO₂/电气石复合环境功能材料

纳米 TiO_2 具有高热稳定性、强光催化降解、环境友好等优点，日益成为备受重视的光催化剂，逐步被广泛应用于环境保护领域，尤其是空气净化和废水处理。但是纳米 TiO_2 能带的带隙为 3.2 eV，仅可以吸收波长小于 387.5 nm 的紫外线部分，光利用率较低，极大限制了工业化的应用。研究表明，电场协助光催化技术，能够较大幅度地提高纳米 TiO_2 的光催化效率，最高可达 3 倍以上。电场协助光催化技术主要是通过将 TiO_2 做成膜电极，同时对 TiO_2 膜电极施以阳极偏压，通过电场作用将使纳米 TiO_2 的光生电子离开催化剂活性点位，达到提高光催化效率的目的。

电气石(Tourmaline)主要由 Al、Na、Ca、Mg、B 和 Fe 等元素组成，是一种环状硅酸盐晶体矿物，物理化学性质稳定，表面天然电极性可形成 10^7 V/cm³ 的电场。电气石对重金属离子具有强吸附能力，能够有效去除 Cd、Pb、Zn、Hg、Cu 等重金属离子。电气石/ TiO_2 复合光催化材料将电气石具有的天然电场特性和纳米 TiO_2 光催化强氧化特性进行有机结合，实现自然能量下的光电催化。

研究表明，电气石能够提高光催化反应体系当中的溶解氧含量，从而有利于高活性电子和氧进行反应，产生超氧自由基，同时电气石还能够降低水分子团的大小，利于水分子的电离作用，从而能够促进羟基自由基 HO 的生成。此外，电气石自身具有带电性，复合材料表面的黑色纳米 TiO_2 会在紫外线的照射下，激发生成的高活性电子，会被其电场所吸引，能够使其迅速地转移，能够有效地避免其再次与空穴再次复合，从而有效地提高了光催化反应的量子效率。利用溶胶凝胶法制备出的黑电气石/ TiO_2 / Gd_2O_3 复合材料、黑电气石/ TiO_2 / Nd_2O 复合材料和黑电气石/ TiO_2 复合材料对甲基橙的平均降解率分别为 91%、88% 和 84%，降解效果均明显优于纯 TiO_2(72.12%)，说明黑电气石和稀土元素的掺杂显著提高了光催化效率。 Gd^{3+} 掺量为 0.15% 时，黑电气石/ TiO_2 / Gd_2O_3 复合材料降解效果最佳。黑电气石掺量为 2%，Nd^+ 掺量为

0.10％时，黑电气石/TiO_2/Nd_2O 复合材料降解效果最佳。黑电气石掺量为 1.50％时，黑电气石 TiO_2 复合材料降解效果最佳。

2.1　电气石

2.1.1　电气石矿物

早在公元前 315 年，希腊的哲学家 Theophratus 就提到电气石存在着热释电性。1880 年，电气石的压电性由 Jacques 和 Pierre Curie 提出。20 世纪 80 年代末，日本学者 T. Kubo 推断电气石存在着自发极化特性，存在永久性的电极。至此，电气石开始逐步得到人们的广泛关注，并被应用于环境保护领域，主要包括空气净化、水污染治理、健康材料开发等。

电气石属于环状硅酸盐晶体矿物，包括铁电气石系列以及锂电气石系列。电气石产于花岗伟晶岩、气成热液矿、变质岩或变质矿床等。电气石化学通式可以写作 $WX_8Y_6(BO_3)_3Si_6O_{18}(OH,F)_4$，其中 W＝Na，K，Ca，Li，Fe，Al；Y＝V，Fe，Cr，Al。电气石矿物晶体中，Si—O 四面体构成复式三方环[Si_6O_{18}]。电气石具有多种颜色，有无色、粉红色、蓝色、红色、绿色、黄色、玫瑰红色、褐色和黑色等。本研究以含铁的黑色电气石为主要研究对象。

2.1.2　电气石矿物的晶体结构特征

电气石矿物的晶体结构属于三方晶系，空间群为：R_{3m}—C_3，通常采用布喇菲坐标系来描述电气石矿物的点阵晶体结构。电气石矿物属于异极性矿物晶体，三重的对称轴均可作为 c 轴，垂直于 c 轴则不存在对称轴与对称面，也不存在对称中心。自然界中，电气石矿物的晶体结构存在多样性，既有微观结构呈现为"针形（Needles）"或"薄膜（Thin Film）"微观晶体结构，又有宏观上可达到 1 m 长的线形结构。在宏观形貌方面，有锥体形、棱柱形、圆饼形、扁平形等。如图 2-1 所示。

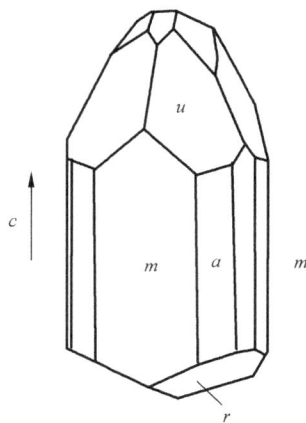

图 2-1　电气石矿物晶体的热正极和热负极示意图

2.1.3 电气石矿物的分类与基本性能

电气石矿物族的结构基本相同,可以根据其成分不同进行分类:

镁铁锂电气石(Dravite-schorl-elbaite)

$Na(MgFeLiAl)_3 A_{16}[Si_6 O_{13}][BO_3]_3(OH,O,F)_4$

钙镁电气石(Uvite)　　　　　$CaMg_4 Al_6[Si_6 O_{18}][BO_3]_3(OH)_4$

钠锰电气石(Tsilaisite)　　　　$NaMn_3 A_{16}[Si_6 O_{13}][BO_3]_3(OH)_4$

布格电气石(Buergerite)　　　$NaFe^{3+} Al_5[Si_6 O_{18}][BO_3]_3 O_3 F$

同时,电气石矿物包括有三个亚种:

镁电气石(Dravite)　　　　　$NaMg_4 Al_6[Si_6 O_{18}][BO_3]_3(OH)_4$

锂电气石(Elbaite)　　　　　$NaLi_3 Al_2 Al_6[Si_6 O_{18}][BO_3]_3[O,(OH)_3]$

铁电气石(Schorl)　　　　　$NaFe_4 Al_6[Si_6 O_{18}][BO_3]_3(OH)_4$

事实上,电气石矿物存在着非常复杂的化学成分,自然界中形成的电气石矿物是多种电气石的共融物。自然界中被认同的理想的电气石种类的公式见表 2-1。

表 2-1　理想电气石品种的公式

	X	Y	Z	
布格电气石	Na	Fe_3^{3+}	Al_6	$B_3 SiO_{27}(O,OH)_3(OH,F)$
铬镁电气石	Na	Mg_3	$Cr_5 Fe^{3+}$	$B_3 SiO_{27}(O,OH)_3(OH,F)$
镁电气石	Na	Mg_3	Al_6	$B_3 SiO_{27}(O,OH)_3(OH,F)$
锂电气石	Na	$(Li,Al)_3$	Al_6	$B_3 SiO_{27}(O,OH)_3(OH,F)$
铁镁电气石	Na	Mg_3	Fe_6^{3+}	$B_3 SiO_{27}(O,OH)_3(OH,F)$
锂钙电气石	Ca	$(Li,Al)_3$	Al_6	$B_3 SiO_{27}(O,OH)_3(OH,F)$
铁电气石	Na	Fe_3^{2+}	Al_6	$B_3 SiO_{27}(O,OH)_3(OH,F)$
钙电气石	Ca	Mg_3	$Al_5 Mg$	$B_3 SiO_{27}(O,OH)_3(OH,F)$

电气石矿物的密度介于 $3.02 \sim 3.40 \ g/cm^3$ 之间。一般认为,电气石矿物的密度大小受到 Fe、Mn 等金属元素含量的影响。电气石矿物的晶向影响其电导率的高低,其沿 c 轴方向的电导率是 $5.5 \times 10^{-10} \Omega^{-1} cm^{-1}$,然而垂直于 c 轴方向的电导率仅仅是 $1.1 \times 10^{-10} \Omega^{-1} cm^{-1}$,可见平行于 c 轴方向的电导率远远高于垂直于 c 轴方向的电导率。同时,电气石矿物垂直于 c 轴方向的介电常数同

样高于平行于 c 轴方向的介电常数。

2.1.4 电气石矿物材料的特性

2.1.4.1 电气石矿物材料的热释电效应和压释电效应

1707 年,荷兰学者发现电气石具有热释电效应(Pyroelectricity)。环境温度的升高或降低,都能够促使电气石的绝缘表面产生电极性。1880 年,Jacqucs 和 Picrre 首次发现了电气石矿物材料的压电性。因为电气石矿物的晶体结构 c 轴属于极性轴,学者定义晶体结构 c 轴的正方向便为热负极,晶体结构 c 轴的反方向为热正极。

电气石的热释电效应不同于石英。电气石矿物属于单极性轴的晶体,极性轴的存在导致了热释电效应的产生。而不存在对称中心的石英晶体,热释电效应实际是由热应力造成的压电现象。

电气石的压释电效应是由于电气石晶体受到压力的作用时,晶体内部形成了偶极离子面,产生了偶极矩,其晶体两极产生电荷。电气石矿物的压电效应中,压电电压与施加压力强度成正比,电气石的两端颠倒测量则会发现电压反向,压电电压与长轴方向上的位置无关。

2.1.4.2 电气石矿物材料的天然电极性

电气石矿物晶粒达到微米级别的时候,可以视作为一个电偶极子,且最大电场强度呈现于平行于晶体 c 轴的方向。同时,电气石矿物晶粒可视为相对独立的微型电场,电场强度可以达到约 10^7 V/m。随着电气石矿物粒径的减小,其比表面积显著的增大,晶粒表面的断键数目也显著增多,致使其对周边临近的离子或原子具有自发的吸附倾向。

2.1.4.3 电气石的辐射红外线特性

天然电气石具有复杂的结晶学结构和化学成分,丰富的类质同象替代和晶格缺陷,使电气石的理想晶体的平移对称遭到破坏,产生以杂质或缺陷为中心的局域振动模式,从而影响整个晶体材料的红外辐射特性。电气石的多种形态缺陷是其具有强红外辐射特性的主要原因。根据晶格振动理论所得的振动频率关系式,不同质量晶格原子的替代或不同类型缺陷具有不同的晶格振动频率,将直接影响红外辐射特性。此外,电气石粉料平均粒径与红外法向比辐射率值之间存在一定的对应关系,随着粉料粒径的减小,比表面积的增加,红外辐射率呈提高趋势,但粉料粒径小于一定尺寸时,红外辐射率则反而下降。研究

发现平均粒径为 $4.85~\mu m$ 的粉料,在 $8\sim25~\mu m$ 波长的红外法向比辐射率达到最高值为 0.93。

2.1.5 电气石应用研究

目前,关于电气石的研究多局限于矿物和自身性质研究,应用研究则不够深入,尚存在着诸多问题。如电气石可以作为功能添加剂在建筑涂料中使用,虽然能够增加释放负离子、辐射远红外线等功能,但是电气石天然电极性也极容易导致填料的团聚,强电场、强红外辐射也很容易破坏乳液平衡。此外,单纯地利用电气石的天然电场、强红外线辐射来实现杀菌防霉、净化空气等功能也尚十分有限。

此外,TiO_2 在紫外线催化作用下所产生的光生电子和光生空穴极容易发生再复合反应,大大影响了光催化效率。电场协助光电组合催化反应,虽然可以减少光生电子和光生空穴的再复合率,但是这是以消耗大量电能为代价的,而且设备造价高昂、复杂。

如果在电气石微粒表面包覆一层 TiO_2 薄膜,利用电气石微粒的天然电场和辐射的红外线来作用于 TiO_2 的光催化反应,必将大大提高 TiO_2 的光催化反应效率,而且不需要消耗任何外加能源。同时,由于是粉体结构(见图 2-2),便于在水处理、空气净化、建筑装潢、环境保护等领域的应用。但是关于这方面的研究,在国内外尚鲜见报道。

电气石与功能薄膜协同增效,不仅更便于应用,还增加了光电组合催化特性,增强了氧化能力,在环保、建筑装潢、医用、日用化工、水质处理、空气净化以及屏蔽电磁辐射、科技仪器、食品保鲜等众多领域中都具有十分广阔的应用前景。此外,电气石自身发射远红外射线及热差变化所能产生的正负电磁场效应,能够净化环境、增加空气中负离子数目、改善大气中有害离子对人体危害、活化人体机能、提高人们的健康水平。同时我国电气石资源十分丰富,在新疆、内蒙古和云南等地都发现了大量的电气石资源,具有十分广阔的开发前景。

所以作者所在课题组提出应用溶胶-凝胶技术在电气石表面生长功能薄膜,主要是生长 TiO_2 薄膜(见图 2-3)和[TiO_2,SiO_2]复合薄膜,研究电气石表面 TiO_2 的晶体生长机理,同时对电气石促进 TiO_2 光催化反应的机理进行初探,为制备多功能复合催化剂初步奠定实验基础和理论基础。

电气石微粉:黑色电气石,平均粒径 $1.2~\mu m$;

主要化学组成（质量分数）为，Al_2O_3 34.98%；B_2O_3 10.94%；K_2O 0.036%；Na_2O 0.91%；CaO 微量；MgO 0.2%；SiO_2 34.6%；Fe_2O_3 15.8%。总量 97.446%。

图 2-2　电气石粉体的电镜照片

图 2-3　TiO_2 的 SEM 照片

2.2　纳米 TiO_2/电气石复合环境功能材料

2.2.1　纳米 TiO_2/电气石复合环境功能材料显微结构

本节研究以钛酸四丁酯为钛源，应用溶胶-凝胶技术制备纳米 TiO_2/电气石复合环境功能材料。图 2-4 为纳米 TiO_2/电气石复合环境功能材料 SEM 图。

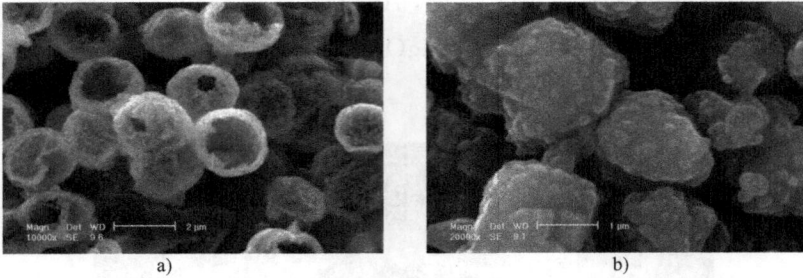

图 2-4　纳米 TiO_2/电气石复合环境功能材料 SEM 图

从图 2-4a 中发现,电气石矿物微粒表面布有纳米 TiO_2 空心球和纳米 TiO_2 空心半球。在纳米 TiO_2/电气石复合溶胶体系中,存在着 Ti 粒子团 $[Ti(OR)_4(H_3O)_n{}^{n+}]$。电气石矿物微粒相当于电偶极子,具有相对独立的微型电场,电场强度可以达到约 10^7 V/m。Ti 粒子团带有正电荷必将受到电场作用被吸附在电气石矿物微粒的阴极表面,从而在阴极表面优先形成晶核。但是由于受到电气石矿物微粒的阴极电场和 Ti 粒子团 $[Ti(OR)_4(H_3O)_n{}^{n+}]$ 正电荷的共同影响,Ti 晶体的生长必将围绕 Ti 粒子晶核的四周优先生长,最终形成纳米 TiO_2 空心球体和纳米 TiO_2 空心半球体。图 2-5 为纳米 TiO_2 晶体在电气石矿物微粒阴极表面生长机理。

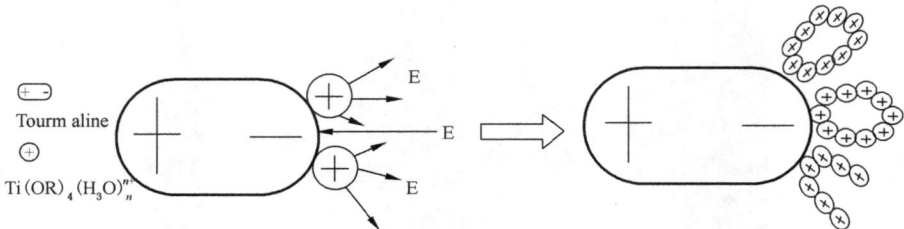

图 2-5　纳米 TiO_2 晶体在电气石矿物微粒阴极表面生长机理示意图

从图 2-4b 中发现,电气石矿物微粒表面布有纳米 TiO_2 微粒簇,且纳米 TiO_2 微粒表面长有阶梯状直径约为 15 nm 的乳突,这主要是受到电气石矿物微粒阳极电场的影响而形成的。在纳米 TiO_2/电气石复合溶胶体系中,加入 HCl 作为耦合剂来稳定溶胶体系,氯离子(Cl^-)被大量吸附到电气石矿物微粒阳极表面。氯离子(Cl^-)会吸引 Ti 粒子团 $[Ti(OR)_4(H_3O)_n{}^{n+}]$ 而形成钛晶核层。受到电气石矿物微粒阳极电场的排斥作用,Ti 粒子团 $[Ti(OR)_4(H_3O)_n{}^{n+}]$ 将优先在氯离子(Cl^-)层上生长,形成第一层 Ti 晶体层。此时,Ti

晶体层具有更强的电阳性,促使加速形成第二层氯离子(Cl^-)吸附层。最终在电气石矿物微粒阳极表面形成具有阶梯结构的蘑菇状 Ti 晶体微粒。图 2-6 是纳米 TiO_2 晶体在电气石矿物微粒阳极表面生长机理示意图。

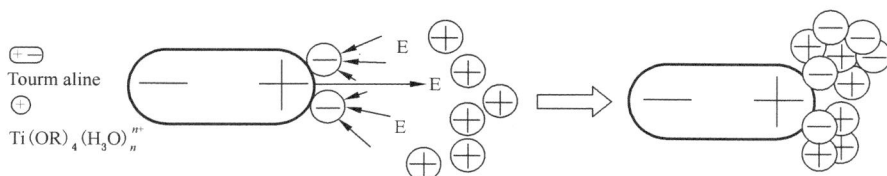

图 2-6　纳米 TiO_2 晶体在电气石矿物微粒阳极表面生长机理示意图

2.2.2　纳米 TiO_2/电气石复合环境功能材料电极性

图 2-7 为经过 5 s、10 s 电子束轰击和未经电子束轰击的纳米 TiO_2/电气石复合环境功能材料的 SEM 图。从图 2-7 a、b、c 中可以发现,纳米 TiO_2/电气石复合环境功能材料在受到电子束的轰击后,将会发生移动。这是因为,当纳米 TiO_2/电气石复合环境功能材料在受到电子束的轰击时,轰击电子会受到电气石矿物微粒本身的电极性影响而被牢固地吸附在其阳极表面,电荷被大量积聚后,将会产生电场排斥力,便产生了纳米 TiO_2/电气石复合环境功能材料微粒的快速跳移现象,这一现象也进一步证明了纳米 TiO_2/电气石复合环境功能材料保留了电气石矿物微粒本身的电极性。

图 2-7　纳米 TiO_2/电气石复合环境功能材料电极性

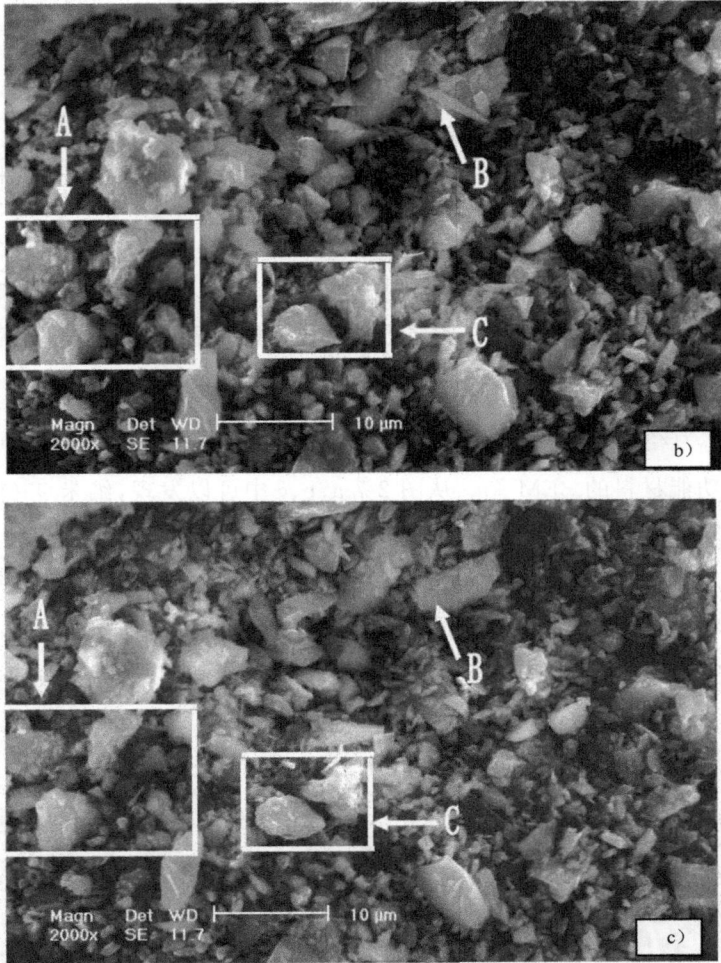

续图 2-7

a) 未经电子束轰击的纳米 TiO_2/电气石复合环境功能材料的 SEM 图；

b) 经过 5 s 电子束轰击的纳米 TiO_2/电气石复合环境功能材料的 SEM 图；

c) 经过 10 s 电子束轰击的纳米 TiO_2/电气石复合环境功能材料的 SEM 图

图 2-8 为不同热处理温度下的纳米 TiO_2/电气石复合环境功能材料电极性 SEM 图。图 2-8 中 a0、b0、c0、d0 和 a、b、c、d 分别是热处理温度为 400 ℃、500 ℃、600 ℃ 和 700 ℃ 的纳米 TiO_2/电气石复合环境功能材料,轰击时长为 10 s。在图 2-8 中,我们可以发现,不同热处理温度制备的纳米 TiO_2/电气石复合环境功能材料在受到电子书轰击后所体现出来的微粒移动现象存在明显差

异。600 ℃、700 ℃焙烧制备的纳米 TiO_2/电气石复合环境功能材料颗粒在受到电子束的轰击时会发生尤为明显的团聚现象，400 ℃、500 ℃焙烧制备的纳米 TiO_2/电气石复合环境功能材料颗粒在受到电子束的轰击时团聚现象不明显。可见其中以 600 ℃焙烧制备的纳米 TiO_2/电气石复合环境功能材料的电极性最强。

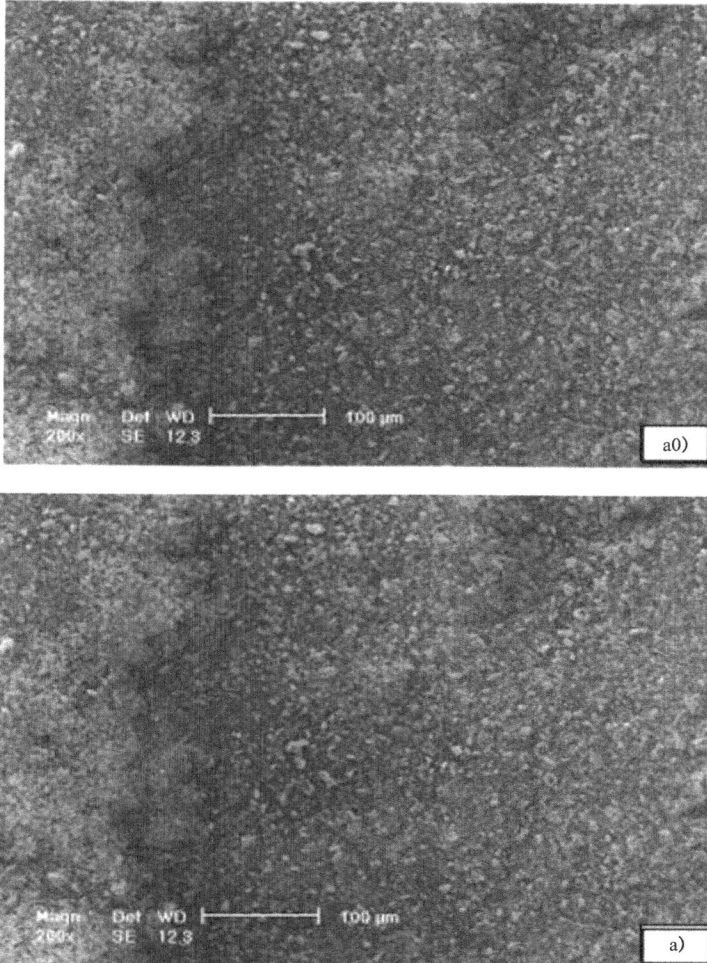

图 2-8　纳米 TiO_2/电气石复合环境功能材料电极性与热处理温度关系

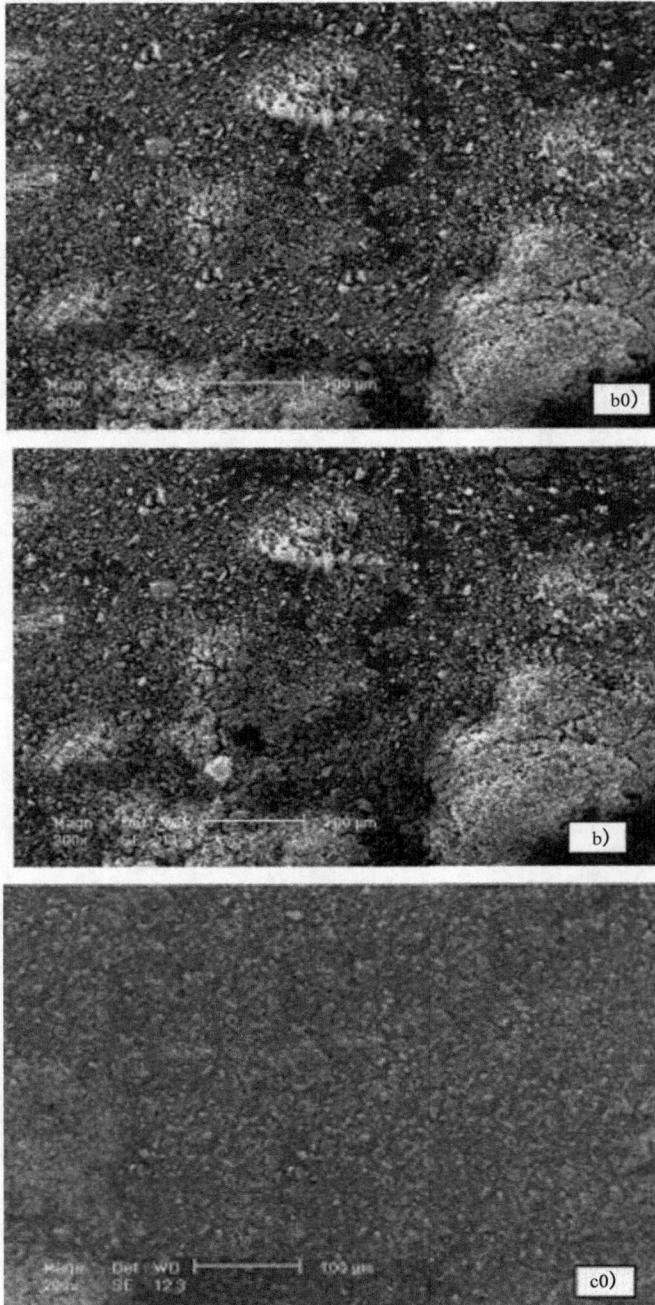

续图 2-8

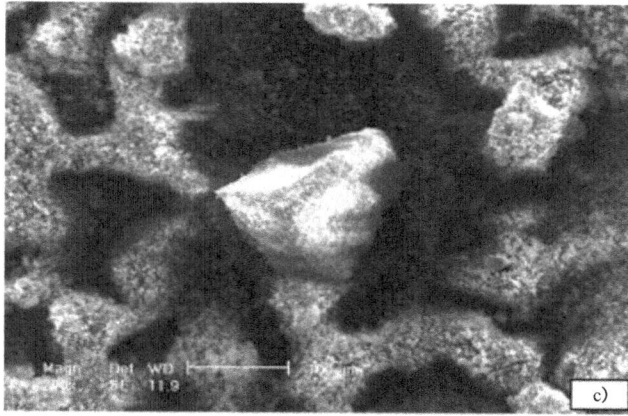

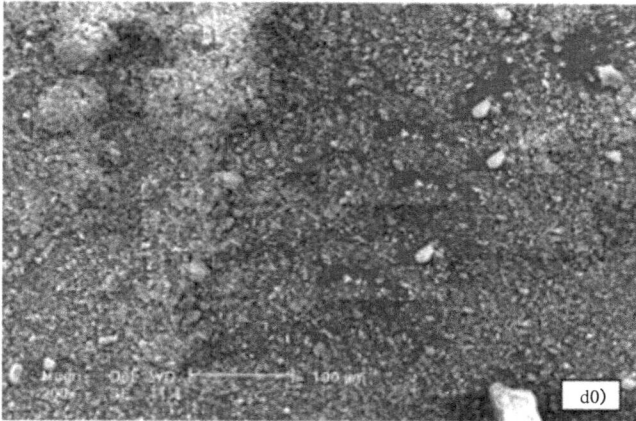

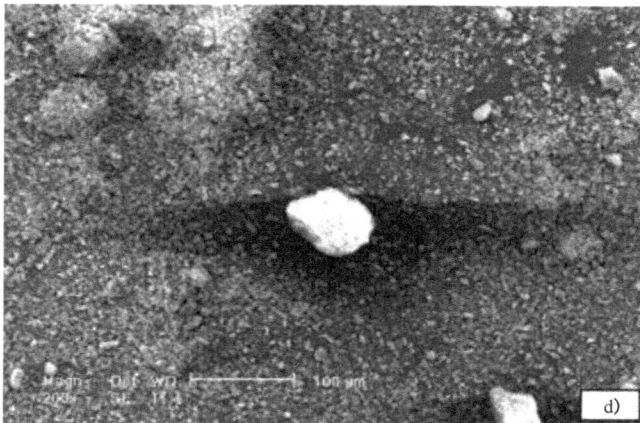

续图 2-8

2.2.3 纳米 TiO_2/电气石复合环境功能材料的光催化活性

应用质量浓度为 0.01wt% 的经 600 ℃ 热处理 3h 后纳米 TiO_2/电气石复合环境功能材料光催化降解初始浓度为 10 mg/L 的甲基橙溶液,光催化降解 30 min 后,甲基橙溶液的光催化降解率即可达到 97% 以上。对该反应体系进行溶解氧监测显示,在 20 min 内,反应溶液的溶解氧含量升高了 45.2%,而对照不含纳米 TiO_2/电气石复合环境功能材料的纯甲基橙溶液,其中的溶解氧含量基本保持在 6.7~6.8 mg/L 不变。这可能是由于,电气石矿物微粒的表面电场,具有电离活化水分子而降低水分子团大小的作用,生成水和氢氧根 $(OH^-(H_2O)_n)$ 和氢离子 (H^+),水和氢氧根 $(OH^-(H_2O)_n)$ 会与氧气 (O_2) 结合生成 $O_3H^-(H_2O)_n$,从而促进空气中的氧在水中的溶解,提高反应体系的溶解氧含量。

考察光催化活性的一个重要指标就是紫外可见光的光吸收率。图 2-9 为热处理温度为 500 ℃、600 ℃ 的纳米 TiO_2/电气石复合环境功能材料的紫外-可见光吸收率谱线。图 2-10 为平均粒径 20 nm 的锐钛矿型纳米 TiO_2 粉体的紫外-可见光吸收谱线。

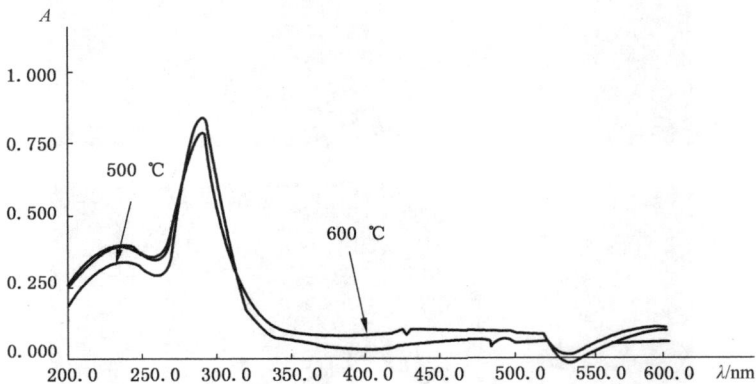

图 2-9　纳米 TiO_2/电气石复合环境功能材料的紫外-可见光吸收谱线

从图 2-9 和图 2-10 比较可以看出,无论是紫外光区域还是可见光区域,纳米 TiO_2/电气石复合环境功能材料具有较强的光吸收能力。在波长 300 nm 的近紫外区,热处理温度为 500 ℃、600 ℃ 的纳米 TiO_2/电气石复合环境功能材料的吸收度 A 均大于 0.850,相比较纳米 TiO_2 在波长 300 nm 的近紫外区的吸收度 A 值约为 0.790。在波长 400~500 nm 可见光区,纳米 TiO_2/电气石复合环境功能材料的平均吸收度 A 值约 0.125,而纳米 TiO_2 在该区域的平均吸收度 A 值仅约为 0.040。可见,纳米 TiO_2/电气石复合环境功能材料的紫外可见光的吸收能力优于纳米 TiO_2。

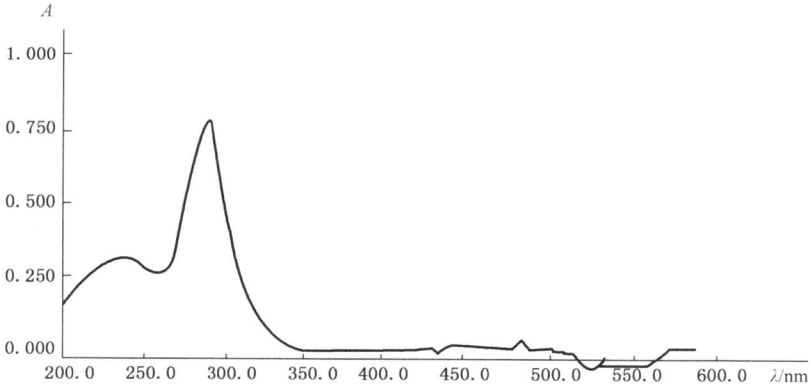

图 2-10　纳米 TiO_2 紫外-可见光吸收谱线

2.3　纳米 TiO_2/电气石复合环境功能材料光催化机理研究

根据电气石矿物的特性可以知道,电气石矿物微粒具有天然电极性,同时具有辐射远红外线的作用。纳米 TiO_2 外层电子结构具有相对较深价带能级,当辐照光能的能量高于带隙能量的时候,便会发生电子跃迁,在价带(VB)生成带正电荷的光生空穴(h'),在导带(CB)上生成高活性光生电子(e^-)。光生电子(e^-)具有强还原性,与氧气作用能够生成氧自由基(O_2^-);而光生空穴(h')具有强氧化性,能够与 OH^-、H_2O 分子反应生成羟基自由基(—OH)。而在该过程中,限制纳米 TiO_2 光催化反应效率的关键因素之一就是光生电子(e^-)和光生空穴(h')的再复合。而决定光生电子(e^-)和光生空穴(h')的再复合率的关键就是:光生电子(e^-)是和光生空穴(h')发生本体复合还是被捕获剂捕获(兆秒-纳秒);被捕获光生电子(e^-)是和光生空穴(h')发生本体复合还是发生界面光生电子(e^-)转移(微秒-毫秒)。如果我们能够将光生电子(e^-)成功捕获并转移,那么就可以避免其与光生空穴(h')发生本体复合,从而提高纳米 TiO_2 的光催化效率。

如前述研究,当电气石矿物晶粒相当于一电偶极子,在平行于 c 轴的方向存在着最强的电场强度,可用 $E = p/(4\pi\varepsilon_0 r^3) \cdot (a_r 2\cos\theta + a_r \sin\theta)$ ($p = q^l$ 是电气石矿物晶粒电偶极矩;a_r 表示电气石矿物晶粒半径;q 表示电量;l 表示电气石矿物晶粒 c 轴的长度;r 表示测点与电气石矿物晶粒中心的距离)来计算电场强度。电气石矿物晶粒的电场强度可以达到 10^7 V/m。随着远离电气石矿物晶粒中心,其静电场将会迅速减弱,可用公式 $E_r = (2/3)E_0(a/r)^3$ 计算。可以计算得出,在电气石矿物晶粒表面 $10\sim15~\mu m$ 的范围,其电场强度为 10^7(最高值)$\sim10^4$ V/m。在电气石矿物晶粒表面 $10\sim15~\mu m$ 的范围内存在的自由电子,必将被其阳极表面迅速捕获。这也是纳米 TiO_2/电气石复合环境功能材料具有较高的光催化效率的原因之一。图 2-11 为纳米 TiO_2/电气石复合环境功能材料光催化机理示意图。

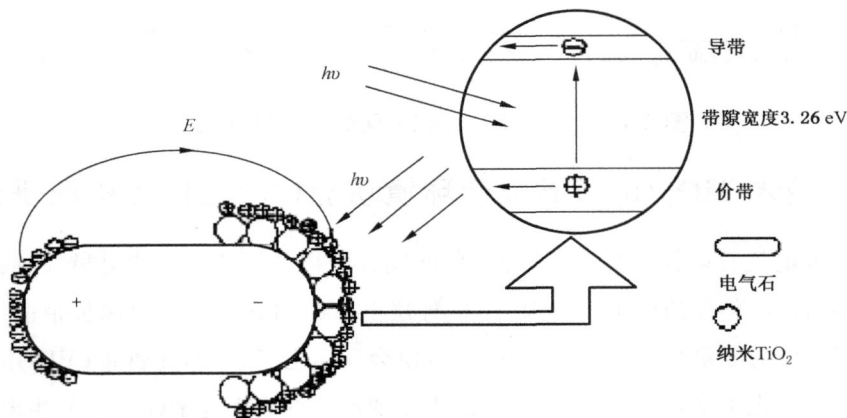

图 2-11　纳米 TiO_2/电气石复合环境功能材料光催化机理示意图

此外,电气石矿物晶粒还具有辐射远红外线的能力,能够活化水分子,降低水分子团大小,增加水中溶解氧含量,从而促进羟基自由基的生成。同时,光催化降解有机物过程中,有机物能够吸收电气石矿物晶粒辐射的远红外线,活化有机分子而加速光催化反应进程。图 2-12 展示了纳米 TiO_2/电气石复合环境功能材料光催化降解有机物过程中,电气石矿物晶粒的天然电极性和辐射的远红外线共同促进光催化反应进程的机理。

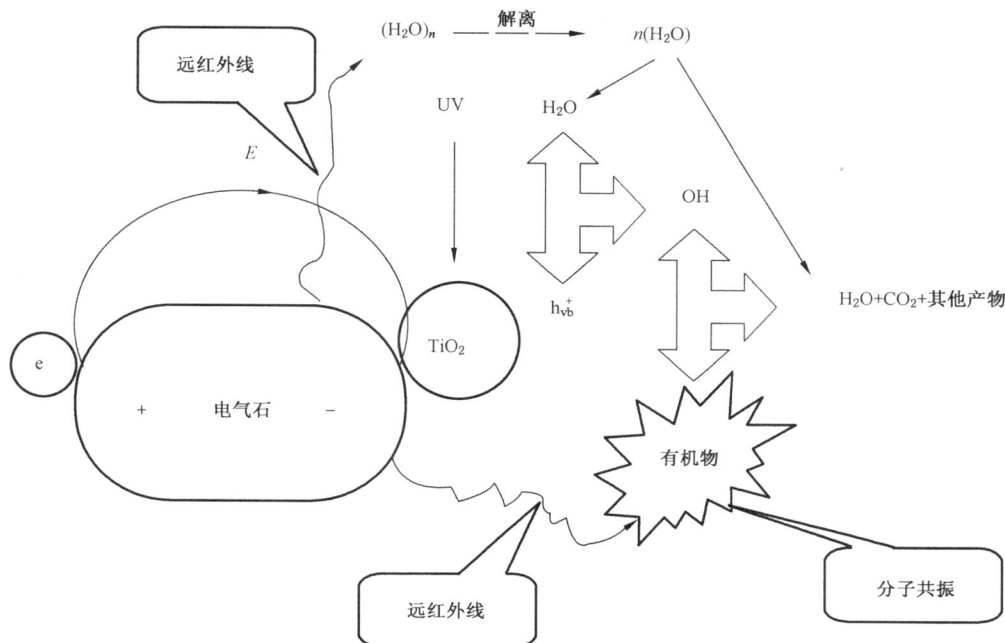

图 2-12　纳米 TiO_2/电气石复合环境功能材料光催化降解有机物示意图

2.4　电气石/TiO_2 复合光催化材料应用

　　根据化学实验室废水的化学性质,可以将实验室废水分成无机废水、有机废水以及综合废水三种情况。各高校实验室废水一般为有机废水,对于有机废水而言,主要包括的就是有机酸、油脂、微量高分子化合物以及有机溶剂等。目前处理的方法主要有:物理法、化学法、生物法等,这些方法可以单一使用也可以联合使用。对于浓度相对较高的有机溶剂废水,比较流行的方法是 Fenton 试剂法,可以将废水当中的化学需氧量降低 30% 以上。以上方法通常用来处理大规模废水,占地面积大,设备投资高,废水处理工艺复杂。但是化学实验室废水具有成分复杂、浓度高、排量小、间歇性生成等特点,不适用于大规模的工业化处理,多数采取的形式是集中收集贮存,送往专业化工公司进行集中处理的方式。但是这种方式,收集贮存缓慢,势必造成实验室废水的处理周期过长,同时在长时间大量储存及运输过程中也会存在着泄露、变性等危险。因此急需开发一种体积小、投资少、能够在化学实验室对有机废水进行即时处理的装置。

2.4.1 铜基电气石/TiO₂光催化材料制备

采用高温活化和酸化处理等技术对电气石进行前期处理,处理温度 500～800 ℃。以天然电气石、钛酸盐和硅烷偶联剂等为原料,应用溶胶-凝胶技术制备电气石/TiO₂复合溶胶,颜色为橘黄色、半透明。采用浸渍提拉法在铜网上负载电气石/ TiO₂复合薄膜,自然干燥后,在氮气保护状态下于 300～500 ℃进行 2～3 h 煅烧,得到铜基电气石/TiO₂光催化材料,采用 SEM 对电气石/纳米 TiO₂复合光催化材料进行表征,研究其微观特征。

本研究中采用 SG-Si900 硅烷偶联剂,结构式为 $NH_3R-Si-(R')_3$(R 代表 C 原子数在 8～12 间的烷烃链,R'代表 C 原子数在 1～4 间的烷烃链),能够与水迅速发生水解反应。在钛硅复合材料分子链的形成过程中,由于 SG-Si900 烷烃链的空间位阻较大,阻碍了链的延续,使钛硅复合链的增长结束。通过这一空间位阻效应,能够有效控制钛硅复合材料的分子链长度。

2.4.2 实验室废水处理工艺

2.4.2.1 实验室废水处理背景技术

光催化氧化作为一种高级氧化技术,因其设备简单、易于控制、氧化能力强,处理对象集中,几乎所有的有机物在光催化的作用下可以完全转化为 CO_2、H_2O 等简单有机物,无二次污染的特性,被首选用于处理废水的过程中。纳米 TiO₂ 的外层电子结构的特殊性造成其价带能级较深,其价带受到能级大于带隙能级的光子轰击时,价带电子立刻会跃迁到导带上,在导带生成高活性的光生电子(e^-),价带生成光生空穴(h'),构成氧化-还原结构体系。水和溶解氧能够分别与光生电子和光生空穴发生作用,生成羟基自由基,其具有高活性和强氧化性。通过分析整个光催化反应过程,可见纳米 TiO₂ 的导带成功捕获高活性光生电子(e^-)是光催化反应的关键。然而事实上纳米 TiO₂ 的导带对高活性光生电子(e^-)的捕获能力较弱,非常容易失去高活性光生电子(e^-),使高活性光生电子(e^-)与光生空穴(h')发生再复合,失去光催化能力。

因此,目前 TiO₂ 多相光催化技术作为一种绿色、无污染技术,其工程化应用涉及两方面的技术问题:①高效、易于分离的纳米 TiO₂ 光催化剂制备;②光能利用率高、操作简便的光催化反应器研究。

针对问题一:通过外加电场的干预,高活性光生电子(e^-)能够被催化体的阳极成功捕获,避免高活性光生电子(e^-)与光生空穴的再复合反应,是有效提升纳米 TiO_2 光催化剂光催化效率的有效途径之一。电气石(Tourmaline)主要由 Al、Na、Ca、Mg、B 和 Fe 等元素组成,是一种环状硅酸盐晶体矿物,物理化学性质稳定,表面天然电极性可形成 $10^7 V/cm^3$ 的电场。电气石/TiO_2 复合光催化材料将电气石具有的天然电场特性和纳米 TiO_2 光催化强氧化特性进行有机结合,实现自然能量下的光电催化。当电气石微粒表面或周围存在自由电子,电气石阳极能够迅速将其吸引并捕获。在电气石/TiO_2 复合催化剂体系中,在电气石微粒阴极表面生成了连续的 TiO_2 微粒薄膜。当电气石/TiO_2 复合催化剂受到紫外线的照射时,复合催化剂表面 TiO_2 的价带电子将会受到激发而向导带跃迁,从而在价带形成光生空穴(h')。而这时,在导带上的光生电子(e^-)处于自由状态,一部分光生电子(e^-)会迅速的和光生空穴(h')发生再复合,而大部分光生电子(e^-)将会受到复合催化剂内部电气石天然电场的吸引,迅速转移到电气石的阳极表面,并被其牢固的捕获,从而有效地避免了光生电子(e^-)和光生空穴(h')的再复合,显著提高光催化效率。此外,电气石微粒独立的微型电场,具有吸附水分子的作用,并迅速发生羟基化反应,并进一步形成氢氧根 OH^-,此过程也被称为化学吸附。根据 TiO_2 的光催化反应机理,纳米 TiO_2 光催化氧化反应的主要氧化途径是通过生成高活性的羟基自由基(—OH)来氧化降解水中的有机污染物。氢氧根 OH^- 的生成能够促进羟基自由基(—OH)生成速率,进而提高 TiO_2 的光催化反应效率。

针对问题二:TiO_2 光催化反应器主要为光催化反应提供高效、稳定的反应空间和环境,其设计与制造是 TiO_2 多相光催化技术工业化应用的基础。TiO_2 光催化反应器研究主要围绕提高单位体积的光催化活性面积,提高反应液的湍动程度,提高光利用率,延长催化剂寿命,便于催化剂回收等。就目前普遍应用的 TiO_2 光催化反应器而言,TiO_2 光催化反应器依据光催化剂存在方式的不同主要可以分为悬浮浆态反应器(光源、光催化剂、废水互相接触面积大,无传质限制,光催化剂易团聚失活、需回收)、固定床反应器(光催化剂负载于载体上,因而无须分离回收,但易于脱落、流失,且光源、光催化剂、废水互相接触面积较小,传质有限制)、流化床反应器(光催化剂为微米级或负载于颗粒上,易于分离,传质限制较小,负载催化剂易失活、脱落)以及填充床反应器(光催化剂无须分离,但相互之间对光源有遮蔽作用,传质限制较大);依据光源与废水的相对位置,可以分为光源内置式反应器(光源可全方位对体系辐射,光源利用率高)、光源外置式反应器(光源无法全方位辐射,光源利用率低)以及导光式反应器(催化剂负载于载体上,载体可传递光源,光强度不均匀,光催化剂易脱落、流失,且光源、光催化剂、废水互相接触面积较小,传质有限制)。

专利检索显示,"用于处理废水的折流负载式光催化反应器(CN 105836839 B)"的发明专利,用于处理废水的折流负载式光催化反应器,反应器本体内布置有至少一个用以分割出子反应腔的隔板,并布置包含若干呈折线形的填料片,填料片的外表面呈波浪状,且填料片的外表面涂覆有光催化反应用的催化剂 TiO_2。该发明采用填料片基光催化剂,催化剂间隙大,单位体积有效光催化面积小。同时填料片会遮挡光源,只能采用更多的紫外灯管来提供光源。

2.4.2.2 实验室废水处理工艺研究

本工艺主要包括:酸碱调节单元、电气石/TiO_2 复合陶瓷球过滤单元、内辐照折流式光催化降解单元(内置铜基电气石/TiO_2 光催化材料和紫外灯)、缓冲罐、微孔膜滤单元、出水储罐以及加压泵和反冲洗泵等。如图 2-13 所示。

废水首先进入酸碱调节单元将 pH 调节到 7~8,经过加压泵进入电气石/TiO_2 复合陶瓷球过滤单元去除重金属离子,过滤液直接进入内辐照折流式光催化降解单元进行光催化降解,然后进入缓冲罐,缓冲罐内液体经过加压泵进入微孔膜滤装置,过滤液进入出水储罐,残液直接返回到酸碱调节单元。微孔膜滤装置可通过反冲洗泵用出水储罐中的废水进行反冲洗。

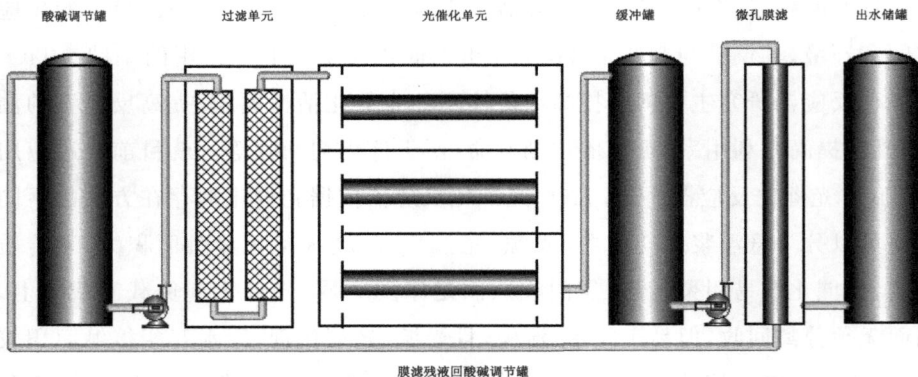

图 2-13 实验室废水自动处理装置结构和工艺示意图

2.4.2.3　实验室废水处理光催化装置的研究

本研究的目的是以电气石/TiO_2 复合光催化材料为光催化剂,提供一种结构简单、操作简单、占地面积小、废水处理效率高、安全性高的实验室用光催化降解有机污染物的废水处理装置。

本研究的技术方案如下:一种实验室用光催化降解有机污染物的废水处理装置,包括用于盛装并处理废水的装置本体,所述装置本体内通过隔板分隔为存储室和反应室。所述反应室的内壁上在水平方向上交错设置有多个分隔板,以使反应室内部形成供废水流通的 S 形水流通道,所述分隔板将反应室分隔为多个子反应腔,每个子反应腔由分隔板和两个支撑网板围合而成,所述支撑网板对称安装在所述子反应腔内壁的左右两侧,每个子反应腔内在竖直方向上交错设置有多个折流挡板,以将子反应腔的内部分隔成供废水流通的折流通道,在相邻的两个所述折流挡板之间插设有多个光催化网,每个所述子反应腔内安装有一水平设置的紫外灯管,所述紫外灯管贯穿光催化网及折流挡板,且该紫外灯管的两端对应与所述支撑网板连接。所述存储室的顶部开设有进水口以用于废水输送至存储室内,所述存储室内设有一过滤层以用于将存储室分隔为过滤腔和设置在过滤腔下方的输水腔,所述输水腔的内侧底部设有一循环泵,所述循环泵通过输水管与反应室内底层的反应腔连通以用于将废水由下至上沿 S 形水流通道流动,所述输水腔与反应室内顶层的反应腔之间设有循环水管,所述循环水管的一端与顶层的子反应腔连通,另一端与输水腔连通以使反应室与存储室内的废水循环。在上述技术方案中,所述折流挡板上开设有通孔以用于所述紫外灯管穿过;相邻的两个所述折流挡板之间的距离为 60～120 mm;多个所述光催化网均匀竖直分布在相邻的两个折流挡板之间,每个所述光催化网的中心开设有安装孔,且该安装孔与紫外灯管相配合;所述光催化网的表面上设有电气石/TiO_2 复合光催化剂纳米薄膜,所述光催化网的厚度为 0.2～0.5 mm,相邻两光催化网的中心间距为 5～10 mm;所述反应室的左右两侧对称设有两个封堵板,靠近所述存储室一侧的封堵板与反应室固装,远离存储室一侧的封堵板可拆卸地安装在反应室上;所述存储室的底部设有一排液口以用于向外排出处理后的废水;所述反应室的底部设有一排残液口以用于辅助排出反应室内的残液;所述分隔板水平交错设置在反应室内;所述分隔板的一端与反应室的内部固装,另一端与反应室的内壁之间的距离为 50～100 mm;所述排液口和排残液口上均设有阀门;所述排液口通过管路与外部的 COD 监测仪连接,用于检测废水的 COD 值;所述输水腔和过滤腔大小不作固定要求,可根据处理量作适当调整;过滤层厚度为 40~80 mm,所述过滤层过滤材料为活性炭,增加过滤层的目的是过滤废水中的固体杂质。

本研究的另一个目的是提供一种基于所述实验室用光催化降解有机污染物的废水处理装置的使用方法(见图 2-14),包括以下步骤:

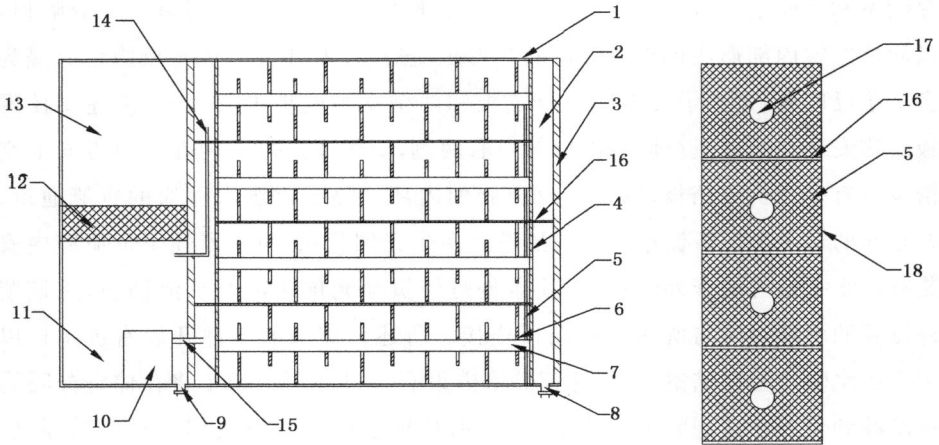

图 2-14　实验室废水光催化处理装置结构

1.装置本体;2.反应室;3.封堵板;4.支撑网板;5.光催化网;

6.折流挡板;7.紫外灯管;8.排残液口;9.排液口;10.循环泵;

11.输水腔;12.过滤层;13.过滤腔;14.循环水管;15.输水管;

16.分隔板;17.安装孔;18.子反应腔

(1)将化学实验室的有机废水从进水口倒入过滤腔中,经过过滤层进入输水腔,在循环泵的作用下通过输水管进入反应室,从底部向顶部按照 S 形水流通道流动;

(2)废水进入底部的子反应腔内,在循环泵的作用下由下至上流动,并在每个子反应腔内部在折流挡板的作用下沿 S 形流动,同时启动紫外灯管;

(3)废水处理 30~60 min,通过排液口对废水进行采样检测,当使用外部的 COD 监测仪检测废水的 COD 值符合排出标准后,关闭循环泵,打开排液口和排残液口,将反应室与存储室内的废水排出,完成废水的处理。

本发明具有的优点和积极效果是:采用网基电气石/TiO₂ 复合光催化剂,

单位体积有效光催化面积大,通过分隔板和折流挡板实现反应液在反应器内的横纵双折流,反应液在反应器内充分湍动,反应液在反应器单位体积内的停留时间长,光催化处理效率高,处理后废水符合《污水排入城市下水道水质标准》(GB/T 31962—2015)C 级排放标准。

2.4.3　光催化降解效果

图 2-15 为铜基电气石/TiO$_2$ 光催化材料 SEM 照片,由图可见在铜网表面形成了致密均匀的电气石/TiO$_2$ 光催化材料薄膜,同时电气石/TiO$_2$ 光催化材料薄膜呈现出均匀的多孔性结构,为光催化降解有机物提供了丰富的活性点位。配置废水,甲基橙质量分数为 0.5%、Cu^{2+} 浓度为 50 μg/mL、Cd^{2+} 浓度为 40 μg/mL、Pb^{2+} 浓度为 60 μg/mL、pH 为 3。经本研究中的实验室废水自动处理装置处理后甲基橙去除率为 99.1%、Cu^{2+} 去除率为 99.5%、Cd^{2+} 去除率为 99.9%、Pb^{2+} 去除率为 99.9%。

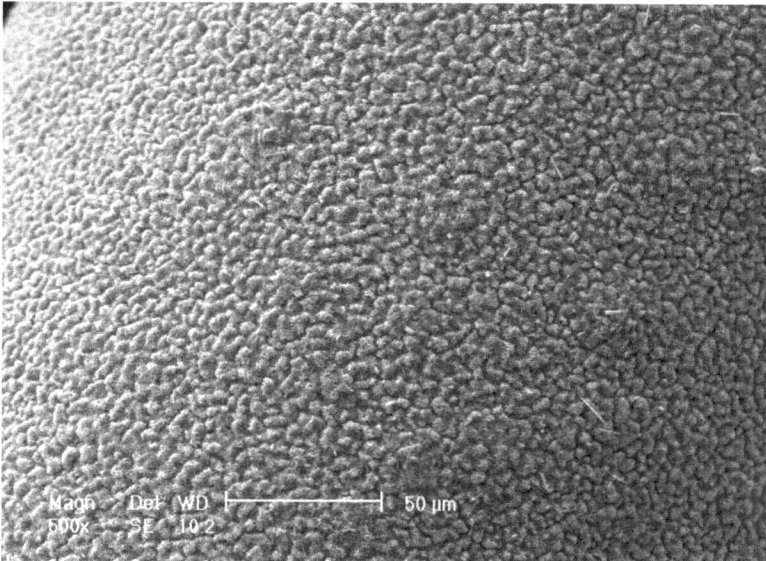

图 2-15　铜基电气石/TiO$_2$ 光催化材料 SEM 照片

参考文献

[1] Lincebigler A L, Lu G Q, Yates J T. Photocatalysis on TiO$_2$ Surfaces: Principles, Mechanisms, and Selected Results[J]. Chemical Reviews,

1995，95(3)：735-758.

[2] 梁金生，金宗哲，王静. 稀土/纳米氧化钛的表面电子结构[J]. 中国稀土学报，2002，20(1)：74-76.

[3] 宗福祥，王峰，翁渔民，等. 紫外辐照纳米尺度 TiO_2 薄膜亲水性转变机理[J]. 复旦学报，2002(2)：208-211.

[4] Fujishima A，Honda K. Electrochemical Photolysis of Water at a Semiconductor Electrode[J]. Nature，1972，328(7)：37-38.

[5] Hoffman M R，Martin S T，Choi W，et al. Environmental Applications of Semiconductor Photocatalysis[J]. Chemical Reviews，1995，95(1)：69-96.

[6] 梁金生，金宗哲，王静. 环境净化功能 M/TiO_2 纳米材料光催化活性的研究[J]. 硅酸盐学报，1999，27(5)：601-604.

[7] Jones A P，Watts R J. Dry Phases Titanium Dioxide-mediated Photocatalysis：Basis For in Situ Surface Destruction of Hazardous Chemicals[J]. Journal of Environmental Engineering，1997(10)：974-980.

[8] Ikezawa S，Hamyara H，Kubota T，et al. Application of TiO_2 Film for Environmental Purification Deposite by Controlled Electron Beam-excited Plasma[J]. Thin Solid Films，2001(386)：173-176.

[9] 王佶中，符雁，汤鸿宵. 甲基橙溶液多相光催化降解研究[J]. 环境科学，1998，19(1)：1-4.

[10] 方世杰，徐明霞，黄卫友，等. 纳米 TiO_2 光催化降解甲基橙[J]. 硅酸盐学报，2001，29(5)：435-442.

[11] 董庆华，等. 半导体悬浮体系光催化分解有机磷化合物[J]. 感光科学与光化学，1992，10(1)：71-76.

[12] 梁金生，金宗哲，王静. 室内环境净化功能建筑涂料的研究[J]. 河北工业大学学报，2000，29(3)：15-17.

[13] Zongzhe Jin，Jinsheng Liang，Jing Wang，et al. Proc. Inte Conf. on Ecomaterials[M]. 3rd. Japan：1997：201-205.

[14] Jinsheng Liang，Zongzhe Jin，Jing Wang. Effects of TiO_2 Film Photocatalyst Tiles on Growth of Experimental Animals Proc[C]. Beijing：Inte.

Conf. on High-performance Ceramics，1998.

[15] 竹内浩士. 光触媒大气净化材料によるNOx 除去[J]. 工业材料，1999，47(6)：88-90.

[16] Taoda H，et al. Removal of Nitrogen Oxides from Ambient Air Using TiO_2 Film Photocatalyst[C]//The Society of Non-traditional Technology eds. Japan：Proceedings of the Third International Conference on Ecomaterials，1997：31-34.

[17] 贺飞，唐怀里，赵文宽，等. 二氧化钛光催化自清洁功能陶瓷的研制[J]. 武汉大学学报，2001，47(4)：419-424.

[18] 藤屿昭. 用 TiO_2 光触媒控制化学过敏症和建筑综合症[J]. 机能材料，1998，18(9)：29-33.

[19] 梁金生，金宗哲，王静. 环境净化功能(Ce，Re)/TiO_2 纳米材料的表面能带结构[J]. 硅酸盐学报，2001，29(5)：601-603.

[20] 张立德. 纳米材料的研究现状和发展趋势[J]. 现代科学仪器，1988(27)：1-2.

[21] 郭景坤. 纳米化学研究及其展望[J]. 科学，1999，51(2)：13-16.

[22] 杨剑，滕凤恩. 纳米材料综述[J]. 材料导报，1997，11(2)：6-10.

[23] 吴合进，吴鸣，等. 增强型电场协助光催化降解有机污染物的初步研究[J]. 分子催化，2000，14(4)：241-242.

[24] Butterfield I M，Christensen P A，Curtis T P，et al. Water Disinfection Using an Immobilised Titanium Dioxide Film in a Photochemical Reactor with Electric Film Enhancement[J]. Water Researchearch，1997，31(3)：675.

[25] Liu Hong，Cheng Shaoan，Zhang Jianqing，et al. Titanium Dioxide as Photolcatalyst on Porous Nickel：Adsorption and the Photocatalytic Degradation of Sulfosalicylic Acid[J]. Chemosphere，1999，38(2)：283-292.

[26] 符小容，等. TiO_2/Pt/glass 纳米薄膜的制备及对可溶性染料的光电催化降解[J]. 应用化学，1997，14(4)：77-99.

[27] 符小容，宋世庚，等. 溶胶凝胶法制备 TiO_2/Pt/glass 纳米薄膜及其光电催化性能[J]. 功能材料，1997，28(4)：411-414.

[28] 冷文华，童少平，等. 附载型二氧化钛光电催化降解苯胺机理[J]. 环境科学学报，2001，21(6)：281-284.

[29] 冷文华，成少安. 光电催化和光产生过氧化氢联合降解苯胺[J]. 环境科学学报，2001，21(5)：625-627.

[30] 刘惠玲，周定. 网状 Ti/TiO_2 电极光电催化氧化罗丹明 B[J]. 环境科学，2002，23(4)：47-51.

[31] 李芳柏，王良焱. 新型 Ti/TiO_2 电极的制备及其光电催化氧化活性[J]. 中国有色金属学报，2001，11(6)：976-981.

[32] 吴合进，吴鸣，等. 增强型电场协助光催化降解有机污染物[J]. 催化学报，2000，21(5)：399-403.

[33] 安太成，何春，等. 三维电极电助光催化降解直接湖蓝溶液的研究[J]. 催化学报，2001，22(2)：193-197.

[34] 姚清照，刘正宝. 光电催化降解染料废水[J]. 工业水处理，1999，19(6)：15-26.

[35] 贵华. 用水中有机污染物做牺牲电子施主光电化学制氢法[J]. 新能源，1998，20(1)：24-26.

[36] Sidney B LANG. The History of Pyroelectricify：from Ancient Greece to Space Missions[J]. Ferroelectrics，1999(230)：99-108.

[37] 汤云晖，吴瑞华，章西焕. 电气石对含 Cu^{2+} 废水的净化原理探讨[J]. 岩石矿物学杂志，2002，21(2)：192-196.

[38] 冀志江. 电气石的自发极化及应用基础研究[D]. 北京：中国建筑材料科学研究院，2003.

[39] Kakamu，et al. Tourmaline Composite Grains and Apparatus Using Them[P]. USP6034013，2000.

[40] 吴瑞华，汤云晖，张晓晖. 电气石的电场效应及其在环境领域中的应用前景[J]. 岩石矿物学杂志，2001，20(4)：474-484.

[41] Donnay G. Structural Mechanism of Pyroelectricity in Tourmaline[J]. Acta Crystallographica，1977(A33)：927-932.

[42] Dietrich R V. The Tourmaline Group[M]. New York：Van Nostrand Reinhold Company，1985.

［43］王天雕. 新疆电气石 60Coγ 辐照变色研究［J］. 辐射研究与辐射工艺学报，1995，13(2)：102-104.

［44］Yamaguchi S. Surface Electric Fields of Tourmaline［J］. Journal of Applied Physics，1983(31)：183-185.

［45］冀志江，梁金生，金宗哲. 极性晶体电气石颗粒的电极性观察［J］. 人工晶体学报，2002，31(5)：503-508.

［46］Jin Zongzhe，Ji Zhijiang，Liang Jinsheng，et al. Observation of spontaneous polarization of tourmaline［J］. Chinese Physics，2003（2）：222-225.

［47］杨如增，徐礼新，廖宗廷. 黑色电气石红外辐射与晶格缺陷及粒径的关系［J］. 同济大学学报（自然科学版），2002，30(12)：1458-1461.

［48］Barton R Jr. Refinement of the Crystal Structure of Buergerite and the Absolute Orientation of Tourmalines［J］. Acta Crystallographica，1969（B25）：1524-1533.

［49］Nakamura T，Kubo T. The Tourmaline Group Crystals Reaction with Water［J］. Ferroelectrics，1992(137)：13-31.

［50］余家国，赵修建，陈文梅，等. TiO_2/SiO_2 纳米薄膜的光催化活性和亲水性［J］. 物理化学学报，2001，17(3)：261-264.

［51］余家国，赵修建，林立，等. 超亲水 TiO_2/SiO_2 复合薄膜的制备和表征［J］. 无机材料学报，2001，16(3)：529-534.

［52］陈文梅，杨尊先，赵修建，等. 光催化超亲水 TiO_2/SiO_2 薄膜的研究［J］. 硅酸盐学报，2001，29(1)：286-290.

［53］Jiaguo Yu，Xiujian Yu etc. Grain Size and Wettability of TiO_2/SiO_2 Photocatalytic Composite Thin Films［J］. Rare Metals，2001，20(2)：81-86.

［54］Jimmy C Yu，Jiaguo Yu，Wingkei Ho，Lizhi Zhang. Preparation of Highly Photocatalytic Active Nano-sized TiO_2 Particles Via Ultrasonic Irradiation［J］. Chem Commum，2001(19)：1942-1943.

［55］Trapalis Ch，Kozzhukharov V，Samuneva B，et al. Sol-Gel Processing of Titanium-containing Thin Coatings Part Ⅱ XPS Studies［J］. Journal of Materials Science，1993(28)：1276.

［56］Yoko T，Kamiya K，Sakka S. Photo Electrochemical Properties of TiO₂ Films Prepared by the Sol-Gel Method［J］. Yogyo Kyokai Shi，1987（95）：150.

［57］Kato K，Tsuruki A，Yorii Y，et al. Morphology of Thin Anatase Coatings Prepared from Alkoxide Solution Containing Organic Polymer Affecting the Photocatalytic Decomposition of Aqueous Acetic acid［J］. Journal of Materials Science，1998（30）：837.

［58］Takahashi M，Mita K，Toyuki H，et al. Pt-TiO₂ Thin Films on Glass Substrates as Efficient Photocatalysis［J］. Mater Science，1989（24）：243.

［59］余家国，赵修建. 溶胶-凝胶工艺制备二氧化钛薄膜的表面组成和价态研究［J］. 分子催化，1999，13(5)：334-336.

［60］Takami K，Sagawa T，Uehara H，et al. Photocatalytic De-NOx-ing Building Materials［J］. Catalysts Catal，1999，41(4)：295.

［61］余家国，赵修建. 多孔 TiO₂ 光催化纳米薄膜的制备和微观结构研究［J］. 无机材料学报，2000，15(2)：247-255.

［62］Sarmuneva B，Kozahukharov V，Trapalis C H，et al. Sol-Gel Processing of Titanium-containing Thin Coatings，Part Ⅰ：Preparation and Structure［J］. Journal of Materials Science，1993(28)：2353-2360.

［63］余家国，赵修建，赵青南. 光催化多孔 TiO₂ 薄膜的表面形貌对亲水性的影响［J］. 硅酸盐学报，2000，28(3)：245-250.

［64］Watanabe T，Nakaiama A，Wang R，et al. Photocatalytic Activity and Photo Induced Hydrophilicity of Titanium Dioxide Coated Glass［J］. Thin Solid Films，1999(351)：260-263.

［65］Yu J，Zhao X. Effect of Surface Treatment on the Photocatalytic Activity and Hydrophilic Property of the Sol-gel Derived TiO₂ Thin Films［J］. Materials Research Bulletin，2001，6(1-2)：97-107.

［66］余家国，赵修建. 热处理工艺对 TiO₂ 纳米薄膜光催化性能的影响［J］. 硅酸盐学报，1999，27(6)：769-774.

［67］戴清，郭妍，袁春伟，等. 二氧化钛多孔薄膜对含氯苯酚的电助光催

化降解[J]. 催化学报，1999，20(3)：317-320.

[68] 仲维卓，罗豪苏，王步国，等. 极性晶体结晶习性的形成机理[J]. 结构化学，1997，16(2)：107-112.

[69] 林霞，等. 远红外线加热对细菌内毒素的破坏效果[J]. 中国消毒学杂志，1994(4)：7.

[70] 徐怀平. 远红外加热技术[M]. 石家庄：河北人民出版社，1979：38-39.

[71] 卢为开. 远红外辐射加热技术[M]. 上海：上海科学出版社，1983：2-3.

第3章 纳米TiO₂/硅藻土 复合环境功能材料

3.1 硅藻土

硅藻土(Diatomite)是由古代硅藻遗骸经长期的地质作用形成的一种生物成因的硅质沉积岩,主要分布在中国、美国、日本、丹麦、法国、罗马尼亚等国。硅藻土的矿物成分主要包括蛋白石及其变种,其次是黏土矿物——水云母、矿物碎屑和高岭石。矿物碎屑包括石英、黑云母、长石及有机质等。图3-1为吉林省长白山硅藻土原矿X射线衍射(XRD)物相分析图。从图中可以看出,吉林临江某硅藻土原矿中主要成分为非晶质的SiO₂,与硅藻土伴生的其他矿物包括水云母、蒙脱石等黏土矿物,还有钾长石、石英等。

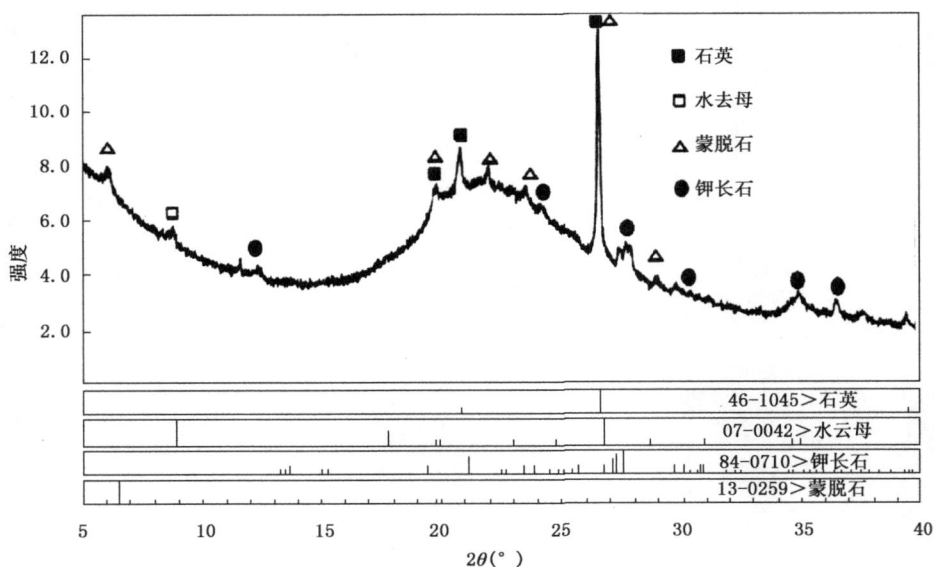

图 3-1 吉林省长白山硅藻土原矿 X 射线衍射(XRD)物相分析图。

3.1.1　硅藻土的分类及矿物组成

根据各种矿物在矿石中含量的不同,硅藻土资源可分为硅藻土、含黏土硅藻土、黏土质硅藻土、硅藻黏土等几种类型。

(1)硅藻土,白-灰白色及灰绿黄色,质轻,细腻,多孔隙,疏松,具生物结构,块状构造及微细层理构造。不同形状硅藻含量大于 80%,黏土含量 5% 左右,矿物碎屑含量 1%~2%,干体堆积密度为 0.35~0.5 g/cm^3。

(2)含黏土硅藻土,硅藻含量大于 65%,黏土含量 15%~20%,矿物碎屑含量 2%~4%,干体堆积密度为 0.5~0.6 g/cm^3,其他特征与上述硅藻土相同。

(3)黏土质硅藻土,灰白-灰黄色,较致密,黏结性较强。硅藻含量 40%~65%,黏土含量 25%~40%,矿物碎屑含量 5% 左右,干体堆积密度为 0.6~0.7 g/cm^3。

(4)硅藻黏土,灰黄-灰绿色,较致密,黏结性强,硅藻含量 20%~40%,黏土含量 50% 以上,矿物碎屑含量 5%~10%,干体堆积密度大于 0.7 g/cm^3。这种矿石常具波状斜层理,多为硅藻土与黏土之间的过渡类型。

图 3-2 为美国内华达硅藻土(EP)、吉林省临江酸浸提纯硅藻精土(SJ)和物理选矿精土(XJ)以及临江兴辉(XH)、临江华通(HT)和临江大地(DD)三种高温煅烧硅藻土的 XRD 图。由图可见,EP、SJ 和 XJ 三种硅藻土主要由非晶质 SiO_2 组成,在 2θ 中心为 $21°$ 处的宽峰是硅藻土非晶质 SiO_2 特有的。物理选矿精土的 XRD 图谱中出现了石英、云母的特征峰,这表明物理选矿精土中仍含有部分杂质矿物。选矿精土经过酸浸处理后,样品(SJ)的衍射峰中杂质的特征峰较前者减少。内华达硅藻土(EP)的衍射峰中除含有少量的石英特征峰外,没有出现其他杂质的特征峰。三种高温煅烧硅藻土 XH、HT 和 DD 的 XRD 衍射峰与上面分析的三种硅藻土有明显不同,这三种高温煅烧硅藻土中除含有少量的石英特征峰外,还出现了方石英的特征峰,且较明显,这表明硅藻土经过高温煅烧后,硅藻土中的非晶质 SiO_2 已经转化成方石英。因为这种煅烧硅藻土通常是以硅藻土为原料,添加少量纯碱作为助剂,采用回转窑在 950 ℃下煅烧的。

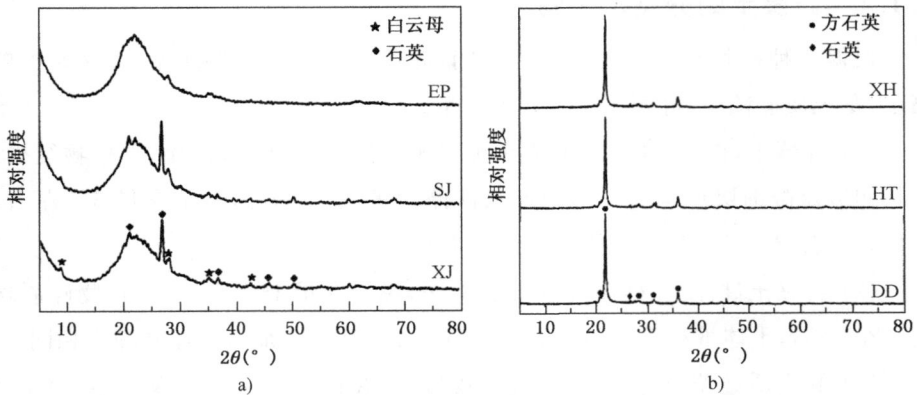

图 3-2 硅藻土(a)和高温煅烧硅藻土(b)的 XRD 图

3.1.2 硅藻土的结构特点

硅藻颗粒有规律分布的多孔结构,其结构形态多达上百种。硅藻体的结构主要有两种类型:中心硅藻目和羽纹硅藻目。中心硅藻目一般具有圆形的壳,硅藻体像一个培养皿,呈圆筛状或珠网状,这一类型的大多数壳体有许多互相对称的面,并且其壳的构造表现为一放射状的分割外观,常见的中心硅藻目有圆筛藻、小环藻、冠盘藻、蛛网藻、直链藻等;羽纹硅藻目的硅藻体种类有辐形、棒形、小船形,在大多数羽纹硅藻目的外壳,沿着顶轴的方向长有较长的缝隙,且壳面上的条纹是羽状向中央线排列,常见的羽纹硅藻目有脆杆藻、舟形藻、目形藻、桥穹藻等。对于中国硅藻生物群而言,中心硅藻目主要分布在吉林、浙江、山东、四川等地,羽纹硅藻目则主要分布于云南腾冲等地。

3.1.3 硅藻土的主要理化特性

硅藻土的颜色主要包括白色、灰色、灰白色和浅灰褐色等。其主要物理特性是松散(堆积密度 $0.3 \sim 0.5$ g/cm³),质轻(密度 2.0 g/cm³),多孔(空隙率达 $60\% \sim 90\%$,比表面积一般为 $10 \sim 80$ m²/g),莫氏硬度为 $1 \sim 1.5$,吸水和渗透性强(能吸收其本身重 $1.5 \sim 4$ 倍的水),热稳定性好(熔点 $1650 \sim 1750$ ℃),化学稳定性好(除氢氟酸外,不溶于任何强酸,但能溶于强碱溶液中),而且是热、电、声的不良导体。

硅藻土的主要化学组成是 SiO_2,同时含有少量的 Al_2O_3、CaO、Fe_2O_3、K_2O、MgO、Na_2O、P_2O_5 和有机质,SiO_2 质量分数通常占 60% 以上。硅藻土的

SiO_2 多数是晶质或无定形 SiO_2,这种无定形 SiO_2 可以在常压水热碱溶液中溶出,其质量分数越高,硅藻土的纯度或硅藻质量分数就越高。因此,可以采用水热碱溶方法表征硅藻土中硅藻矿物成分或质量分数。优质硅藻土的硅藻二氧化硅质量分数可达 90% 左右,氧化铁质量分数 ≤1.5%,氧化铝质量分数 ≤5%。表 3-1 为我国吉林临江、内蒙古化德、浙江嵊州、云南大理硅藻土的 SiO_2 含量和硅藻含量测定结果。

表 3-1　硅藻土样品的二氧化硅含量与硅藻含量

硅藻土种类	SiO_2 含量/% (煅烧前样品/700 ℃煅烧 30 min 样品)	硅藻含量%
吉林临江精土	86.25/89.00	82.97
吉林临江原土	82.43/87.10	75.84
内蒙古化德精土	86.63/89.20	75.58
内蒙古化德原土	76.93/81.88	61.46
浙江嵊州精土	71.13/74.04	42.24
浙江嵊州原土	64.72/70.76	33.18
云南大理硅藻土	58.93/65.74	21.87

硅藻土的导热系数较小,在 200 ℃ 状态下,硅藻土(密度 0.53 g/cm³)块导热系数为 0.0158 W/(m·K),在 800 ℃ 状态下为 0.0219 W/(m·K)。其导热系数与密度的大小关系较大,表 3-2 为松散填充的硅藻土在不同温度下的导热系数。

表 3-2　硅藻土在不同温度下的导热系数

温度/℃	0	50	100	200	300
导热系数/[W/(m·K)]	0.060	0.070	0.077	0.086	0.090

图 3-3 是分别在 450 ℃、900 ℃、1150 ℃ 下对硅藻土进行焙烧后得到的样品扫描电镜图。由图 3-3 可以看出,高温焙烧不仅能够改变硅藻土的空间结构,也能够改变硅藻土的内部微观结构。经过 450 ℃ 焙烧的硅藻土,其圆筛形的硅藻体未得到破坏;经过 900 ℃ 焙烧的硅藻土,圆筛形的硅藻体得到破坏,硅质的圆筛盘得以暴露,同时圆筛盘的边缘开始因为融化呈现出锯齿状形态,同时因圆筛盘的部分熔化,堵塞了圆筛盘中的微孔通道,甚至部分的圆筛盘碎裂成碎片;

经过 1150 ℃ 焙烧的硅藻土,直接造成了圆筛盘表面的通道微孔因熔化而消失,硅藻体的微孔通道结构遭到彻底损坏。

| a) 450 ℃ | b) 900 ℃ | c) 1150 ℃ |

图 3-3　硅藻土不同温度焙烧样品扫描电镜图

硅藻土属于无定形 SiO_2 的一种,在某种程度上,硅藻土与其他无定形 SiO_2 的表面羟基(—OH)性质具有类似性。无定形 SiO_2 具有短程并且排列紧凑有序的由 Si—O 四面体相互之间桥连而成的网状结构,其结构如图 3-4 所示。由图 3-4 可见,在单个 SiO_2 四面体桥连而成的环上,硅原子的数目是不确定的,该桥连有序的网状结构的网孔呈现大小不一。同时,该 SiO_2 网状结构中也会存在着配位缺陷、氧桥缺陷等各种缺陷。硅藻土无定形 SiO_2 表面存在着大量的 Si—O—"悬空键",而 Si—O—"悬空键"非常容易同 H 结合从而生成 SiOH,即所谓的表面硅羟基。天然硅藻土或通过合成得到的无定形 SiO_2,其表面羟基的数量直接决定着功能材料的酸性、亲疏水性、表面电荷、溶解性等,也直接决定着反应活性。

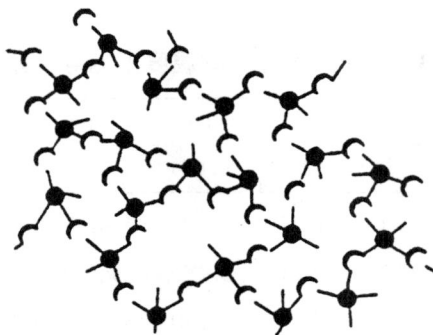

图 3-4　无定形 SiO_2 的结构

硅藻土和煅烧硅藻土的红外光谱如图 3-5 所示。

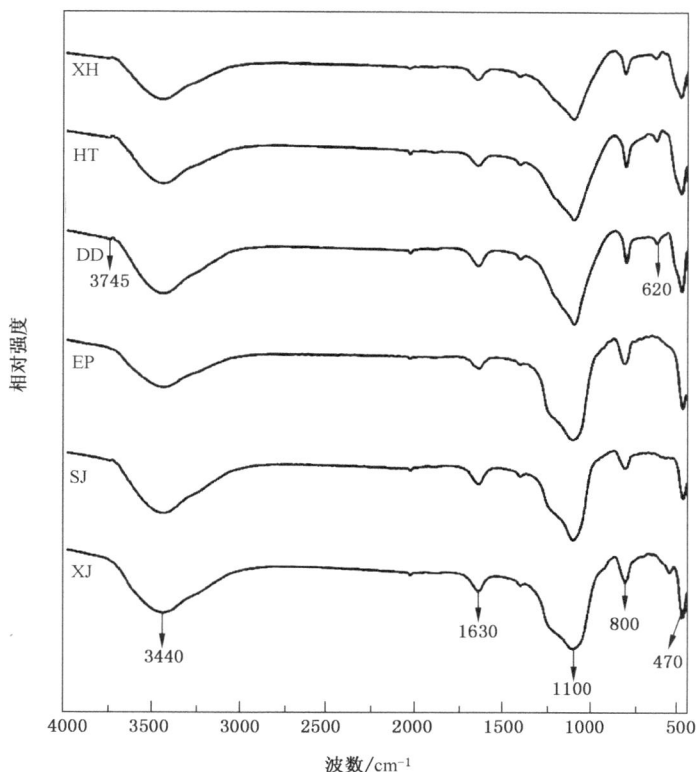

图 3-5　硅藻土和煅烧硅藻土的红外光谱

3.1.4　硅藻土的应用

20 世纪 30 年代开始,经过简单干燥、分级过的硅藻土,已经被广泛应用于饮料、啤酒和饮用水等的过滤和净化。此后逐步扩展到建材、化工、环境保护等诸多领域。图 3-6 为硅藻土的核心用途。

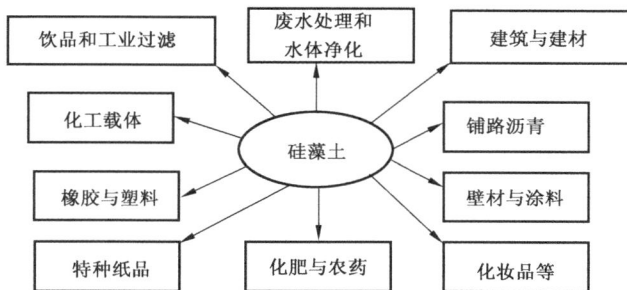

图 3-6　硅藻土的核心用途

55

3.2 纳米 TiO$_2$/硅藻土复合材料的稀土金属 Ce 掺杂改性

3.2.1 稀土金属 Ce 掺杂改性纳米 TiO$_2$/硅藻土复合材料的制备

以硝酸铈为掺杂组分制备铈掺杂纳米 TiO$_2$/硅藻土复合光催化材料（Ce-TD），具体制备工艺流程如图 3-7 所示。

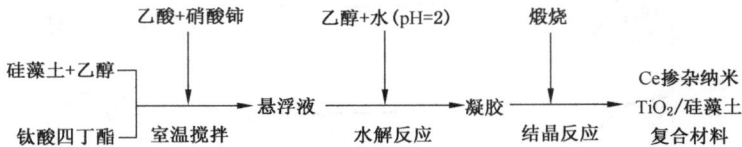

图 3-7 Ce-TiO$_2$/硅藻土复合材料制备工艺流程图

3.2.2 Ce-纳米 TiO$_2$/硅藻土复合材料的紫外-可见光催化活性

以罗丹明 B 染料为降解目标，氙气灯为光源，研究 Ce 掺杂 TiO$_2$/硅藻土复合材料的紫外-可见光催化活性及掺杂机理以及 Ce 掺杂量对 Ce-TiO$_2$/硅藻土复合材料吸附及光催化氧化性能的影响和机制。不同 Ce 掺杂量纳米 TiO$_2$/硅藻土复合材料分别以 0.5%-Ce/CD、1.0%-Ce/CD、1.5%-Ce/CD、3.0%-Ce/CD 表示，其中 0.5%～3.0% 为 Ce 与 Ti 的物质的量比，TD 表示纳米 TiO$_2$/硅藻土复合材料。

图 3-8 是不同 Ce 掺杂量下制备的 Ce-TiO$_2$/硅藻土复合光催化材料，在模拟太阳光下对染料罗丹明 B 的光降解曲线及其反应动力学曲线。在氙气灯照射 5h 后，RhB 的去除率及光催化氧化反应的表观速率常数 k_{app} 列于表 3-3 中。可以看出 Ce 掺杂后，复合材料的光催化性能明显提升，最佳掺杂量为 1.5%，光照 5h 的去除率达到 72.03%。而未掺杂样品在相同条件下对 RhB 的去除率仅为 38.64%。

光催化氧化降解液相染料的反应动力学符合一级反应动力学方程，可以通过 Langmuir-Hinshelwood 模型进行解释，如图 3-8b 所示。根据计算，样品反应速率常数（1.5%-Ce/CD）超过未掺杂时制备样品反应速率常数的 2 倍。Ce 掺杂 TiO$_2$/硅藻土复合光催化材料对 RhB 的光催化氧化效果随 Ce 掺杂量的变化情况如图 3-8c 所示，随着掺杂量的增加，复合材料的光催化性能逐渐升高，掺杂量为 1.5% 时具有最佳的反应活性。当掺杂量达到 3.0% 时，样品的光催化活性开始略有下降。说明 Ce 掺杂改性存在适宜的掺杂浓度，纳米 TiO$_2$/硅藻土复合材料在掺杂合适用量 Ce 的时候,显著提高了的其光催化性能。

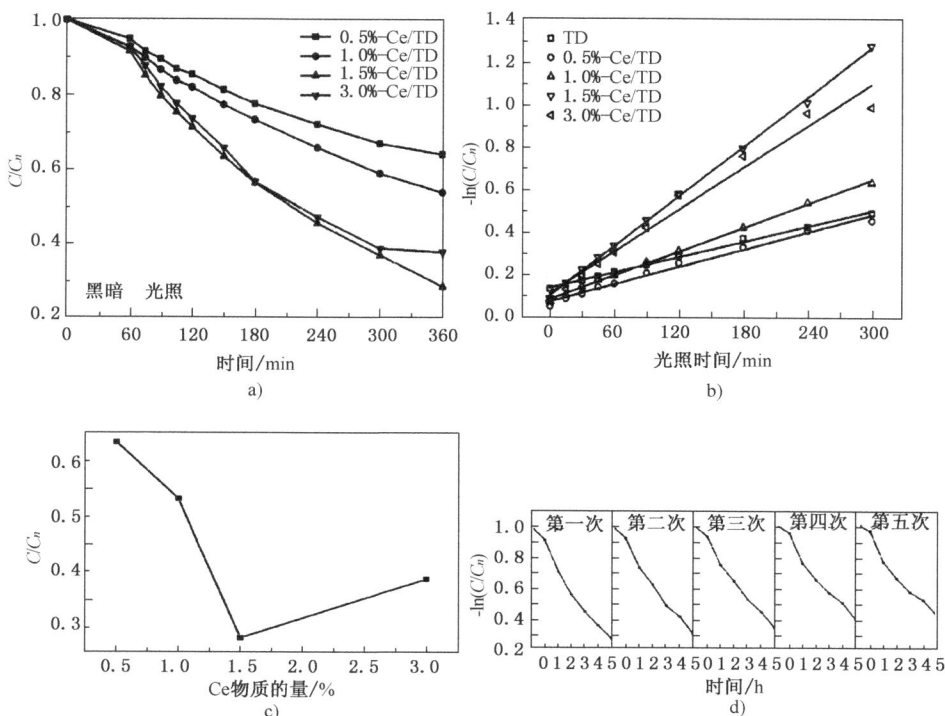

图 3-8 （a）各样品对 RhB 的光催化降解曲线；（b）动力学曲线；
（c）去除率随掺杂量变化曲线；（d）1.5％-Ce/CD 样品的重复使用性能

表 3-3　不同 Ce 掺杂量的 Ce-TiO₂/硅藻土复合材料的光催化活性

样品名称	$D_R/\%$	$k_{app}10^{-3}min^{-1}$	R^2
TD	38.64	1.19	0.996 11
0.5％-Ce/TD	36.39	1.34	0.986 01
1.0％-Ce/TD	46.75	1.85	0.998 17
1.5％-Ce/TD	72.03	3.86	0.999 13
3.0％-Ce/TD	61.75	3.26	0.959 91

对样品 1.5％-Ce/CD 进行回收重复使用实验,研究表明纳米 TiO₂/硅藻土复合材料具有较好重复利用率。经过 5 次的循环应用实验,样品的催化活性没有明显的下降。另外,重复使用的样品对于 RhB 仍具有一定的吸附能力,在

60 min 内达到吸附/脱附平衡。与首次使用时相比,第 5 次使用时复合材料的活性有所降低,可能是由于某些中间产物吸附在催化剂表面,导致光吸收性能和电子迁移性能减弱。此外,纳米 TiO_2/硅藻土复合材料具有微米级粒度,非常方便回收。

3.2.3　Ce-纳米 TiO_2/硅藻土复合材料的 Ce 掺杂机理

从以上实验结果可以看出,对于 Ce 掺杂改性的纳米 TiO_2/硅藻土复合材料,其优良的光催化性能主要表现在两个方面:一是良好的可见光光催化活性;二是光生电子-光生空穴再复合率低。研究表明,Ce-TiO_2/硅藻土复合光催化材料反应体系中,纳米 TiO_2 的 Ce4f 电子层具有缩短 TiO_2 价带电子迁移距离的作用,而且由于其电子层结构的特殊性,Ce_2O_3 本身也可以利用部分可见光而产生光生电子。Ce4f 电子层在 Ce-TiO_2/硅藻土复合光催化材料中具有促进电荷在界面间进行转移及抑制光生电子-光生空穴再复合的重要作用。然而,当掺杂量过高时,其也会成为电子空穴的复合中心。因此,Ce 掺杂改性纳米 TiO_2/硅藻土复合材料存在一个最佳掺杂量。与此同时,铈氧化物还具有储存氧的能力,当体系氧含量较低时,可以释放氧。而由光催化机理可知,光催化剂表面吸附的 O_2 可以有效捕获光生电子,从而抑制光生电子空穴的复合,导致催化剂的还原能力增强,也从另一方面提高了光催化活性。

3.2.4　Ce-纳米 TiO_2/硅藻土复合材料晶型

图 3-9 为不同 Ce 掺杂量情况下制备的 Ce-TiO_2/硅藻土复合光催化材料的 XRD 谱图。所有样品的主要衍射峰都属于石英或锐钛矿型 TiO_2。

硅藻土载体是石英相衍射峰的主要来源。Ce^{3+} 的离子半径为 0.111 mm,Ce^{4+} 的离子半径为 0.101 mm,Ce^{3+} 和 Ce^{4+} 的离子半径均明显大于 Ti^{4+} 0.068 mm 的离子半径。因此,可以保证 TiO_2 纳米晶格中存在的 Ti^{4+} 离子不会被 Ce^{3+} 和 Ce^{4+} 取代。另外,在 Ce-TiO_2/硅藻土复合光催化材料中却没有出现 Ce 氧化物的相关衍射峰,其原因主要是 Ce 的掺杂浓度比较低。

逐步提高 Ce 的掺杂量,由图 3-9b 可知 Ce-TiO_2/硅藻土复合光催化材料锐钛矿相的衍射峰强度稍微有些降低。同时(101)晶面衍射峰($2\theta = 25.3°$)峰宽呈现变宽,这说明通过掺杂 Ce 会降低纳米 TiO_2 锐钛矿相结晶度,直接导致晶粒尺寸变小。同时,在 XRD 结果中我们可以发现,经过 750 ℃煅烧后 Ce-

TiO_2/硅藻土复合光催化材料,依然没有呈现金红石相纳米 TiO_2,根据以往文献介绍,TiO_2 的这一相转变反应通常发生在热处理温度为 600 ℃ 条件下。说明通过掺杂 Ce 抑制了锐钛矿相纳米二氧化钛向金红石相转变。这一方面是由于硅藻载体的作用,另一方面也可能是由 Ce 掺杂所导致的。研究表明,Ce^{4+}/Ce^{3+} 虽然不能掺杂进入 TiO_2 晶格内,但是会与纳米 TiO_2 颗粒表面存在的氧负离子进行结合,在 CeO_{2-y} 和 TiO_2 界面间形成 Ce-O-Ti 键而起到稳定锐钛矿相的作用。而且,在相界面处,Ti^{4+} 可以取代相邻的 CeO_{2-y} 晶格中的 Ce^{3+},从而形成八面体 Ti,四面体 Ti 和八面体 Ti 之间的相互作用抑制了相转变反应。逐步提升 Ce 的掺杂量,纳米 TiO_2 晶粒的尺度将会逐渐减小,当掺杂量为 3.0% 时,Ce-TiO_2/硅藻土复合光催化材料中 TiO_2 的平均晶粒粒度仅为 13.66 nm。

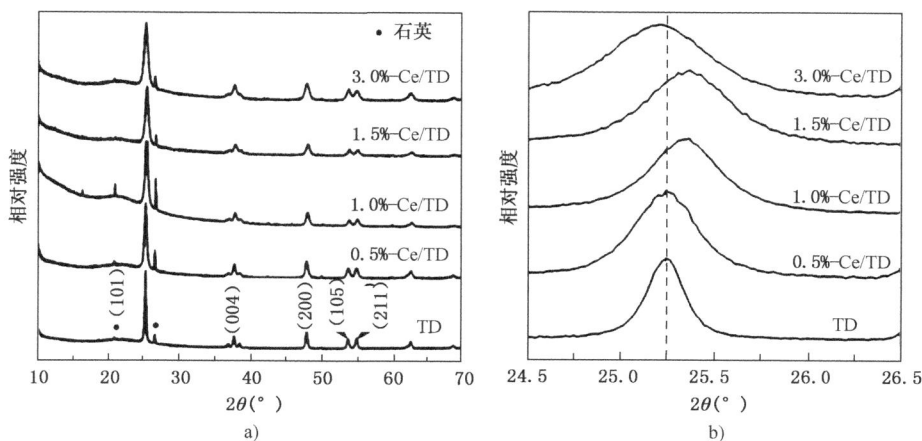

图 3-9　各材料的 XRD 图(a);TiO_2(101)晶面衍射峰的局部放大图(b)

图 3-10 为 Ce 不同掺杂量情况下制备的 Ce-TiO_2/硅藻土复合材料的拉曼光谱图。所有样品的特征峰都对应着锐钛矿相 TiO_2。拉曼光谱中,锐钛矿相 TiO_2 共有 6 个拉曼特征峰:$A_{1g}+2B_{1g}+3E_g$。其中,在 144 cm^{-1} 处出现了最强的 $E_{g(1)}$ 振动峰,在 196 cm^{-1}[$E_{g(2)}$]和 638 cm^{-1}[$E_{g(3)}$]处则分别出现了较弱的 E_g 振动峰。在 396 cm^{-1} 处呈现一个 $B_{1g(1)}$ 振动峰,以及在 516 cm^{-1} 处呈现了[$A_{1g}+B_{1g(2)}$]振动峰。由图 3-10 可知,Ce-TiO_2/硅藻土复合材料锐钛矿相 TiO_2 的晶体结构在掺杂 Ce^{4+}/Ce^{3+} 掺杂后依然保存完好。根据文献,CeO_2 的特征峰应该出现在 272 cm^{-1}、463 cm^{-1} 和 570 cm^{-1} 附近,但由于 Ce 掺杂量较

低，在复合材料中并没有检测出归属于 CeO_2 或 Ce_2O_3 的特征峰。

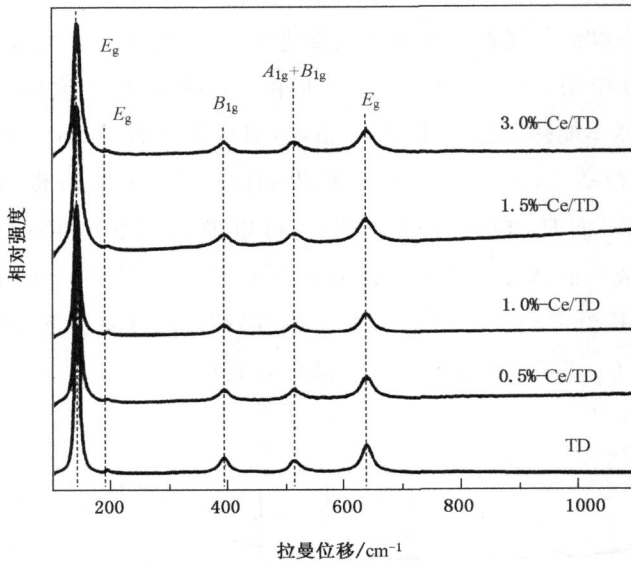

图 3-10　纳米 TiO_2/硅藻土和不同 Ce 掺杂
量的 Ce-TiO_2/硅藻土复合材料拉曼光谱图

3.2.5　Ce-纳米 TiO_2/硅藻土复合材料结构

载体硅藻精土及 Ce-TiO_2/硅藻土复合材料的 TEM 照片，如图 3-11 所示。具有多孔圆盘形结构的载体硅藻精土的直径约为 $10~\mu m$，而且硅藻精土在负载纳米 TiO_2 颗粒后，其硅藻骨架保存相当完整。负载的纳米 TiO_2 颗粒普遍呈现为不规则的圆球形状，这些纳米 TiO_2 颗粒直径范围为 $15\sim30~nm$。

EDS 结果证实了复合材料的元素组成，主要含有 Si、Ti、O 三种元素。纳米 TiO_2 晶粒存在的晶格条纹在 HRTEM 图中可以清楚地看到，其间距约为 $0.354~nm$。这个距离等于纳米 TiO_2 晶粒锐钛矿相（101）晶面两个晶面之间的间距值。硅藻骨架由于无定型结构而无晶格条纹，负载上的 TiO_2 粒子部分嵌入硅藻骨架的无定型结构中，两者间结合牢固，有利于提高材料的耐久性。图 3-11d 是 Ce 掺杂量为 1.0% 的样品的 TEM 图，可以看出复合材料中纳米 TiO_2 颗粒的粒径有所减小，变为 20 nm 左右。

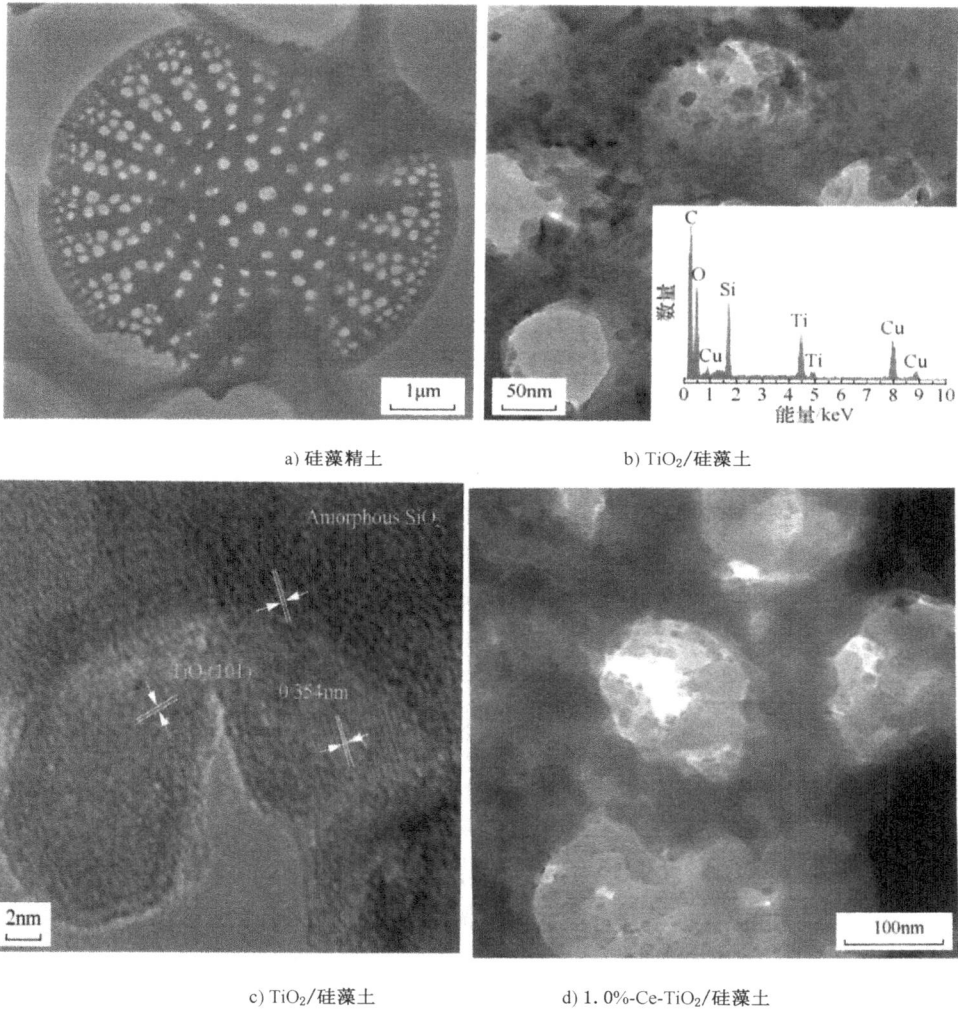

a) 硅藻精土

b) TiO₂/硅藻土

c) TiO₂/硅藻土

d) 1.0%-Ce-TiO₂/硅藻土

图 3-11　纳米 TiO₂/硅藻土和 1.0%-Ce-TiO₂/硅藻土

复合材料 TEM 图及能谱分析结果

3.3　四氯化钛水解沉淀法制备纳米 TiO₂/硅藻土复合材料

3.3.1　制备方法及原理

3.3.1.1　制备方法

四氯化钛水解沉淀法的制备工艺是:以选矿提纯后的硅藻精土或煅烧硅藻

土(硅藻土助滤剂)为载体,以 $TiCl_4$ 为前驱体,采用低温水解均匀沉淀和连续控温煅烧晶化,制备纳米 TiO_2/硅藻土复合光催化材料。其实验室制备工艺流程如图 3-12 所示。

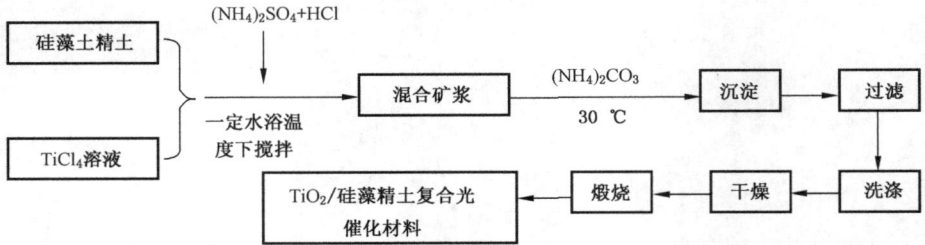

图 3-12   四氯化钛水解沉淀法制备纳米 TiO_2/硅藻土复合材料工艺流程示意图

具体制备过程简述如下:将一定量的硅藻土、水、少量盐酸配制悬浮液,然后在低温(≤5 ℃)下加入硫酸铵、$TiCl_4$ 溶液水溶液;水解反应一定时间后升温,进行沉淀负载,并加入碳酸铵溶液调节矿浆 pH 至 4.5～5;保温反应一定时间后,对悬浮液进行过滤洗涤,将洗净后的滤饼干燥后进行煅烧,即得到纳米 TiO_2/硅藻土复合材料。

3.3.1.2   制备原理

以四氯化钛为前驱体,利用水解沉淀法制备纳米 TiO_2/硅藻土复合材料时,活性物质锐钛晶型 TiO_2 粒子在硅藻土颗粒表面上的负载主要包括三个过程:① $TiCl_4$ 的水解,决定了非晶质 TiO_2 粒子的粒径大小和分布;② TiO_2 在硅藻土颗粒表面的沉积,决定着 TiO_2 在硅藻土颗粒表面的异相成核及均匀包覆;③ 煅烧过程 TiO_2 晶粒的生长,决定了 TiO_2 粒子的晶型及大小而最终决定了复合材料的光催化性能。这三个过程是复合材料制备的关键所在。

(1)$TiCl_4$ 水解反应机制

在冰水浴和强酸介质中,$TiCl_4$ 水解反应是分三步进行的。由于钛离子水解反应是吸热反应,开始采用冰水浴是为了控制反应速率。采用强酸性条件也是为了降低水解反应的速度。由于实验中 $TiCl_4$ 浓度较大,反应产生的 H^+ 抑制了反应进行速度,得到的是清亮的含 $TiOH^{3+}$ 的溶液。加入溶有盐酸的硫酸铵溶液后,当 SO_4^{2-} 浓度较大时能与 TiO_2^+ 形成沉淀 $TiOSO_4$,这会促进反应向右移动。随着温度的升高,$TiOSO_4$ 的溶解度也会随之逐渐增大,此时 Ti 主要以 TiO_2^+ 的形式存在。滴加碳酸铵溶液,用来中和反应液中的氢离子,NH_4^+

的存在能够起到缓冲溶解的作用。随着反应的进行,溶液的 pH 会缓慢地升高,从而中和掉在反应过程中产生的 H^+,促进反应向有利于 TiO_2 晶核生成的方向移动。同时,避免因为 pH 的迅速改变而造成的快速沉淀,致使产生沉淀负载的不均匀。

控制水解反应终点的 pH 主要是确保 TiO_2 的沉淀转化率,$TiCl_4$ 在水溶液的水解产物主要是水合二氧化铁 $TiO(OH)_2$,由 $TiO(OH)_2$ 的溶度积(1×10^{-29})可以计算出 $TiO(OH)_2$ 完全沉淀时的溶液 pH 为 4.34。实验中控制反应液的 pH 就可控制 TiO_2 的沉淀转化率。控制水解反应终点 pH 为 4.5～5 时,钛离子基本完全沉积在硅藻土颗粒表面。

(2) TiO_2 在硅藻土颗粒表面的沉积

根据结晶学理论,当 pH 不变的情况下,异相物质的产生或存在,会促使当溶液的浓度超过其过饱和度的时候,迅速地生成大量的晶核,并导致这些晶核沉积到该异相颗粒的表面。负载物在硅藻土颗粒表面成核、沉积、生长的过程可用非均相成核理论(又称异质形核)进行解释。在异质形核体系中,某些区域的晶核会优先的呈现出不均匀分布。

$TiCl_4$ 在硅藻土的水悬浮液中能够慢速水解生成 $TiO(OH)_2$,当溶液中形成的 $TiO(OH)_2$ 浓度较低时,为了降低反应体系的自由能,$TiO(OH)_2$ 分子将会成核于硅藻土的颗粒表面,促进成膜包覆的形成。但是,当溶液中形成的 $TiO(OH)_2$ 的浓度较大的时候,将会产生大量的 $TiO(OH)_2$ 晶核,进而形成大量的晶体颗粒或晶体微团,将会阻碍纳米 TiO_2 对硅藻土的成膜包覆。我们可以通过严格控制 $TiCl_4$ 的水解初始浓度及水解反应的终点 pH,在硅藻土表面形成均匀的纳米 TiO_2 薄膜。

为了进一步探讨 TiO_2 在硅藻土表面的负载机制,测定了硅藻土及沉淀物 $TiO(OH)_2$ 在不同的 pH 下的表面电动电位,硅藻土和沉淀物 $TiO(OH)_2$ 的表面带电荷情况不同,$TiO(OH)_2$ 的等电点为 5.21,溶液中 pH$<$5.21 时,其 Zeta 电位大于 0;硅藻土的等电点是 1.92,溶液中 pH$>$1.92 时,其 Zeta 电位小于 0;pH 为 1.92～5.21 时,硅藻土和 $TiO(OH)_2$ 带有相反的电荷,两者相互吸引,本实验控制水解反应的终点 pH 为 4.5～5,故可以认为包覆的动力是靠库仑静电引力使 $TiO(OH)_2$ 吸附到硅藻土表面形成了包覆层。另外,由于静电引力是比较弱的物理作用力,而大粒度 TiO_2 的比表面积小,单位质量带的电荷也少,与硅藻土颗粒表面的静电引力就小，故不容易牢固地附着在硅藻土表面，这就要求包覆过程中 TiO_2 的粒度要控制在纳米级的范围，这样颗粒之间的静电引力效应比较明显。由于控制水解反应使生成的 TiO_2 的粒度为纳米级，具有极大的表面能，因此 TiO_2 有自发附着在硅藻土表面而降低表面能的趋势，所以 TiO_2 在硅藻土表面沉积是静电引力与表面能降低共同作用的结果。

本研究中的纳米 TiO_2/硅藻土复合材料，硅藻土中 SiO_2 含量占 90%。通过微观的电子结构分析，Si 的电负性要大于 Ti 的电负性，直接会导致 Ti 原子周围的电子云密度变小，而 Si 原子周围的电子云密度变大，进而有利于生成 Ti-O-Si 键，使 TiO_2 牢固负载于 SiO_2（硅藻土）颗粒表面。此外，在溶液里反应完毕的改性硅藻土粉体，其表面稳定地负载着一层钛水化合物，由于硅藻土和钛水化合物表面都有羟基，所以在煅烧时，两者就会脱掉一个水分子形成—O—键而牢固地结合在一起。其过程如下所示：

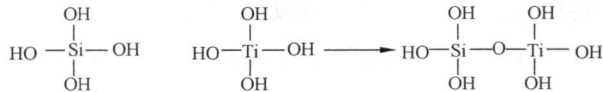

$$\mathrm{HO-\underset{\underset{OH}{|}}{\overset{\overset{OH}{|}}{Si}}-OH} \quad \mathrm{HO-\underset{\underset{OH}{|}}{\overset{\overset{OH}{|}}{Ti}}-OH} \longrightarrow \mathrm{HO-\underset{\underset{OH}{|}}{\overset{\overset{OH}{|}}{Si}}-O-\underset{\underset{OH}{|}}{\overset{\overset{OH}{|}}{Ti}}-OH}$$

可见，表面硅羟基在二氧化钛均匀牢固地负载在硅藻土表面的过程中起着关键的作用。硅藻土颗粒表面带有羟基，经提纯处理后其表面硅羟基强度得到增强，这对负载过程的完成是非常有利的。

3.3.2 制备工艺对纳米 TiO_2/硅藻土复合材料光催化性能的影响

3.3.2.1 水解温度

水解温度是控制 TiO_2 晶核生长速率的最重要因素之一，而 TiO_2 晶核的生长速率在一定程度上决定了 TiO_2 晶粒大小及其在硅藻表面负载的均匀性。

不同水解温度条件下制备的纳米 TiO_2/硅藻土复合材料样品的光催化性能研究表明，随着水解温度的上升，材料的光催化活性逐渐减小，当水解温度为 4 ℃时，材料的光催化活性最高。由于实验室难以稳定调控更低的温度，因此未进行 4 ℃以下的水解实验，但可以认为水解温度对复合材料的光催化性能有显著影响，低温水解可以提高材料的光催化性能。

3.3.2.2 碳酸铵中和终点的 pH

碳酸铵中和终点的 pH 会显著影响纳米 TiO_2/硅藻土复合材料的光催化活性。中和终点 pH 对罗丹明 B 溶液脱色率影响的实验可以看出，中和终点 pH

不同,会直接影响到 TiO_2 在硅藻土载体表面的负载率,滤液中的 TiO_2 含量较少,说明 TiO_2 的负载率较高;滤液中的 TiO_2 含量较大,说明 TiO_2 的负载率较低。TiO_2 的负载率主要取决于 TiO_2 的沉淀转化率和硅藻土与 TiO_2 之间的吸附力大小两个方面。

由 TiO_2 沉淀物 H_2TiO_3($TiO_2 \cdot H_2O$)的溶度积常数 K_{sp} 可以计算得到在 pH 约为 4.34 时,溶液中 Ti^{4+} 基本上能完全沉淀出来。中和终点 pH 为 4.3 和 5.1 的两个样品 TiO_2 的沉淀转化率较高,pH 小于 4.3 时,即使局部能产生大量沉淀,在搅拌过程中也会被溶解,造成过滤液中 TiO_2 含量较大,而 pH 大于 5.1 后,随着碱性的提高,硅藻土与 TiO_2 之间的吸附力逐渐减弱,TiO_2 的沉淀转化率逐渐降低。实验中,测定的 TiO_2 沉淀物 $TiO_2 \cdot H_2O$ 的等电点为 5.61,硅藻精土的等电点为 1.92。因此,控制反应溶液 pH 为 5.61～1.92 时,$TiO_2 \cdot H_2O$ 表面带正电荷,硅藻土颗粒表面带负电荷,两者相互吸引结合在一起,TiO_2 的负载率会显著提高。

从水解终点 pH 对样品的催化活性来看,随着中和终点酸度的提高,样品的光催化活性增大,这是因为水解反应时,偏弱酸性环境下生成的粒子较细,而在中性或碱性环境里生成的晶粒粒径相对较大。但是,酸度过高时,滤液中的 TiO_2 含量高,即钛液中 Ti^{4+} 的沉淀转化率低。

可见,当中和终点 pH 在酸性环境时,硅藻土对 TiO_2 的吸附效果要好得多,制备的催化剂的光催化活性也较高,相反,在中性或碱性条件下,硅藻土与 TiO_2 的复合就会得到不同程度的减弱,制备的催化剂的光催化活性也较低。但是,若 pH 过低就会显著影响钛液中的 Ti^{4+} 的沉淀转化率,降低 TiO_2 的负载率。因此,适宜的碳酸按中和终点为 pH＝4.5 左右。

3.3.2.3　纳米 TiO_2 负载量

TiO_2 的负载量是影响纳米 TiO_2/硅藻精土复合材料性能的重要因素之一。负载量一方面影响复合材料的晶粒大小,进而影响复合材料的光催化活性;另一方面也影响复合材料的生产成本。图 3-13 为不同 TiO_2 负载量样品的光催化活性变化规律。由图 3-13 可知,随着 TiO_2 负载量的增加,复合材料的光催化活性先增加后减小,当负载量为 45％时,材料的光催化性能最好。

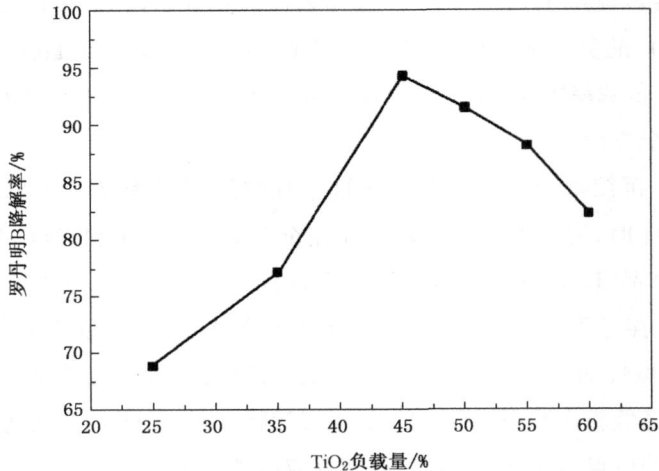

图 3-13　TiO₂ 负载量对复合材料光催化活性的影响

3.3.2.4　煅烧温度和煅烧时间

经过水解沉淀、过滤、洗涤、干燥等步骤后得到的复合材料,其中 TiO₂ 是以无定型的水合 TiO₂ 形态存在,没有光催化活性,而且水合 TiO₂ 与硅藻土载体表面的作用较弱,容易脱落。为了将非晶态的水合 TiO₂ 晶化,并使 TiO₂ 粒子较强地固定于硅藻土载体颗粒表面,需要对负载水合 TiO₂ 后的硅藻土复合材料进行煅烧处理。高温煅烧可以使水合 TiO₂ 脱水并形成具有完整晶型结构的 TiO₂ 粒子,使纳米 TiO₂ 粒子牢固负载于硅藻土载体颗粒表面,同时还可以脱除残留的硫酸根和氯离子。

图 3-14 为不同煅烧温度条件下制备的复合材料样品对罗丹明 B 的光催化降解效果。由图 3-14 可见,升高复合材料样品的煅烧温度,能够在一定范围内增强复合材料样品的光催化活性,当复合材料样品的煅烧温度达到 650 ℃的时候其光催化活性达到峰值。

图 3-15 是温度为 650 ℃时分别煅烧 1 h、2 h、3 h、4 h、5 h 的复合材料样品的光催化效果图。如图 3-15 所示,随着煅烧时间的延长,样品的光催化性能逐渐提高,当煅烧时间达到 4 h 时,材料的光催化性能达到最大值,继续增加煅烧时间,材料的光催化性能开始下降。

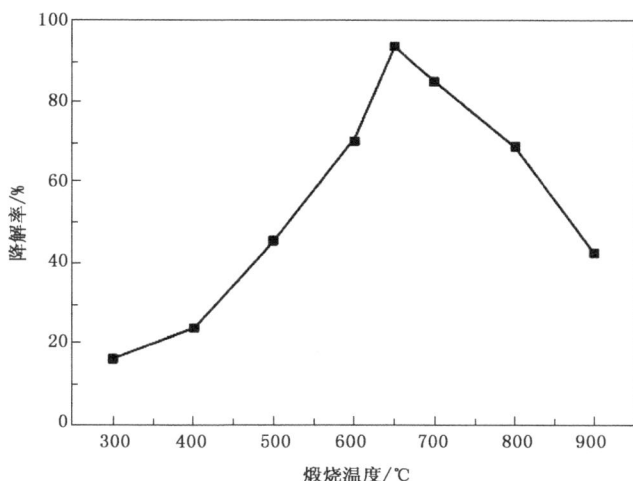

图 3-14　煅烧温度对纳米 TiO$_2$/硅藻土复合材料光催化活性的影响

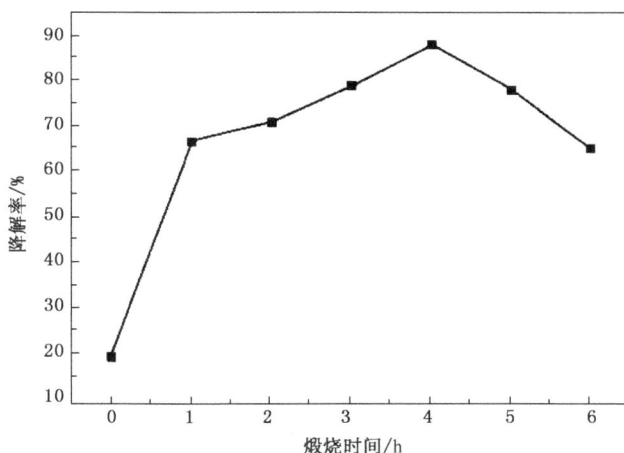

图 3-15　煅烧时间对纳米 TiO$_2$/硅藻土复合材料光催化活性的影响

3.3.3　硅藻土载体对纳米 TiO$_2$/硅藻土复合材料光催化性能的影响

采用临江硅藻土负载纳米 TiO$_2$ 复合材料的优化制备工艺条件，分别以吉林省临江硅藻原土和物理选矿与酸浸提纯硅藻精土、内蒙古化德硅藻原土和物理选矿硅藻精土、美国内华达硅藻土以及煅烧硅藻土为载体制备纳米 TiO$_2$/硅藻土复合光催化材料，并以亚甲基蓝和罗丹明 B 为目标污染物，开展暗吸附与光催化反应实验，研究载体材料物理吸附性能与光催化降解性能之间的相互关系。

3.3.3.1 吸附性能

与光催化反应实验条件一致,取制取的复合材料样品 0.1 g,10 mg/L 罗丹明 B 溶液 100 mL,暗态情况下,在光反应仪中通过磁力搅拌进行样品暗吸附实验,不同时刻取一定量反应悬浮液,离心分离后取上清液测吸光度,并根据罗丹明 B 溶液标准曲线,计算样品的吸附量。根据样品吸附量随反应时间的变化情况,利用准二级反应动力学模型对材料的吸附量进行计算。实验中选用 Degussa(德固赛)气相法制备的纳米 TiO_2P25 以及无负载纯纳米 TiO_2 作性能对比。图 3-16 为 4 种硅藻土载体材料、P25、无负载纯纳米 TiO_2 及 4 种纳米 TiO_2/硅藻土复合材料样品对罗丹明 B 的吸附率。

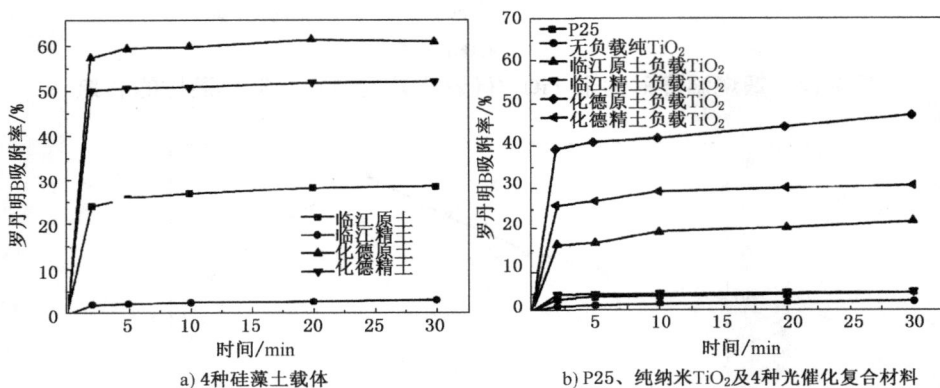

a) 4种硅藻土载体   b) P25、纯纳米TiO_2及4种光催化复合材料

图 3-16 不同材料对罗丹明 B 的吸附率随时间的变化

由图 3-16 可见,吸附时间为 10 min 时,所有材料基本均达到吸附平衡态。对于 4 种硅藻土载体负载纳米 TiO_2 复合材料,硅藻精土较原土吸附罗丹明 B 的吸附速率快,但饱和吸附量小;原土对罗丹明 B 吸附能力较硅藻精土强;P25 与无负载纯 TiO_2 对罗丹明 B 基本无吸附能力,而 4 种硅藻土载体负载 TiO_2 后吸附能力较负载前均有所下降,说明纳米 TiO_2 粒子的负载不利于复合材料对罗丹明 B 的物理吸附。

图 3-17 为不同光催化材料在相同降解条件下对 100 mg/L 罗丹明 B 溶液的降解情况。由图 3-17 可知,除临江硅藻原土负载纳米 TiO_2 光催化材料外,其他几种光催化材料的降解率均在 80 min 后达到 95% 以上。虽然临江原土负载纳米 TiO_2 光催化复合材料对罗丹明 B 的吸附能力最强,但光催化效果反而最差。

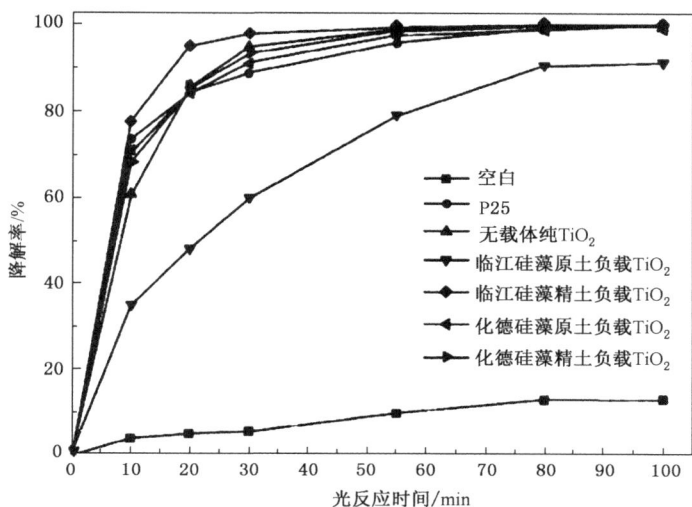

图 3-17　不同光催化材料对罗丹明 B 的光催化降解率随时间的变化

研究表明,临江精土负载 TiO$_2$ 复合光催化材料的降解速率最高,略高于市售 P25;纯纳米 TiO$_2$ 虽然能够达到较好的光催化降解效果,但反应速度最慢;临江原矿负载 TiO$_2$ 复合光催化材料的光催化反应性能无论从降解效果上还是降解速率上均最差;化德原矿与硅藻精土制备的两种复合材料光催化性能区别不大。结合之前的吸附性能结果可知,硅藻载体本身的吸附性能与制备的纳米 TiO$_2$ 复合光催化材料的光催化性能之间没有必然联系,提纯后的硅藻精土负载纳米 TiO$_2$ 后光催化性能要强于原土。因此,制备纳米 TiO$_2$/硅藻土复合光催化材料时应尽量选取硅藻颗粒完整、纯度较高的硅藻精土为载体。

3.4　有机钛溶胶-凝胶法制备纳米 TiO$_2$/硅藻土复合材料

3.4.1　制备方法

有机钛溶胶-凝胶法是将选矿后的硅藻精土作为 TiO$_2$ 光催化剂的载体,以钛酸四丁酯[Ti(OC$_4$H$_9$)$_4$,TBOT]为原料,无水乙醇为溶剂,在室温条件下,采用溶胶-凝胶法,通过 TBOT 的水解反应在硅藻精土颗粒表面负载纳米 TiO$_2$。在反应体系中以盐酸调节溶液的 pH,冰乙酸或乙酸(HAc)作为抑制剂来延缓 TBOT 的强烈水解,再经过干燥、煅烧晶化得到纳米 TiO$_2$/硅藻土复合材料。具体制备工艺步骤如下。

（1）将一定量的硅藻土与一定体积的无水乙醇溶液混合，在室温条件下搅拌均匀，加入一定体积的冰乙酸溶液，得到硅藻土-无水乙醇矿浆。

（2）将一定体积的 TBOT 逐滴加入上述矿浆中，持续搅拌，得到溶液 A。

（3）另取一定体积的无水乙醇-去离子水混合液，加入适量的盐酸将 pH 调节至 2 左右，得到溶液 B。再用移液管将此酸性溶液 B 缓慢滴加入溶液 A 中，室温下搅拌 12～24 h 后形成凝胶。

（4）将凝胶在 105 ℃下干燥，得到的样品置于马弗炉中煅烧晶化，在一定温度下煅烧一定时间后得到的样品即为纳米 TiO_2/硅藻土复合材料。

3.4.2 影响纳米 TiO_2/硅藻土复合材料光催化性能的主要因素

纳米 TiO_2/硅藻土复合材料制备过程中的主要工艺因素有 TiO_2 负载量、矿浆浓度、反应温度、溶剂比例[$V(H_2O)/V(HAc)$]、反应体系 pH 以及煅烧温度、煅烧时间等。

TiO_2 的负载量直接影响 TiO_2/硅藻土复合材料的催化效果，同时对工业生产成本也有很大影响。随着 TiO_2 负载量的增大，反应体系中钛的浓度升高，与载体硅藻土的碰撞概率增加，有利于两者的结合。另外，有机钛盐用量的增加意味着钛离子相互间的碰撞概率也增大，容易水解生成大颗粒团聚产物，吸附在载体表面或悬浮于溶液中，导致复合材料中具有光催化反应活性的面积减少。因此适宜的负载量对改善复合材料性能有利。可以通过调节 TBOT 的加入量来达到改变 TiO_2 负载量的目的。

矿浆浓度与 TiO_2 负载量一样，直接影响载体表面负载 TiO_2 的浓度及分布状态。在相同 TiO_2 负载量的情况下，矿浆浓度过高会导致单位载体表面负载的 TiO_2 量过低，会降低单位质量复合材料的光催化活性。而且矿浆浓度过高还会导致载体团聚，比表面积减小，不利于 TiO_2 的负载。矿浆浓度过小，会降低载体与钛离子碰撞的概率，使部分钛离子存在于液相中而没有与载体结合，单位质量的复合材料的制备成本增加。

由于钛醇盐极易水解，所以反应温度不宜过高，本研究直接在室温下进行反应。同时为了水解产生的钛胶粒与载体之间有足够的结合时间，凝胶化反应过程进行 12～24 h。

溶剂比例[$V(H_2O)/V(HAc)$]也是影响钛盐水解速率的重要因素。由于 TBOT 极易水解，在纳米 TiO_2/硅藻土复合材料的制备过程中，水为水解沉淀剂,乙酸为水解抑制剂,因此通过调整水与乙酸的比例来调控复合材料的晶相组成、晶粒大小、比表面积和光催化性能。避免在水解反应初期形成大胶粒团聚体,降低 TiO_2 的活性表面以及堵塞载体硅藻土的孔道;或者是水解反应过慢,导致整个过程所需时间过长。该体系中乙酸根离子起到二配位体作用,反应生成含二配位体基团的大聚合物,这种聚合物再发生水解聚合反应,形成三维的空间网状结构,从而起到延缓水解和缩聚反应速率的作用。另外,pH 对实验反应速率有一定的影响,酸的加入,可以抑制水解反应的进行。

反应体系 pH 会影响溶液中粒子的电位及 TBOT 的水解、缩聚反应速度。实验中,通过溶液 B 控制反应体系为酸性环境。溶液 B 由一定体积的无水乙醇和去离子水组成,加入适量的盐酸以保持 pH 为 2。加入溶液 A 中后,保持钛盐水解产物的表面电荷为正值,而载体硅藻土表面带有负电荷,因此两者之间可以通过静电引力很好地结合在一起,增加了负载概率。而且由于相同电荷间的静电斥力作用,也增加了胶体溶液体系的稳定性,减少了胶体颗粒聚沉。

煅烧温度和煅烧时间是影响纳米 TiO_2/硅藻土复合光催化材料性能的另一个重要因素。复合材料中 TiO_2 晶型结构及组成、粒径、比表面积、形貌等表面性质均与煅烧温度密切相关,而这些性质也是影响材料光学性质和光催化性能的直接因素。随着煅烧温度的升高,水合氧化钛离子与载体硅藻土表起基团发生化学作用而形成化学键,将纳米 TiO_2 晶体固定在载体表面。同时随着煅烧温度的升高,纳米 TiO_2 颗粒的结晶逐渐完全,并且在一定温度下还会发生相转变反应,因此控制煅烧温度是制备高活性纳米 TiO_2/硅藻土复合光催化材料的关键。

3.4.2.1　溶剂比例 $[V(H_2O)/V(HAc)]$ 的影响

不同溶剂比例条件下 $V(H_2O)/V(HAc)=1$、2.7、4、6、8 所得样品对罗丹明 B(RhB)的吸附。光催化降解效果如图 3-18 所示。由图 3-18 可知,空白组和对照组(只加入相同质量的载体硅藻土)中 RhB 的浓度只有微弱变化,这是由于 RhB 在紫外光下的自分解和载体的吸附效应导致的。在避光条件下,反应体系在 30 min 内即可达到吸附/脱附平衡。然后打开紫外灯,各样品对 RhB 的去除率排序为 TPD-6>TPD-4>TPD-8>TPD-1>TPD2.7。

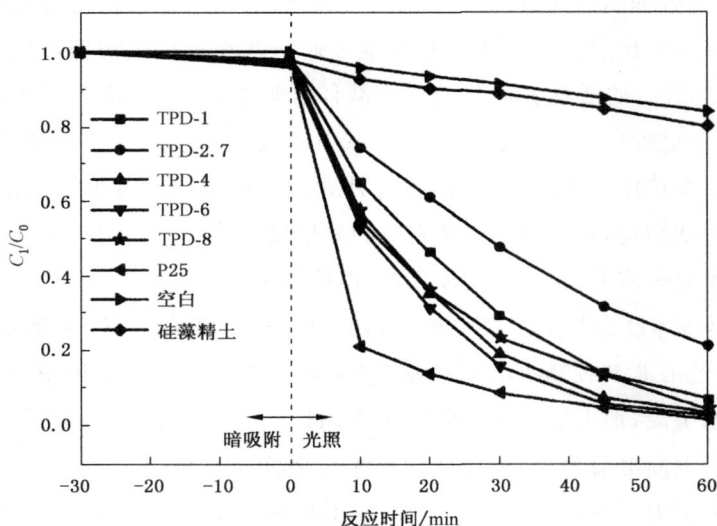

图 3-18 不同溶剂比例条件下所得样品对罗丹明 B 的
吸附-光催化降解曲线

3.4.2.2 TiO₂ 负载量的影响

TBOT 用量对纳米 TiO_2/硅藻土复合光催化材料的吸附及光催化性能的影响如图 3-19 所示。图 3-19 是 RhB 浓度在不同催化剂样品作用下随时间变化的曲线。以不加任何催化剂的空白组(Blank)和加入相同质量的 Degussa P25 实验组作为对比实验。在开始光照前,进行了 1 h 的暗吸附实验,目的是使 RhB 分子在各样品表面达到吸附/脱附平衡。开启汞灯后,图 3-19 中"Blank"曲线表明 RhB 在本实验所采用的反应条件下稳定性很好。在紫外光照射 1 h 后,自降解率仅约为 5%。从图 3-19 中还可以看出,光照 30 min 后,仅含有载体硅藻土的实验组中 RhB 的去除率仅为 8%,而含有复合材料 TD-X($X = 0.5$、1.0、1.5 和 3.0)的实验组中 RhB 的去除率分别达到 91.4%、95.6%、96.0% 和 84.0%。而含有相同质量的 DegussaP25 的实验组中 RhB 的去除率较低,只有 75.5%。

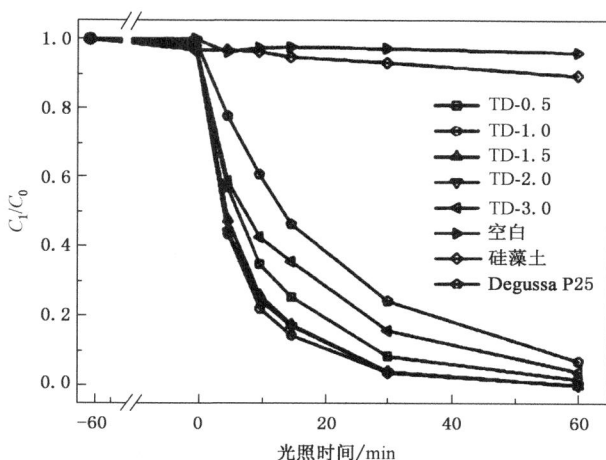

图 3-19　各样品对 RhB 的吸附-光催化降解曲线

3.4.2.3　煅烧温度的影响

图 3-20 为不同光催化材料在相同降解条件下对 10 mg/L 的罗丹明 B 的降解情况。如图 3-20 所示，RhB 在这些材料表面的暗吸附过程都很快，吸附 15 min 后就达到吸附/脱附平衡。平衡吸附量（q_e）的变化趋势为：TD-450＞TD-550＞TD-750＞TD-650＞TD-850＞TD-950＞DE＞P25。由 BET 测试可知样品 TD-450 和 TD-550 具有较高的 S_{BET} 和孔体积，因此这两个样品对 RhB 的吸附量最大。与载体硅藻土相比，虽然部分复合材料的 S_{BET} 和孔体积有所减少，但是其对 RhB 分子的吸附能力却有所增加，其原因也是由于 TiO_2 晶粒与 RhB 分子间的静电引力作用。与硅藻土负载纳米 TiO_2 复合材料相比，Degussa P25 的吸附能力要弱很多，这可能是由于在悬浮体系中 P25 的团聚现象所导致。硅藻土的多孔结构和大表面积达到了使 TiO_2 颗粒均匀负载的目的，改善了光催化活性组分 TiO_2 的分散性。因此复合材料对 RhB 分子良好的吸附性能是促进其光催化氧化反应的原因之一。

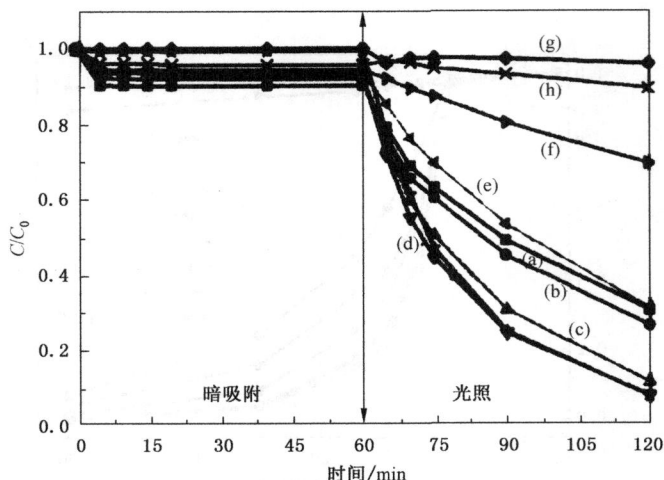

图 3-20　不同煅烧温度制备的纳米 TiO₂/硅藻土复合

材料对罗丹明 B 的吸附光催化降解曲线

(a)TD-450；(b)TD-550；(c)TD-650；(d)TD-750；

(e)TD-850；(f)TD-950；(g)空白组；(h)硅藻土；(i)DegussaP25

实验表明,在 450～750 ℃煅烧温度范围内,随着煅烧温度的提高光催化降解效果逐渐升高,但是煅烧温度达到 850 ℃后,样品的光催化活性显著降低。经 XRD 及 BET 分析所述,TiO₂ 的晶型结构及组成、载体硅藻土的结构对复合材料的光催化性能影响显著。经 XRD 分析可知,煅烧温度达到 650 ℃后,锐钛矿相 TiO₂ 的(101)晶面衍射峰变尖锐,说明 TiO₂ 结晶度高。样品 TD-750 的光催化活性最高,相同条件下其对 RhB 的降解率达到 92.6%,这主要是由于该样品中所含两种晶型的 TiO₂ 具有较优的组成比例,锐钛矿相约占 90%,与 Degussa P25 中两相比例相近。TD-450 和 TD-550 的 SBET 及孔体积虽略优于 TD-750,暗态吸附量也略高,但是其中所含 TiO₂ 主要为无定型结构,因而光催化活性较低。而当煅烧温度提高到 850 ℃后,催化活性较差的金红石相成为 TiO₂ 的主要晶型,晶粒尺寸也变大,导致光生电子、空穴的迁移距离变大,更易发生体相复合。因此具备相协调的吸附性能和 TiO₂ 晶相组成是提高纳米 TiO₂/硅藻土复合材料光催化性能的关键。

3.5　在印染废水处理中的应用

印染行业的染料废水是极难自然降解的,不经过处理直接排放,必然会造成严重的水体污染。许多含氮的染料,如偶氮染料,在自然降解下会产生潜在致癌的芳香胺。研究表明,多相纳米 TiO$_2$ 光催化技术对染料废水具有很好的处理效果。影响纳米 TiO$_2$/硅藻土复合材料在染料废水处理过程中的主要因素包括反应体系 pH、催化剂用量、光照强度、初始浓度等。

图 3-21 为纳米 TiO$_2$/硅藻土复合材料在不同 pH 下对 RhB、MB 和 MO 溶液的吸附和降解规律。纳米 TiO$_2$/硅藻土复合材料用量为 1 g/L,RhB、MB 和 MO 溶液的初始浓度为 10 mg/L,光照时间 MO(5 min)、MB(15 min)和 RhB(30 min),紫外光强度为 300 W。

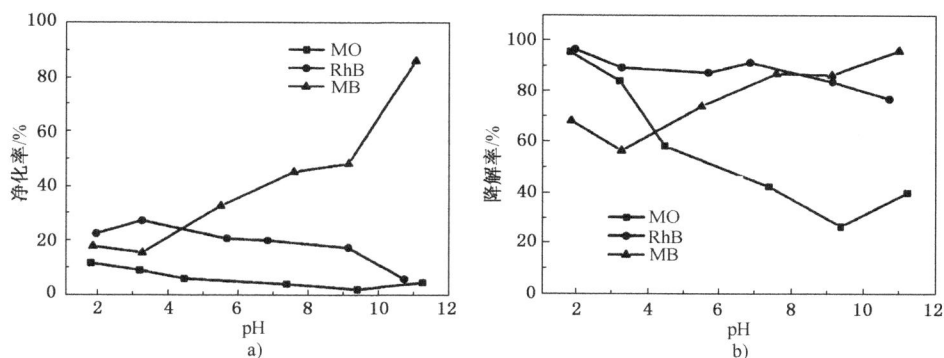

图 3-21　pH 对纳米 TiO$_2$/硅藻土复合材料暗吸附(A)
和光催化(b)去除染料的影响

由图 3-21 可知,纳米 TiO$_2$/硅藻土复合材料对 RhB 的光催化去除率随着 pH 的升高逐渐降低,达到较好去除效果时对应的 pH 为 2,RhB 的光催化去除率达到 96.3%。从两条曲线的整体走向来看,不同 pH 对 RhB 的吸附行为和降解行为的影响基本一致,光催化比吸附有更好的去除效果。因此,对于 RhB 来说,酸性环境有利于吸附过程和光催化过程的进行并且在一定程度上吸附过程可以促进光催化过程的进行。纳米 TiO$_2$/硅藻土复合材料对 MB 的光催化去除率随着 pH 的升高逐渐增大,达到较好去除效果时对应的 pH 为 11。MB 的光催化去除率为 97.0%。纳米 TiO$_2$/硅藻土复合材料对 MO 的光催化去除率随着 pH 的升高逐渐降低,达到较好去除效果时对应的 pH 为 2,MO 的光催化去除率为 95.3%。因此,对于 MO 来说,酸性环境能够促进其吸附过程和光催化降解。

紫外光强度为 300 W 的时候,RhB 初始浓度为 10 mg/L,分别取 0.5 g/L、

1.0 g/L、2.0 g/L、3.0 g/L 纳米 TiO_2/硅藻土复合光催化材料进行去除 RhB 实验,实验结果如图 3-22 所示。

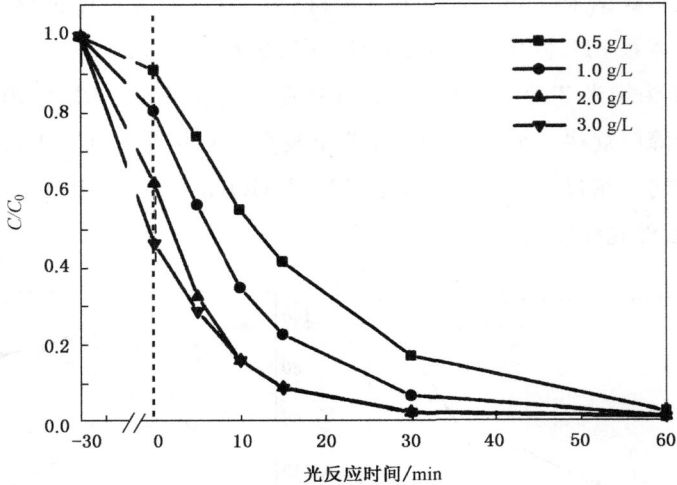

图 3-22 纳米 TiO_2/硅藻土复合光催化材料用量对去除 RhB 的影响

由图 3-22 可知,在不同复合光催化材料用量下,催化效率有明显的不同,但催化效果均随反应时间的增加而提高。无论是在暗吸附阶段,还是在光催化阶段,我们增加纳米 TiO_2/硅藻土复合光催化材料的浓度,都能促进 RhB 的去除。但是在光催化阶段,过量地使用光催化剂将会影响到光能利用率,由于光催化剂颗粒之间的互相遮挡,造成有效的光生电子、光生空穴产率降低。

图 3-23 为不同光照强度(140 W、300 W、400 W)下纳米 TiO_2/硅藻土光催化材料对 RhB 的去除率。实验条件为 RhB 的初始浓度为 10 mg/L,催化剂用量为 1 g/L。

由图 3-23 可以看出,在 140 W 强度的高压汞灯的辐照下,在 90 min 时 RhB 的去除率为 77.0%。而 400 W 强度的高压汞灯的辐照 90 min 后,则 RhB 的光催化降解率能够达到 99.0%。可见增加光照强度能够大大提升光催化反应效率。

图 3-24 为不同初始浓度下纳米 TiO_2/硅藻土复合光催化材料对溶液中 MO 的去除率。实验条件为复合光催化材料用量为 1 g/L,紫外光强度为 300 W。

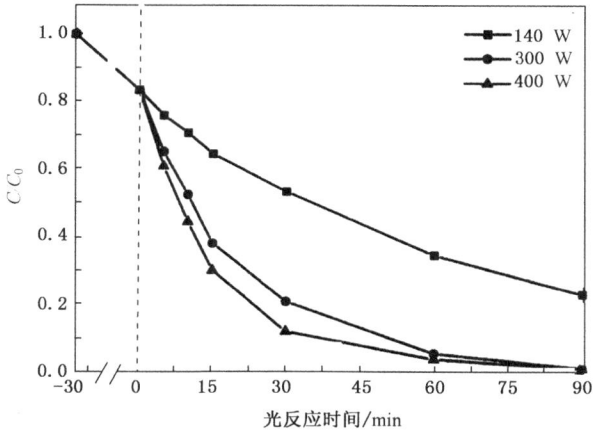

图 3-23　光照强度对纳米 TiO_2/硅藻土复合光催化材料去除 **RhB** 的影响

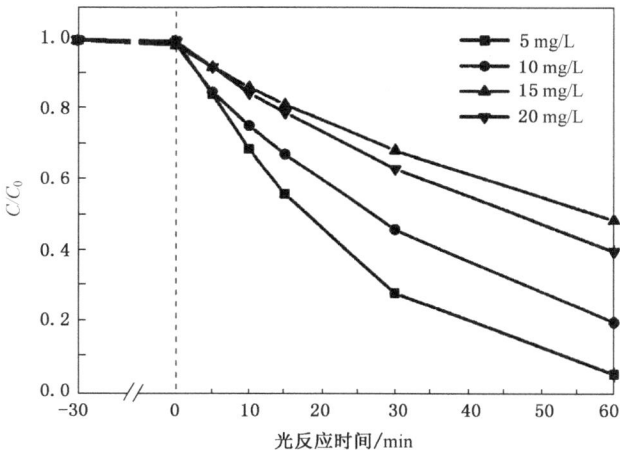

图 3-24　染料初始浓度对纳米 TiO_2/硅藻土复合光催化材料去除 **MO** 的影响

由图 3-24 可知,在甲基橙染料浓度在 5～20 mg/L 范围内时,甲基橙的降解率随甲基橙浓度的升高,先减小后增加,这可能是因为甲基橙浓度为 15 mg/L 时,降解率较低,但是当染料浓度增加到 20 mg/L 时,染料分子与复合光催化材料的接触概率增加,光催化降解率相比浓度为 15 mg/L 时变大。

将 1 g/L 的纳米 TiO_2/硅藻土复合光催化材料加入浓度为 10 mg/L 的 100 mL 染料溶液中进行重复利用实验,结果见图 3-25。根据实验结果,纳米 TiO_2/硅藻土复合光催化材料的重复使用造成了光催化降解率的逐渐降低,但是减弱不是非常明显,可见纳米 TiO_2/硅藻土复合光催化材料重复利用性能较好。

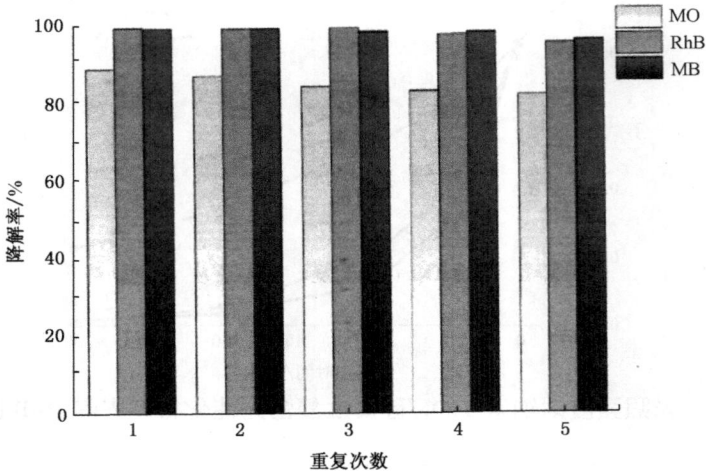

图 3-25　重复使用次数对纳米 TiO_2/硅藻土复合
光催化材料去除染料效果的影响

参考文献

[1] 蔡伟民，龙明策. 环境光催化材料及光催化净化技术[M]. 上海：上海交通大学出版社，2011.

[2] 胡志波，李佳旺，郑水林，等. 硅藻精土制备硅酸工艺研究[J]. 无机盐工业，2014(46)：19-22.

[3] 黄成彦，姚以俭，张若恩，等. 中国硅藻土及其应用[M]. 北京：科学出版社，1993.

[4] 黄显怀，唐玉朝. TiO_2 光催化技术及其在环境领域的应用[M]. 合肥：合肥工业大学出版社，2013.

[5] 刘春艳. 纳米光催化及光催化环境净化材料[M]. 北京：化学工业出版社，2007.

[6] 孙志明. 硅藻土选矿及硅藻功能材料的制备与性能研究[D]. 北京：中国矿业大学(北京)，2014.

[7] 王利剑. 纳米 TiO_2 硅藻土复合材料的制备及应用[D]. 北京：中国矿业大学(北京)，2006.

[8] 姚光远，郑水林，王娜，等. 氯化钠助熔煅烧对硅藻精土结构、形貌及物化性能的影响[J]. 硅酸盐通报，2014(9)：2316-2319，2325.

[9] 袁鹏. 硅藻土的提纯及其表面羟基、酸位研究[D]. 广州：中国科学院广州地球化学研究所，2001.

[10] 张广心. 载体对纳米 TiO_2/硅藻土复合材料光催化性能的影响[D]. 北京：中国矿业大学（北京），2015.

[11] 郑水林. 非金属矿加工与应用[M]. 北京：化学工业出版社，2013.

[12] 郑水林. 中国硅藻土资源及加工利用现状与发展趋势[J]. 无机材料学报，2014，21(5)：274-280.

[13] 楚增勇，原博，颜廷楠. $g-C_3N_4$ 光催化性能的研究进展[J]. 无机材料学报，2014(8)：785-794.

[14] 宋其圣，孙思修. 无机化学教程[M]. 济南：山东大学出版社，2001.

[15] 孙青. 纳米 TiO_2/多孔矿物的表面特性与光催化性能研究[D]. 北京：中国矿业大学（北京），2015.

[16] 孙志明. 硅藻土选矿及硅藻土功能材料的制备与性能研究[D]. 北京：中国矿业大学（北京），2014.

[17] 汪滨. TiO_2/硅藻土复合材料的金属掺杂与光催化性能研究[D]. 北京：中国矿业大学（北京），2015.

[18] 王利剑. 纳米 TiO_2/硅藻土复合材料的制备及应用[D]. 北京：中国矿业大学（北京），2006.

[19] 王利剑，郑水林，舒锋. 硅藻土负载二氧化钛复合材料的制备与光催化性能[J]. 硅酸盐学报，2006，34(7)：823-826.

[20] 王利剑，郑水林，陈俊涛，等. 纳米 TiO_2/硅藻土复合光催化材料的制备与表征[J]. 过程工程学报，2006(z2)：165-168.

[21] 王利剑，郑水林，因文杰. 载体对 TiO_2/硅藻土中 TiO_2 相变及晶粒生长的影响[J]. 硅酸盐学报，2008(11)：1644-1648.

[22] 张金水，王博，王心晨. 氮化碳聚合物半导体光催化[J]. 化学进展，2014(1)：19-29.

[23] 郑水林，孙志明，王利. 一种纳米 TiO_2/多孔矿物复合材料的煅烧晶化方法：中国，CN201510229341.0[P].2015.

［24］郑水林，王彩丽. 粉体表面改性［M］. 北京：中国建材工业出版社，2011.

［25］郑水林，王利剑，傅振彪，等. 以硅藻土助滤剂为载体的负载型纳米 TiO_2 光催化材料的制备方法：中国，ZL200910235208. 0［P］. 2012-08-15.

第4章 纳米TiO₂/煅烧高岭土 复合环境功能材料

4.1 概述

高岭土是以高岭石族矿物为基本组成的天然非金属材料。高岭石族矿物共有高岭石、地开石、珍珠石、0.7 nm 埃洛石和 1.0 nm 埃洛石五种,其中以高岭石最为重要。高岭石为层状结构,其基本单元为一个硅氧四面体层与一个铝氧八面体层连接而成的片层,片层间通过氢氧键结合,是典型的 1:1 型层状硅酸盐矿物。高岭石沿垂直片层方向重复堆叠组成高岭石晶体,晶体常呈假六方片状,易沿垂直(001)方向裂解为小的薄片。煅烧高岭土是高岭土在高于高岭石脱除结构羟基的温度(450~750 ℃)条件下加热煅烧的产物,当原料为含碳质的煤系高岭土(岩)时,为同时氧化脱出该碳质以达到增白的目的,煅烧温度往往提高至 900~1000 ℃。高岭土经高温煅烧,其中的吸附水、碳质等挥发性物质被去除,高岭石转变为无定型的偏高岭石,但仍保持高岭石的片体形貌。煅烧高岭土是造纸、涂料、医药、陶瓷、化工等领域的重要添加材料,特别是超细煅烧高岭土因具有优于其他非金属矿物的遮盖性而成为最优质的钛白粉增量剂,展示了良好的应用前景。

高岭土是现代工业众多领域(陶瓷、造纸、涂料、耐火材料、塑料和橡胶等)的优质矿物原材料,其中,伴生于煤层中的煤系高岭岩具有高岭石纯度高(接近理论值)、结晶度大、片状晶型完整等许多优于普通高岭土的特性,是重要的工业矿物原料和优质高岭土产品的生产原料。中国高岭土闻名于世界,是中国开发利用时间最长、范围最广、对中国历史和文明影响力最大的宝贵矿产资源之一。中国是世界上少数煤系高岭岩储量和成矿形态均具有工业价值的国家,通过 20 世纪 80 年代以来持续的研究开发,煤系高岭岩现已成为包括煤系煅烧高岭土在内的优质高岭土产品的主要生产原料。煤系煅烧高岭土的规模化生产为其高附加值的利用提供了重要保证。

煅烧高岭土主要由偏高岭石组成，与其他非金属矿物相比，具有白度高、光泽强、遮盖性好、吸油量高和具有一定程度的反应活性等特点，其片体特征及与涂料等应用体系的相容性使其作为制备复合颜料颗粒的基体成为可能。本章以煅烧高岭土为包核基体，采用化学沉积法制备矿物表面包覆 TiO_2 复合颗粒。

以非金属矿物为包核基体，通过与 TiO_2（亚微米级）形成复合颗粒可制备具有类似 TiO_2 性能的复合粉体。由于这种复合提高了 TiO_2 的利用效率，并在替代 TiO_2 的实际应用中降低 TiO_2 用量，因此，对高岭土的开发与应用的研究备受关注。其中，以矿物表面包覆 TiO_2 复合颗粒为特征和组成的复合材料不仅功能强、替代 TiO_2 量大，而且其制备过程涉及的科学问题也十分具有特色。

矿物表面包覆 TiO_2 复合颗粒的研究主要集中在制备方法及其机理方面。根据日本学者 Okubo 提出的"粒子设计"概念与相关研究实践，制备包覆型矿物-TiO_2 复合颗粒的实质是通过一定的结合方式将作为子颗粒的 TiO_2 膜或 TiO_2 微小粒子构织在矿物母颗粒（包核基体）表面，在保持颗粒表面原有结构不发生显著改变的前提下，赋予复合颗粒新的物理化学性能。实现矿物与 TiO_2 颗粒间形成合理的结构形态和界面牢固结合是制备复合颗粒方法与技术的关键。制备包覆型复合颗粒的方法有多种，按照颗粒包覆结合的性质及方式分为物理法、化学法和机械法；按照包覆作业的形态分为干法（空气介质）和湿法（水等液体介质）；按照包覆的环境与形态分为液相法、气相法和固相法。目前，国内外制备包覆型矿物 TiO_2 复合颗粒主要包括归属液相法的化学沉积法、微乳液法、溶剂蒸发法、归属固相法的固相机械力化学法和归属气相法的 CVD 法等。

化学沉积法是制备包覆型复合颗粒的传统方法，具体包括化学镀法、沉淀法、溶胶-凝胶法、盐水解法和化学沉积包覆法等。对于化学沉积法 TiO_2 包覆，一般采用钛盐水解及水解物沉积方式进行，具体过程是：在存在矿物颗粒的钛盐（$TiOSO_4$、$TiCl_4$ 及钛金属醇盐溶液等）水解体系里，致使钛盐水解，生成水合二氧化钛（$TiO_2 \cdot nH_2O$），进而覆盖在矿物载体的颗粒表面，然后经高温热处理，促使复合物表面生成的 $TiO_2 \cdot nH_2O$ 转变为结晶型 TiO_2 包膜物。从目标上看，国内外近些年来的研究主要集中于两方面：其一，以赋予复合材料珠光效应及其他光学性能为目标，研究云母（白云母和绢云母等）表面包覆 TiO_2 的技术和产物性能，如韩利雄等制备了具有良好光学屏蔽性和珠光效应的绢云母

TiO_2 复合颗粒,任敏等研究了片状绢云母表面沉积纳米金红石型 TiO_2 的影响因素与产物性能,Yun Young Hoon(韩国)等人采用醇盐水解法制备了由锐钛矿和金红石混合相 TiO_2 包覆的绢云母基体复合功能材料,改善了绢云母的外观白度,提高了 SPF 指数;其二,以赋予复合材料白色颜料功能为目标制备包覆型矿物-TiO_2 复合颗粒。由于钛盐水解为强酸性体系(反应副产物为强酸),所以,碱性非金属矿物(如方解石、水镜石等)因在其中分解而不能作为包核基体使用。据文献报道,已开展研究的矿物基体目前已有高岭土、云母、伊利石和磷酸钙等在酸性体系中稳定的非金属矿物。

与其他制备方法相比,化学沉积法可在包核基体颗粒表面形成均匀致密的包覆层,可通过控制体系中钛盐浓度和水解速度以控制包覆量和包膜层厚度,因此具有包覆效果好、与纯 TiO_2 相似性强等特点。

4.2　化学沉积包覆法

4.2.1　原则工艺流程

以硫酸氧钛($TiOSO_4$)为钛盐,采用其水解沉淀物包覆途径制备矿物 TiO_2 复合颗粒主要包括以下工艺环节:

(1) 矿物包核基体的制备。矿物包核基体的粒度是决定矿物-TiO_2 复合颗粒及复合粉体粒度的主要因素,所以应根据应用领域要求和复合颗粒产物性能的优化结果确定基体粒度。将矿物原料进行超细粉碎,一般通过湿法超细研磨方式即可制备出能满足要求的包核基体材料。

(2) 矿物包核基体存在时,$TiOSO_4$ 水解和水解产物在基体表面包覆。将包核基体材料和水置于反应器中充分搅拌分散,然后加入 $TiOSO_4$ 溶液加温搅拌,$TiOSO_4$ 水解获得水解产物 $TiO_2 \cdot nH_2O$,并在包核矿物颗粒表面沉积形成水解包覆物。

(3) 水解包覆物的水洗除杂。因 $TiOSO_4$ 溶液中含有一定量的 Fe^{3+} 和 Fe^{2+}(以硫酸盐形式存在),所以水解包覆物中势必有二者的残留。为防止其中的 Fe^{2+} 氧化成 Fe^{3+} 及 Fe^{3+} 在后续作业中水解、氧化成深色的 $Fe(OH)_3$ 和 Fe_2O_3 以降低白度,当 $TiOSO_4$ 水解结束时,对水解包覆物进行酸性水洗,以最大程度去除其中的 Fe^{3+} 和 Fe^{2+}。

(4) 水解包覆物中 $TiO_2 \cdot nH_2O$ 脱水、TiO_2 晶型转化和矿物-TiO_2 复合颗

粒生成。将水洗处理的水解包覆物进行高温煅烧,使其中的 $TiO_2 \cdot nH_2O$ 脱水并使 TiO_2 晶体化,从而生成矿物表面包覆结晶 TiO_2 的复合颗粒。

为进一步去除杂质、提高白度和改善产物的酸碱性,需在水解包覆物煅烧时加入盐处理剂,如碳酸钾(K_2CO_3)、硫酸钾(K_2SO_4)和磷酸二氢钾(KH_2PO_4)等。

同时,由于受基体矿物晶体结构(如 Si—O 四面体)的影响,TiO_2 粒子形成锐钛矿晶型的趋势往往较强。为使 $TiO_2 \cdot nH_2O$ 更好地转为金红石型,还需在水解包覆物煅烧时加入具有金红石晶型或煅烧时形成金红石晶型的物质,即晶型转化剂,如 $SnCl_4$ 和 $Zn(NO_3)_2$ 等。

(5) 所制备的矿物-TiO_2 复合粉体打散和粒度还原。综上介绍,化学沉积法制备矿物表面包覆 TiO_2 复合颗粒的具体工艺流程如图 4-1 所示。

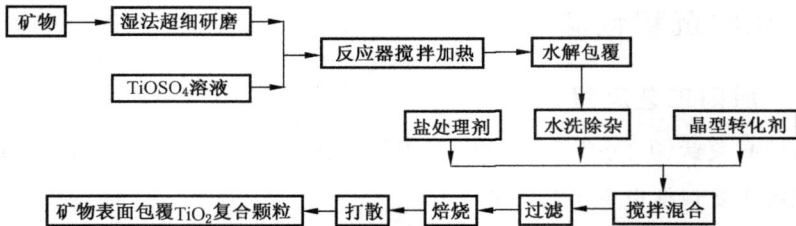

图 4-1　化学沉积法制备矿物表面包覆 TiO_2 复合颗粒流程

4.2.2　原材料、试剂和装备

作为包核基体的矿物原料为煅烧高岭土(陕西榆林),药剂包括硫酸氧钛(分析纯)、氢氧化钠(分析纯)。

矿物包核基体制备实验在 GSDM 003 型超细盘式搅拌磨中进行。搅拌磨筒体容积 750～1000 mL,刚玉材质。搅拌器由三个多孔圆盘和轴组成,圆盘材料为聚氨酯,搅拌器转速通过变频器实现无级调节,研磨介质为莫来石微珠,直径为 0.5～2 mm,按一定比例配置。

硫酸氧钛水解和基体颗粒包覆实验在自制恒温控制反应器中进行,使用定时增力电动搅拌器,由耐强酸的轴和叶片构成,温度由电子恒温水浴锅控制。水解包覆物水洗以高速离心机进行离心分离。

水解包覆物煅烧($TiO_2 \cdot nH_2O$ 脱水、晶型转化)工艺实验在 RJX-4-13 型箱式电阻炉中进行,电阻炉最高工作温度 1350 ℃,温度控制器为 ZVDOG 5 型电阻炉变压器。

4.2.3　评价与表征方法

物理性能测试:用离心沉降法测定样品的粒度,待检测试样悬浮液加入 DC-854 分散剂后,用超声波超声分散 15 min 后进行测试;环境温度 25 ℃ ± 10 ℃,相对湿度小于 80%。白度检测采用 SBDY Ⅰ 型数显白度仪。将粉体试样在成型装置中压成具有平整表面的样品块,测试样品表面对波长为 457 nm 单色光的反射率,即得到蓝光白度。采用扫描电子显微镜(SEM)观察复合颗粒的形貌。通过与 SEM 配套的能谱仪对以上元素包括 Si、Al、Ti 等进行定性、定量分析;通过 S250MK3 型扫描电镜分析复合颗粒表面上 Ti 元素的分布率(面分布)。采用 X 射线衍射手段(XRD)对复合颗粒表面物质的晶相进行测试分析。对水解包覆物焙烧样品,可通过测得的 XRD 谱中金红石和锐钛矿晶相衍射峰强度,计算 TiO₂ 的晶型转化率。通过 X 射线光电子能谱(XPS)对复合颗粒进行表面组分和化学状态分析,以确定 TiO₂ 在基体颗粒表面的吸附形式。通过傅里叶红外光谱分析复合颗粒中包覆物($TiO_2 \cdot nH_2O$ 或 TiO_2)与基体矿物间的作用性质。

4.3　纳米 TiO₂/煅烧高岭土复合颗粒的制备与机理

4.3.1　TiOSO₄ 的水解行为

在不外加包核基体条件下,对硫酸氧钛($TiOSO_4$)溶液加热水解反应的行为进行考察,目的是了解各影响因素对水解率和水解产物($TiO_2 \cdot nH_2O$)粒子形貌、大小、结晶情况等性质的影响,以确定后续水解包覆过程这些因素以及因素水平的大致范围。由于水解体系无外来固体物质,故 $TiOSO_4$ 水解可认为按照自生晶种法生成产物,具有水解时间短、水解率高和产物品质好等特点。

4.3.1.1　水解时间和温度的影响

$TiOSO_4$ 的水解为吸热反应,水解温度对水解率有较大影响。另外,研究认为,析出颗粒的过程可分为诱导期、生长期和平衡期三个阶段,由此认为 $TiOSO_4$ 水解时间的长短对生成 $TiO_2 \cdot nH_2O$ 影响很大,进而对水解率产生影响。

水解时间和体系温度对 $TiOSO_4$ 水解率的影响如图 4-2 所示。研究发现,在相同水解时间条件下,升高水解的温度,水解率将会逐渐增加,且增加速度很快,至体系温度为 95 ℃时,$TiOSO_4$ 的水解已趋于稳定;水解温度不变的情况下,延长水解的时间将会有助于提高水解率,但在较高温度(95 ℃)时,这种影响已基本消除,即低温长时间和高温短时间水解具有相近的水解率。

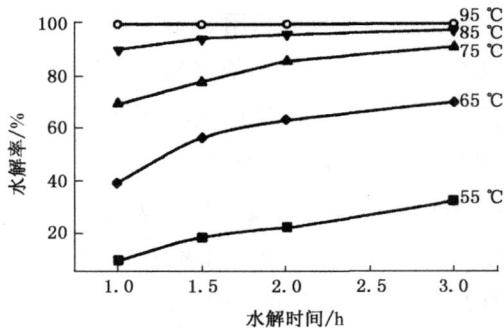

图 4-2　水解时间和体系温度对 $TiOSO_4$ 水解率的影响

除对水解率的影响外,还考察了水解时间和温度对水解生成物粒子大小的影响,这可借助水解诱导期的变化加以认识。图 4-3 显示了不同温度条件下 $TiOSO_4$ 水解诱导期的变化。结果表明,随着水解体系温度的升高,其诱导期逐渐缩短,至体系温度为 95 ℃时,诱导期已由 55 ℃的 45 min 降至 2 min。

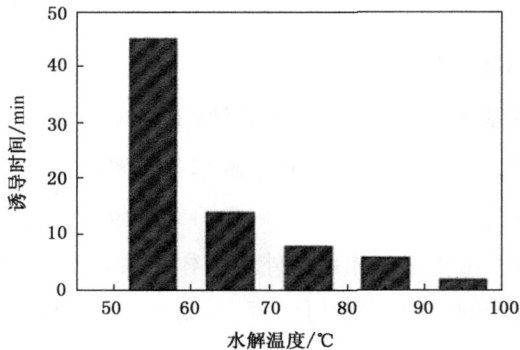

图 4-3　不同水解温度下 $TiOSO_4$ 水解诱导时间

诱导期的长短表明了体系在相同时间内产生晶核数量的多少以及体系生成晶核的速度,而晶核数量和生成速度与体系生成的粒子大小有关。诱导期越短,则体系消耗于生成晶核的反应物越多,因此进入生长期后,消耗于颗粒生长的反应物就越少,从而导致生成的粒子粒度小;反之,诱导期越长,则生成的粒子粒度大。不过,若诱导期太短(96 ℃)时,体系中瞬间产生大量粒度极细的晶核,并使溶液过饱和度变得很大,表面能也很高,因此晶核的聚集速度太快,颗粒之间的团聚比较严重。

综合以上分析认为,水解时间 3 h,水解温度 75 ℃较适宜。在此条件下,既能保证较高的水解率,又能使生成物粒子较小,分散度较高。

4.3.1.2　水解体系 pH 的影响

图 4-4 为体系 pH 对 $TiOSO_4$ 水解率的影响结果。随 pH 的升高,$TiOSO_4$ 水解率逐渐上升,至 pH3.0 以后,水解率上升变缓,说明水解反应已接近平衡。随着 $TiOSO_4$ 水解反应的进行,反应体系将不断产生硫酸。从化学平衡的观点看,降低体系 H^+ 浓度,即提高体系 pH,有助于水解反应的进行。因此,pH 的升高势必导致 $TiOSO_4$ 水解率增加。

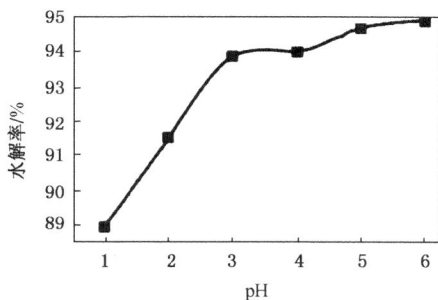

图 4-4　pH 对 $TiOSO_4$ 水解的影响

另外,从实验中发现,体系 pH 小于 3 时,水解产物为纯净的白色,这是水合二氧化钛($TiO_2 \cdot nH_2O$)的颜色;而当 pH 大于 3 时,水解产物则显示棕红色,并随 pH 的升高颜色逐渐加深,且难以通过水洗去除。显然这是 $TiOSO_4$ 溶液中残存 Fe^{2+}(水解 pH4.5～7.0)和 Fe^{3+}(水解 pH2.0～3.0)水解生成棕红色 $Fe(OH)_3$ 胶体,并被 $TiO_2 \cdot nH_2O$ 吸附使之染色的结果。基于对 TiO_2 产物的白度要求,因此水解反应体系 pH 应为 2.0。

4.3.1.3　$TiOSO_4$ 浓度的影响

$TiOSO_4$ 在体系中的浓度直接影响到其中所含短链不分枝线性聚合物(活性钛)与分子钛的相对含量。一般认为,低浓度 $TiOSO_4$ 溶液所含活性钛高于高浓度 $TiOSO_4$,而分子钛含量正好与此相反。活性钛这种短链线性聚合物在一定的温度和酸度条件下容易水解,它是 $TiOSO_4$ 水解的内在动力,其含量越多,水解率就越大;而分子钛则不发生水解,因此 $TiOSO_4$ 在低浓度下的水解率大于高浓度水解率。这得到了图 4-5 的结果证实。

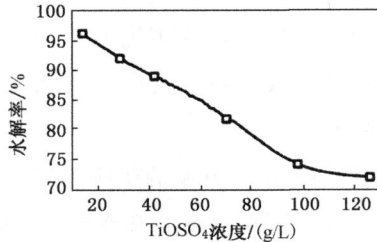

图 4-5   TiOSO$_4$ 浓度对水解的影响

不同浓度 TiOSO$_4$ 水解的诱导时间示于图 4-6。从图中看出，低浓度水解的诱导期明显短于高浓度的诱导期，这是由于低浓度水解将会生成水合 TiO$_2$ 晶粒，所以考虑到水解率以及水合 TiO$_2$ 晶粒粒径的综合影响，认为实验条件下，TiOSO$_4$ 溶液浓度为 28 g/L（以 TiO$_2$ 计）较适宜。

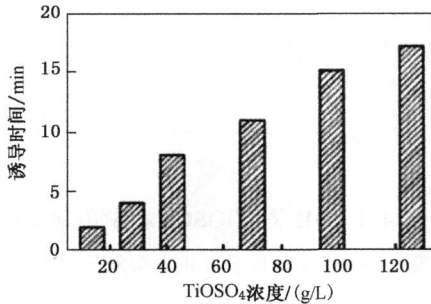

图 4-6   不同浓度 TiOSO$_4$ 水解的诱导时间

4.3.1.4　搅拌速度的影响

TiOSO$_4$ 水解时对其溶液进行一定程度的搅拌可保证水解体系钛液分散均匀和温度分布均匀，从而影响水解率。搅拌速度对水解影响的实验结果示于图 4-7。结果表明，搅拌速度仅 125 r/min，水解率低于 85%；搅拌速度增大至 225 r/min，水解率增加到近 92%；其后随搅拌速度增加，水解率基本维持不变。所以搅拌速度应大于 225 r/min。

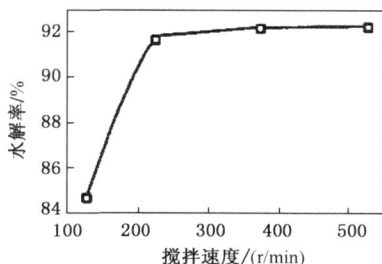

图 4-7 搅拌速度对 TiOSO$_4$ 水解的影响

4.3.1.5 水解产物的表征

图 4-8 为 TiOSO$_4$ 水解产物的 SEM 观察结果,照片显示,水解产物由粒度范围窄、分布均匀的颗粒组成,粒度在 1.5 μm 左右,颗粒间存在一定的团聚现象,但二次颗粒之间处在良好的分散状态。显然,在加入包核基体时进行水解,还需进一步控制粒度及分散性以保证其对基体颗粒包覆的均匀。

从水解产物 SEM 元素能谱半定量分析结果看出,水解产物主要组分为由 Ti 组成,按原子个数和原子质量所占比例分别达 89% 和 92% 以上,推断产物应该是水合 TiO$_2$(TiO$_2 \cdot n$H$_2$O)。

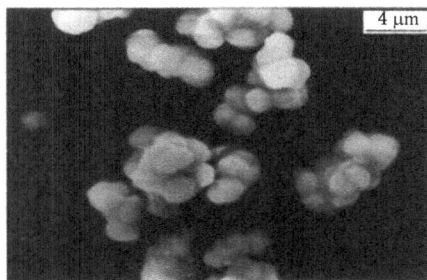

图 4-8 TiOSO$_4$ 水解产物的 SEM 图

图 4-9 是 TiOSO$_4$ 水解产物的 XRD 图谱。从整个图谱衍射峰形状分析,衍射峰宽大、不尖锐,且整体凸起,说明水解产物的结晶程度差;另外,XRD 谱中在 $d = 3.539$Å(即 0.3539 nm)等处出现了锐钛矿的特征衍射峰。因而可推断,水解产物主要由非晶态的 TiO$_2 \cdot n$H$_2$O 组成,同时含一定量的锐钛矿型 TiO$_2$。

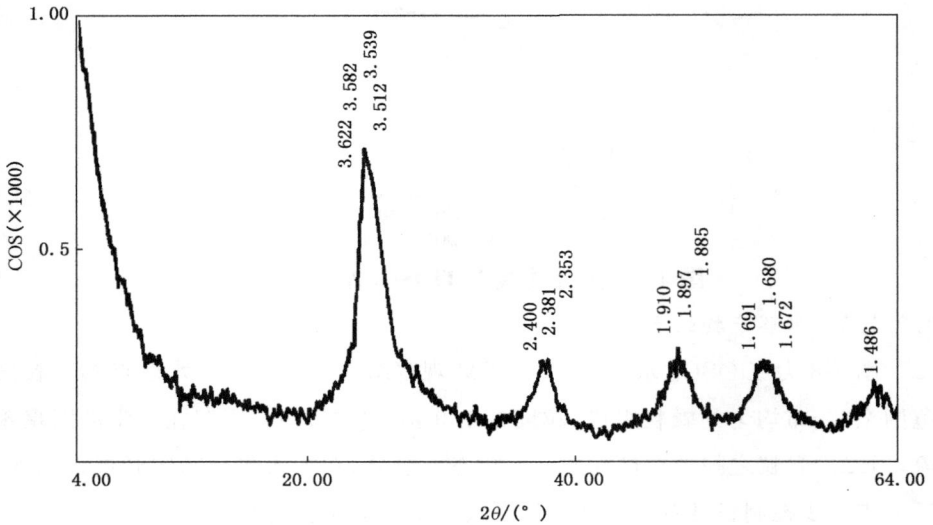

图 4-9　TiOSO₄ 水解产物的 XRD 图

4.3.2　TiOSO₄ 水解物在煅烧高岭土表面的包覆

通过 $TiOSO_4$ 水解行为的研究,对水解过程各因素的影响规律、影响程度以及水解产物的物理性能有了初步了解,这为存在矿物包核基体条件下的水解行为提供了参考。不过,$TiOSO_4$ 的水解沉积包覆,即以矿物颗粒为外加物的水解过程与 $TiOSO_4$ 的单独水解过程存在很大区别。

根据化学沉积法制备矿物表面包覆 TiO_2 复合颗粒的工艺,在以煅烧高岭土为基体的 $TiOSO_4$ 水解体系中,应将水解生成的 $TiO_2 \cdot nH_2O$ 粒子均匀地包覆在煅烧高岭土表面,其过程包括 $TiOSO_4$ 水解和 $TiO_2 \cdot nH_2O$ 与煅烧高岭土颗粒表面发生吸附两个过程,因此需对影响这两个过程的条件进行优化。

4.3.2.1　水解温度和时间的影响

图 4-10 为水解时间分别为 1 h 和 3 h 条件下,水解包覆物表面 Ti 占表面所有元素总量(按质量计)的百分比(CTP)。从中看出,水解温度从 55 ℃增加至 95 ℃,CTP 值逐渐提高,在相同温度时,水解 3 h 产物的 CTP 始终高于 1 h 产物。这说明,提高水解温度和水解时间均有利于 $TiO_2 \cdot nH_2O$ 在煅烧高岭土颗粒表面的附着,因此,应保持较高的水解温度和较长的水解时间。

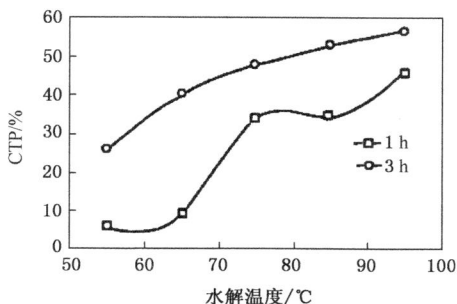

图 4-10　水解温度对包覆物表面 Ti 所占百分比的影响

图 4-11 为不同水解温度条件下,水解 1 h 获得的各种包覆物的 SEM 图,图 4-12 为水解 3 h 获得的各温度下包覆物的 SEM 图和 Ti 元素在包覆物所在区域的分布状态。由图 4-11 看出,随水解温度的升高,水解反应 1 h 包覆产物的粒度逐渐增大,其中在温度 85 ℃时达到最大;水解温度再升至 95 ℃,产物粒度增加缓慢。这显然是水解温度升高导致 TiOSO$_4$ 水解率提高,进而使煅烧高岭土颗粒表面 TiO$_2$ · nH$_2$O 附着量增加的体现,与 CTP 值的变化趋势一致(见图 4-10)。图 4-11 还显示,水解包覆物颗粒间存在着团聚现象,但随水解温度的提高团聚现象弱化,而分散性增强。

图 4-12 显示水解反应 3 h 包覆产物的粒度与 Ti 在颗粒表面的分布行为,从中发现,水解温度的影响规律与水解 1 h 产物基本一致,即在温度 85 ℃时颗粒粒度最大、分散性较佳。再观察水解包覆物所在区域 Ti 的分布状态,并比较 Ti 的分布区域和包覆物颗粒所在位置的对应关系发现,水解温度 55 ℃产物 Ti 的分布与包覆物颗粒所在位置对应关系较差,Ti 主要分布在颗粒位置以外的区域,这说明 TiO$_2$ · nH$_2$O 大部分未在煅烧高岭土颗粒表面附着,而是以单一颗粒状态存在,显然,TiO$_2$ · nH$_2$O 对煅烧高岭土的包覆率很低。水解温度再提高至 65 ℃、75 ℃和 85 ℃,其产物 Ti 的分布与包覆物颗粒所在位置呈现很好的对应关系,说明 TiO$_2$ · nH$_2$O 主要以和煅烧高岭土颗粒结合的方式存在,其中水解温度 85 ℃产物 Ti 分布与包覆物颗粒的对应关系最佳;水解温度再提高至 95 ℃,Ti 的对应关系又变差。

综合以上水解包覆物表面 Ti 百分比、Ti 在煅烧高岭土颗粒表面的包覆率及包覆物颗粒的分散性,选择最佳水解温度为 85 ℃,水解时间为 3 h。

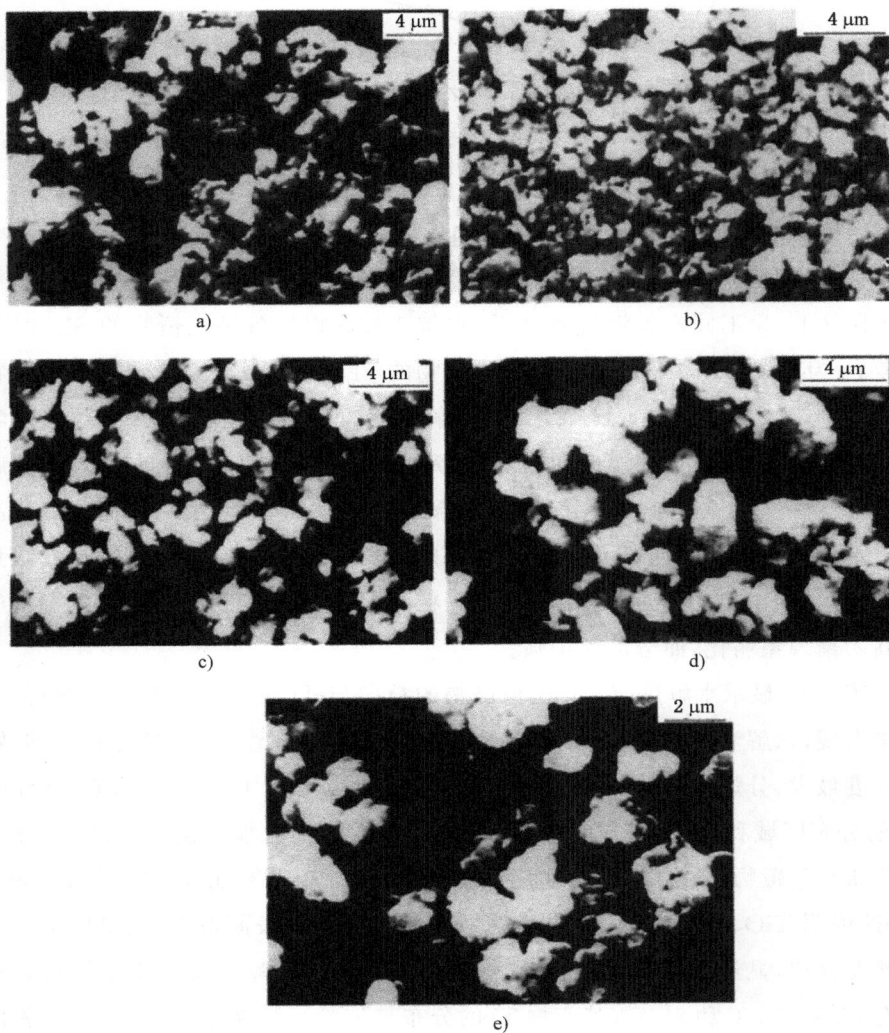

图 4-11　不同水解温度下水解 1h 产物的 SEM 图

a) 55 ℃；b) 65 ℃；c) 75 ℃；d) 85 ℃；e) 95 ℃

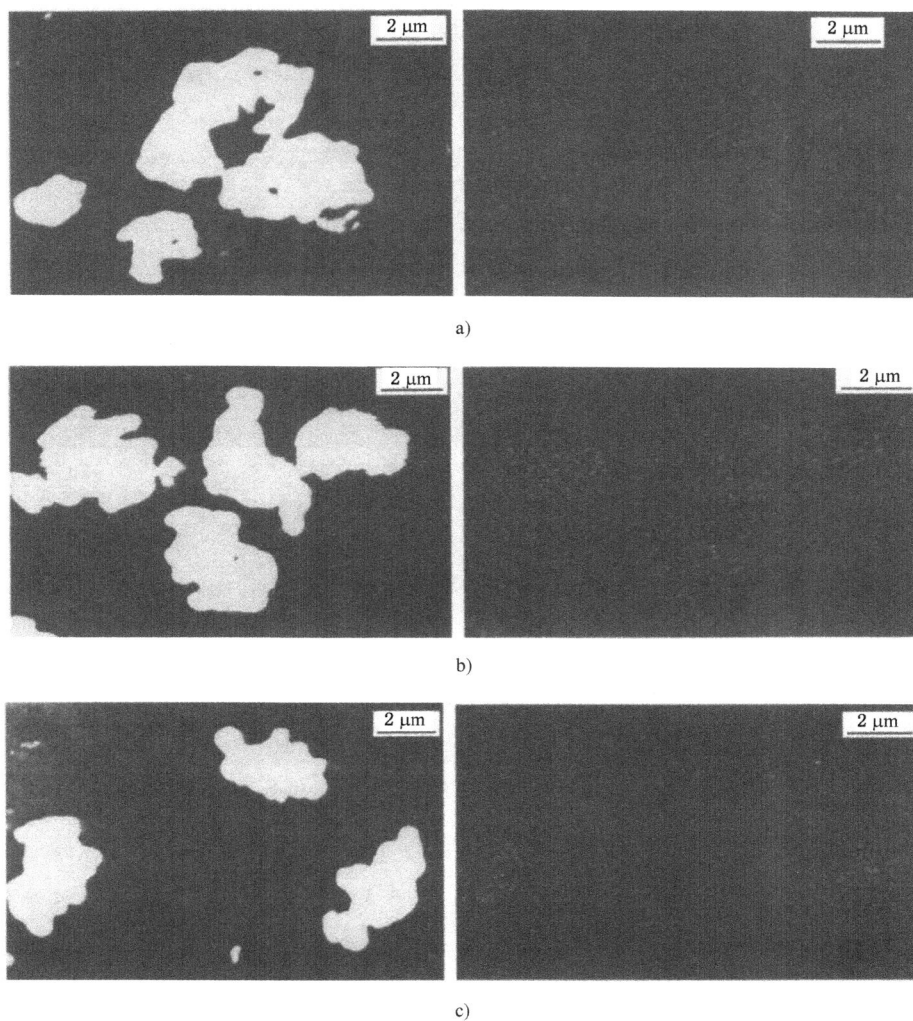

图 4-12　不同水解温度下水解 3 h 产物的 SEM 图

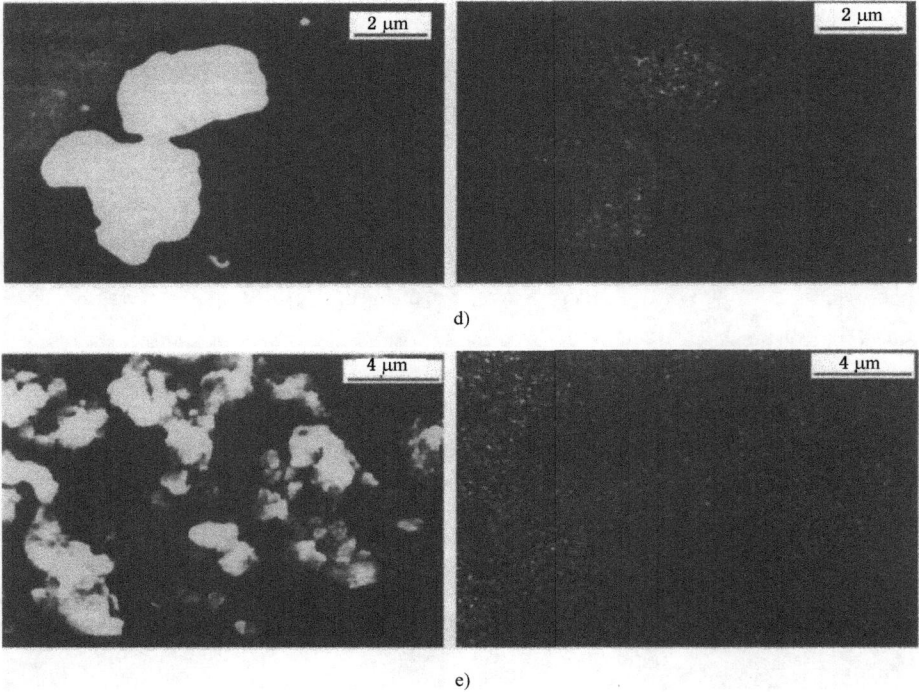

d)

e)

续图 4-12

a) 55 ℃；b) 65 ℃；c) 75 ℃；d) 85 ℃；e) 95 ℃

4.3.2.2　TiOSO$_4$ 用量的影响

在体系中加入不同量的 TiOSO$_4$（以单位质量煅烧高岭土所用 TiO$_2$ 计，g/g）进行水解包覆实验，测得水解包覆物表面 Ti 占表面所有元素总量（按质量计）的百分比（CTP）如图 4-13 所示。相应条件下包覆物的 SEM 图和 Ti 元素在包覆物所在区域的分布状态示于图 4-14.

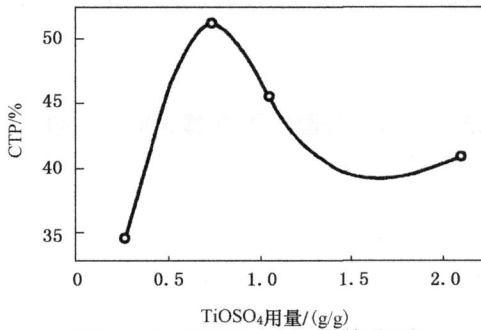

图 4-13　TiOSO$_4$ 用量的影响

从图 4-13 看出,TiOSO₄ 用量对水解产物在煅烧高岭土颗粒表面的包覆效果有一定影响。随着 TiOSO₄ 用量增加,CTP 呈先迅速增加而后逐渐降低的现象,并非 TiOSO₄ 用量越大包覆效果越好,其中在用量为 0.75 g/g 时,CTP 值最大,超过 50%。

图 4-14 水解包覆物 SEM 和 Ti 在区域内的面分布显示,TiOSO₄ 用量较低(0.263 g/g)的产物粒度较小,但 Ti 的面分布与颗粒分布区域基本无对应关系,说明 TiO₂·nH₂O 对煅烧高岭土的包覆差;而随 TiOSO₄ 用量增大(0.75 g/g 和 1.05 g/g),产物颗粒虽显著增大,但 Ti 的面分布与颗粒分布区域对应关系良好,说明 TiO₂·nH₂O 对煅烧高岭土包覆效果良好;TiOSO₄ 用量再增至 2.10 g/g,产物颗粒度基本不变,但 Ti 分布的对应关系变差,说明包覆效果变差。显然,应以 TiOSO₄ 用量 0.75 g/g 为优化条件。

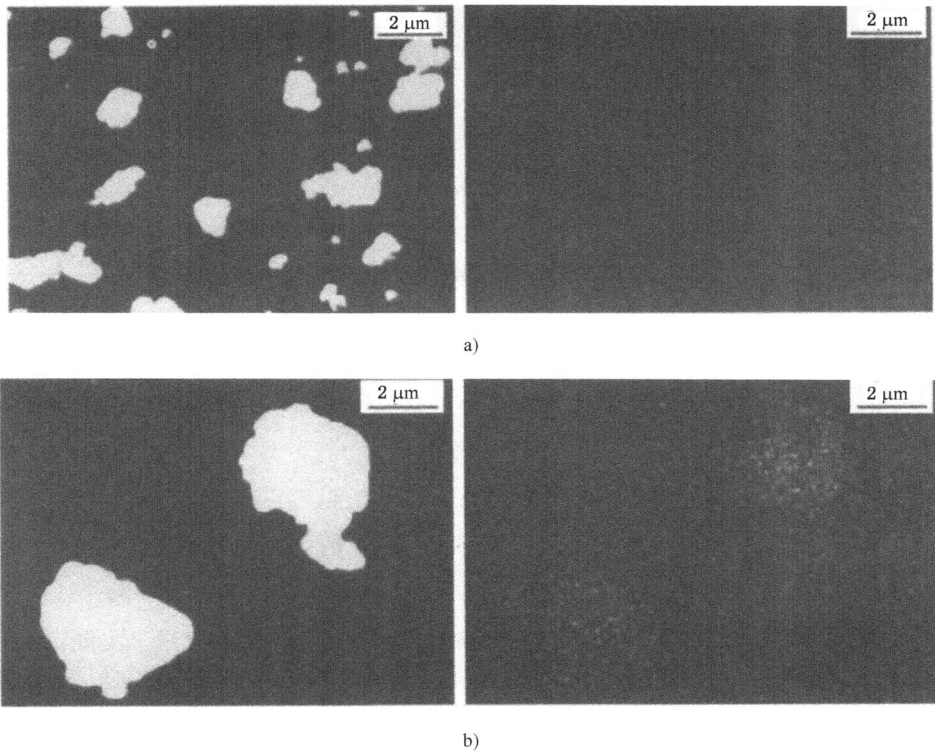

a)

b)

图 4-14　不同 TiOSO₄ 用量下水解产物的 SEM 图和 Ti 的分布情况

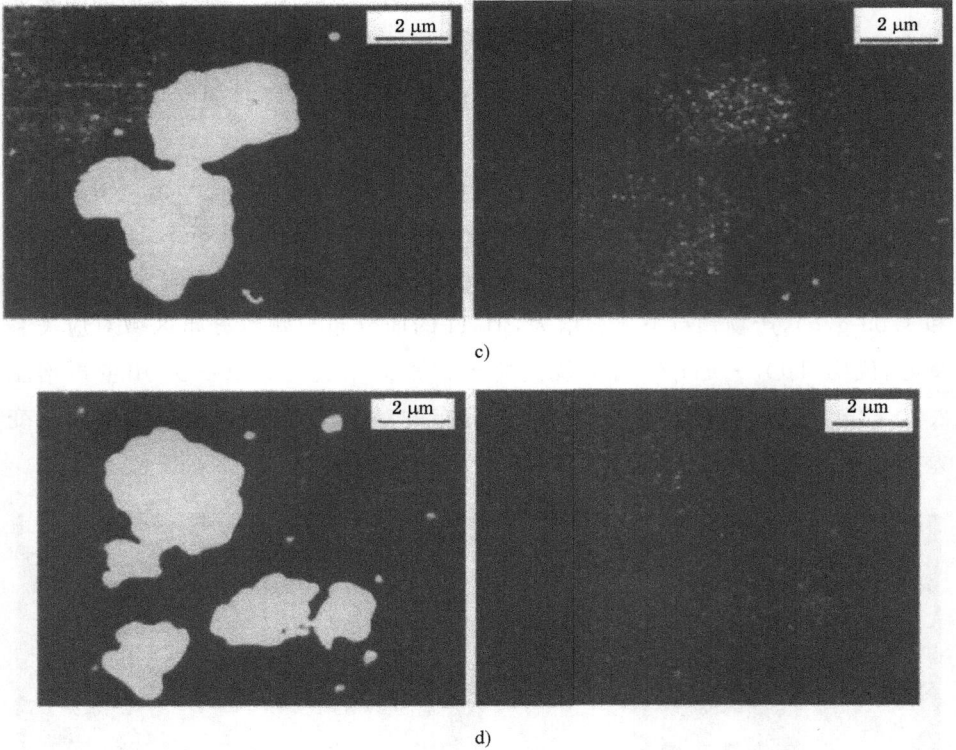

c)

d)

续图 4-14

a) 0.263 g/g；b) 0.75 g/g；c) 1.05 g/g；d) 2.10 g/g

4.3.2.3　煅烧高岭土固含量的影响

作为包核基体，煅烧高岭土在体系中的固含量因决定其分布密度而影响与 $TiO_2 \cdot nH_2O$ 的接触和作用行为，所以影响水解包覆的效果。煅烧高岭土固含量对产物 $TiO_2 \cdot nH_2O$ 包覆效果的影响分别示于图 4-15 和图 4-16。

从中看出，水解包覆物表面 Ti 含量(CTP)随煅烧高岭土固含量的增大而急剧降低，包覆物颗粒粒度也随之减小。煅烧高岭土固含量 0.5％和 1％条件下水解包覆物 Ti 的分布与颗粒所在区域对应关系良好，而固含量 2％和 5％时无对应关系。显然，保持煅烧高岭土较低的固含量，对 $TiOSO_4$ 的水解和 $TiO_2 \cdot nH_2O$ 的包覆有利，所以煅烧高岭土的固含量为 0.5％较适宜。

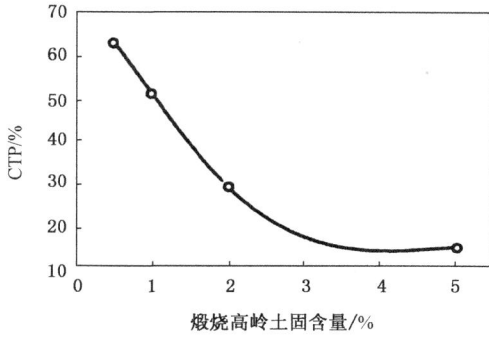

图 4-15 煅烧高岭土固含量的影响

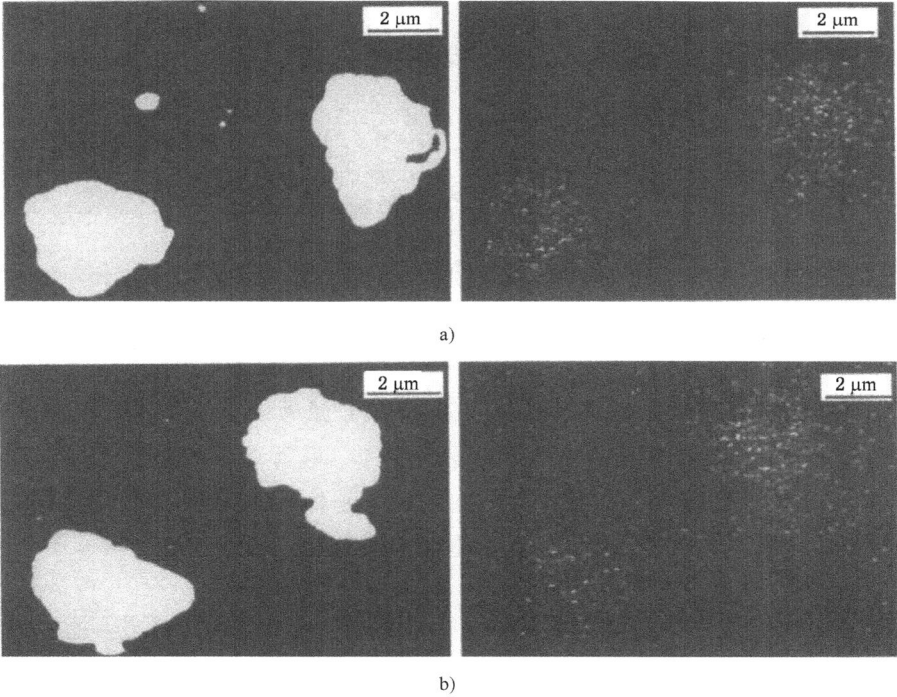

a)

b)

图 4-16 煅烧高岭土不同固含量下水解产物的 SEM 图和 Ti 的分布情况

c)

d)

续图 4-16

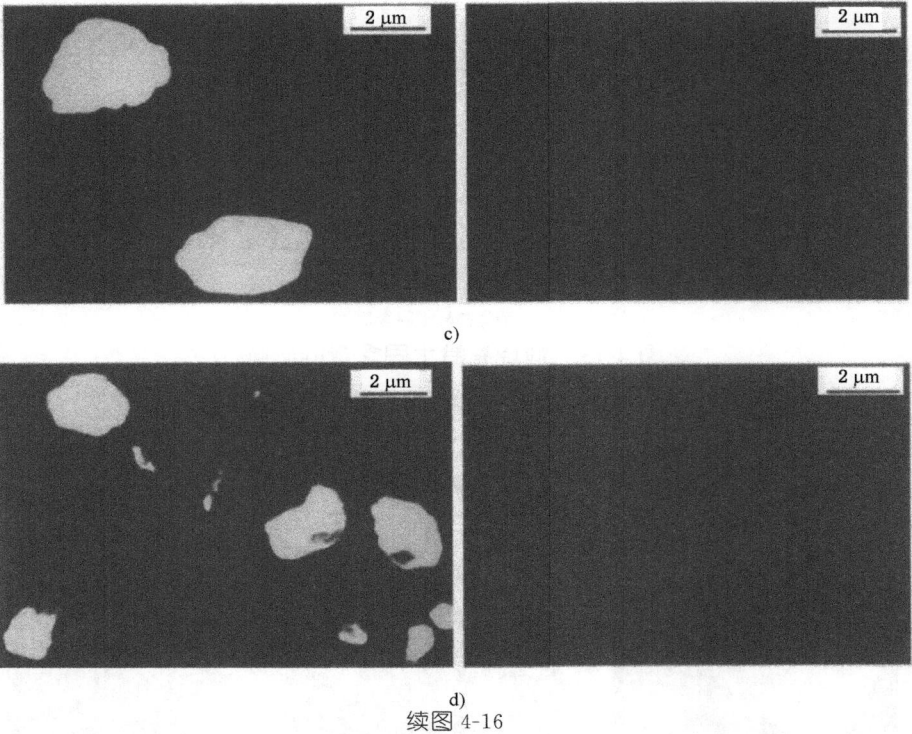

a) 0.5%;b) 1.0%;c) 2.0%;d) 5.0%

4.3.2.4 搅拌速度的影响

以基体煅烧高岭土固含量较高的水平(2.0%)进行了搅拌速度影响实验。搅拌速度的大小不但影响了载体的分散均匀性,也进一步地影响了温度的分布,进而影响水解物的包覆效果。图 4-17 和图 4-18 给出了搅拌速度对载体包覆效果影响的实验结果,表明选择 375 r/min 即可满足要求实验要求。

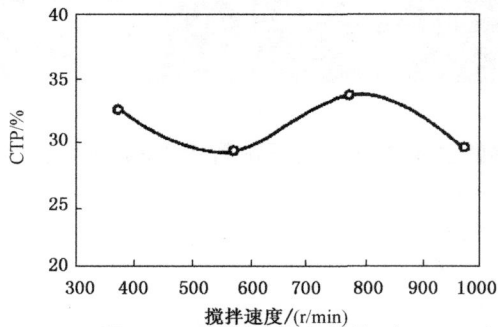

图 4-17 搅拌速度的影响

a)

b)

c)

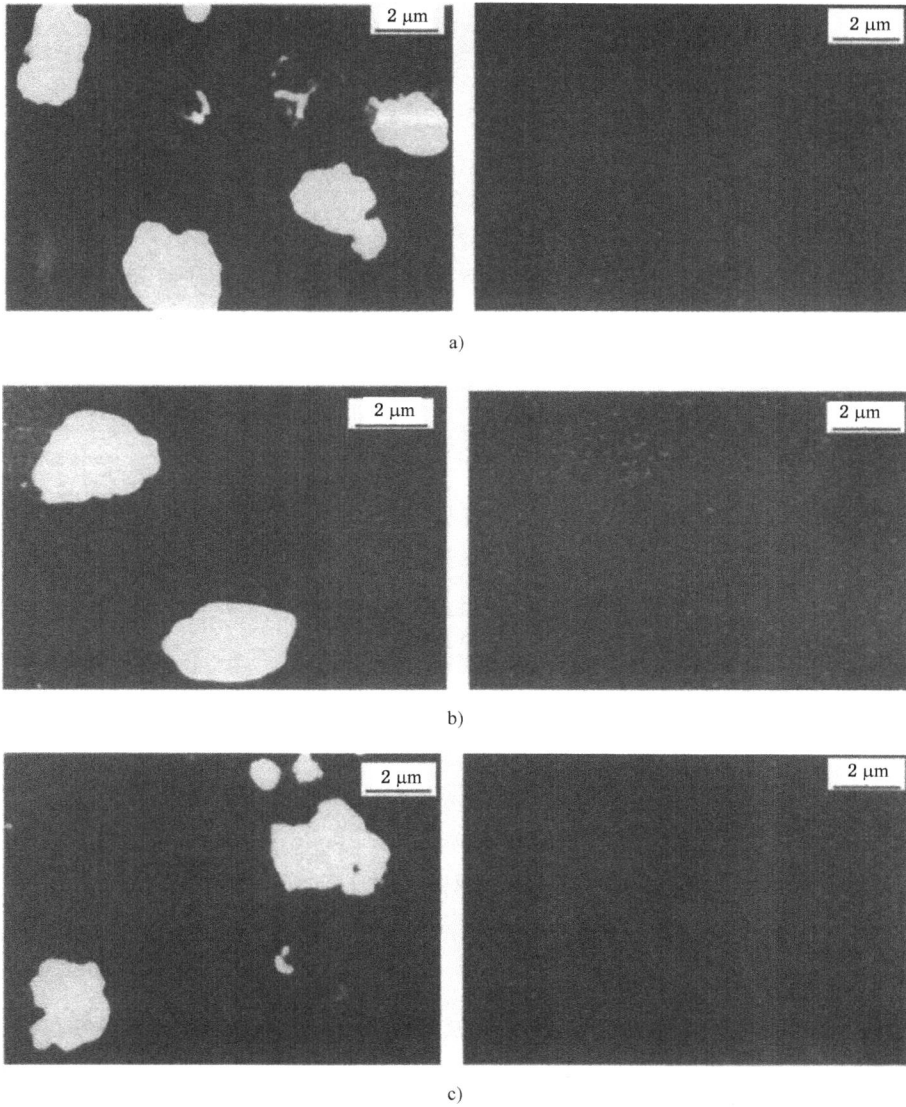

图 4-18 不同搅拌速度下水解产物的 SEM 图和 Ti 的分布情况

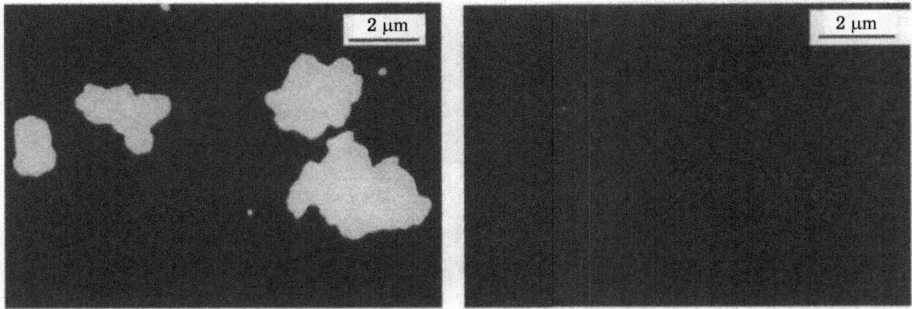

d)

续图 4-18

a) 375 r/min；b) 575 r/min；c) 775 r/min；d) 925 r/min

4.3.2.5 水解包覆物的表征

在最佳工艺条件下，制得了以煅烧高岭土（超细研磨至 $<2~\mu m$，含量 91.88%，d_{50} 为 0.95 μm，比表面积 3.351 m^2/g）为包核基体，基体颗粒表面包覆 $TiO_2 \cdot nH_2O$ 复合粒子组成的水解包覆物。对水解包覆物的性能和主要结构特征进行了测试表征。

（1）密度

用比重瓶法测得水解包覆物和煅烧高岭土基体的密度分别为 3.187 g/cm^3 和 2.65 g/cm^3，测得 $TiOSO_4$ 直接水解产物 $TiO_2 \cdot nH_2O$ 的密度为 3.226 g/cm^3。对比看出，水解包覆物密度比基体增加了 0.537 g/cm^3，小于 TiO_2 的密度。这显然是 $TiO_2 \cdot nH_2O$ 吸附在基体表面后形成复合颗粒所导致，反映了 $TiO_2 \cdot nH_2O$ 与基体发生吸附和结合的现象。

（2）SEM 分析

煅烧高岭土基体的 SEM 图、水解包覆物的 SEM 图及表面 Ti 的分布情况示于图 4-19。从中看出，与基体颗粒相比，水解包覆物颗粒有一定程度的长大，但幅度小于单独水解时 $TiO_2 \cdot nH_2O$ 的粒度。说明 $TiOSO_4$ 在有基体时的水解与单独水解过程差异很大，表现为 $TiO_2 \cdot nH_2O$ 粒子吸附在基体表面后的长大程度比其单独生长程度要小很多，并且 Ti 几乎全部分布在包覆物颗粒所在位置，说明 $TiO_2 \cdot nH_2O$ 对煅烧高岭土的包覆均匀。

a)

b)

c)

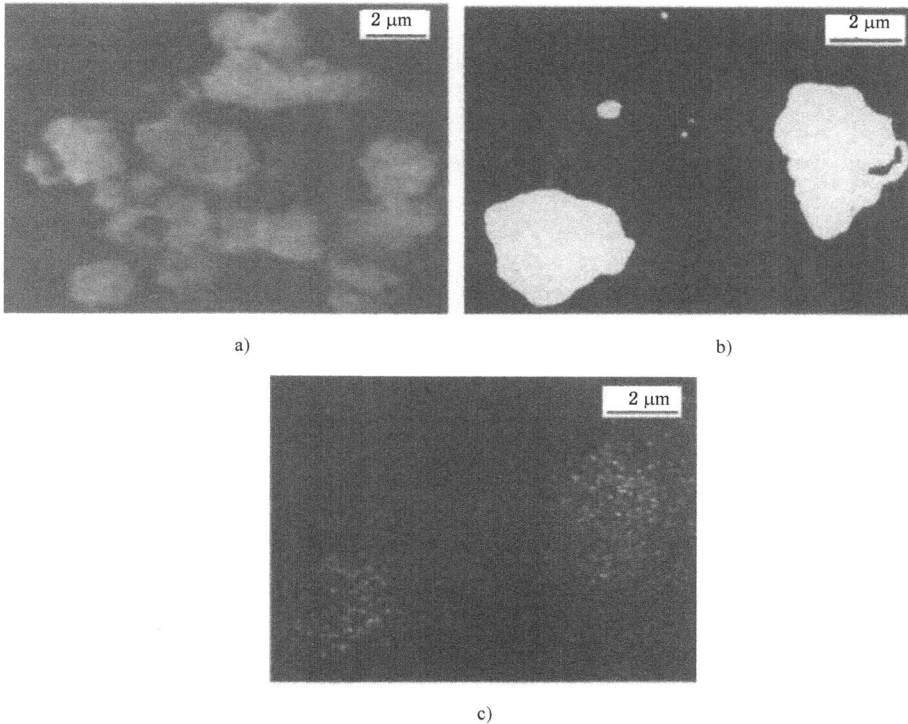

图 4-19　煅烧高岭土基体和水解包覆物的 SEM 图

a）煅烧高岭土基体；b）水解包覆物；c）水解包覆物 Ti 的分布

煅烧高岭土基体和水解包覆物由 SEM 区域得到的表层内元素的能谱分析结果表明，煅烧高岭土基体本身主要由 Si 和 Al 元素组成，Ti 等仅少量（可能为微量的杂质物相所导致）。而水解包覆物中 Si 和 Al 的含量显著降低，而 Ti 的比例大幅度增加，这说明经 $TiOSO_4$ 的水解作用，煅烧高岭土表面附着了 $TiO_2 \cdot nH_2O$。结果还显示，水解包覆物表面还增加了一定比例的 S 元素，这应该是水解副产物硫酸根在煅烧高岭土基体上附着的结果。显然，应通过高温煅烧等手段使之解吸。

（3）TEM（透射电子显微镜）和电子衍射分析

图 4-20 是采用"离子剪薄"技术获得的水解包覆物的 TEM 观察结果。从中明显看出"核-壳"特征的颗粒结构，居于颗粒核心的是煅烧高岭土基体，而在基体表面均匀、致密地附着一层包覆物（包膜），推断应该是水解产物 $TiO_2 \cdot nH_2O$。并且 $TiO_2 \cdot nH_2O$ 与基体之间结合紧密，无空隙，膜的厚度为 200～400 nm。显

然,水解包覆效果良好。

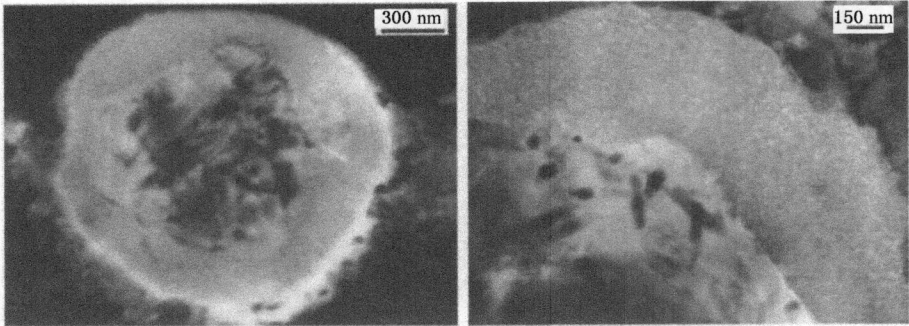

图 4-20　水解包覆物的 TEM 观察结果

图 4-21 为水解包覆物颗粒包核和包膜部分的电子衍射分析图,发现包核物由晶态和非晶态两种物相构成,包膜部分则完全是非晶态物质。结合对包核物

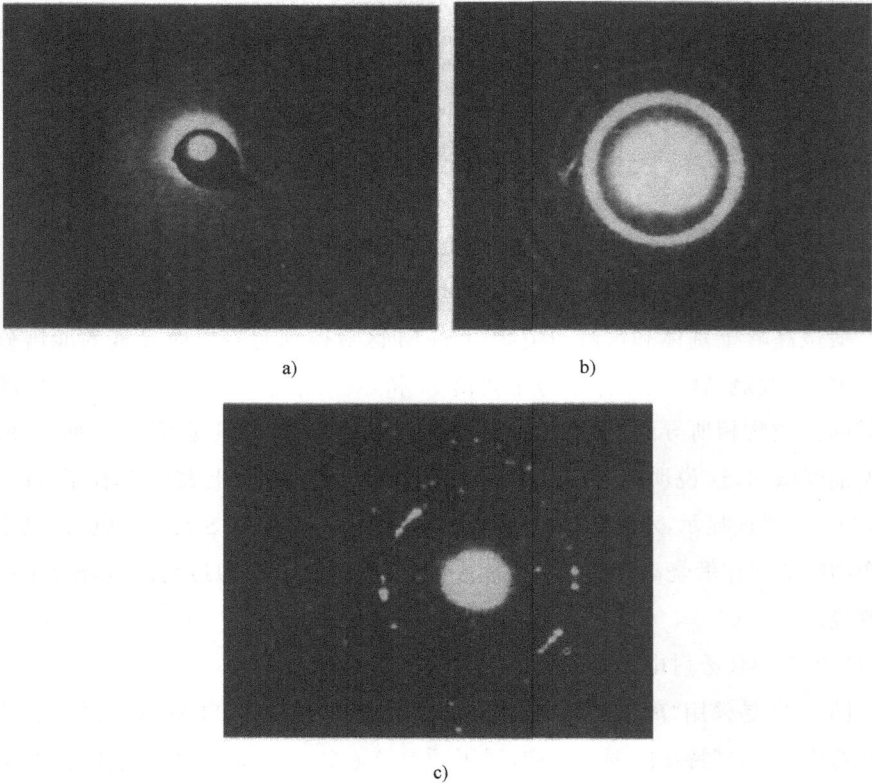

a)

b)

c)

图 4-21　水解包覆物颗粒包核与包膜区域电子衍射图

a) 包核(非晶态);b) 包核(晶态);c) 包膜(非晶态)

的非晶态和晶态部分及包膜部分进行的元素能谱分析结果研究表明,包核物的非晶态成分主要为 Si,晶态成分主要为 Al、Si,显然这是基体所含偏高岭石(非晶态)和莫来石(晶态)等(高岭土煅烧时形成)的体现;非晶态的包膜物质成分为 Ti,说明其为 $TiO_2 \cdot nH_2O$。能谱图上出现了极弱的 Al、Si 峰,可能是由于测试区域接近界面或基体与膜之间有微量"渗透"的结果。

(4) XRD 分析

水解包覆物的 XRD 图谱示为图 4-22。结果显示,水解包覆物的衍射峰平缓、不尖锐,说明其主要由非晶态物质组成(结晶不完整的物质,因内部结晶质点排列不规则,引起 X 射线在不同质点反射时,具有不同的反射角,因此,衍射和干涉作用较弱,主要表现为峰形拓宽而不尖锐),除主要为非晶态的煅烧高岭土基体外,也反映了包覆在基体表面的 $TiO_2 \cdot nH_2O$ 为结晶程度很差的物质。

除非晶态物质外,水解包覆物的 XRD 图谱上还出现了锐铁矿的特征衍射峰($d = 3.526$Å 处),但强度较弱,说明 $TiOSO_4$ 水解物中已有少量形成了锐铁矿晶相,这与其单独水解产物的物相一致。

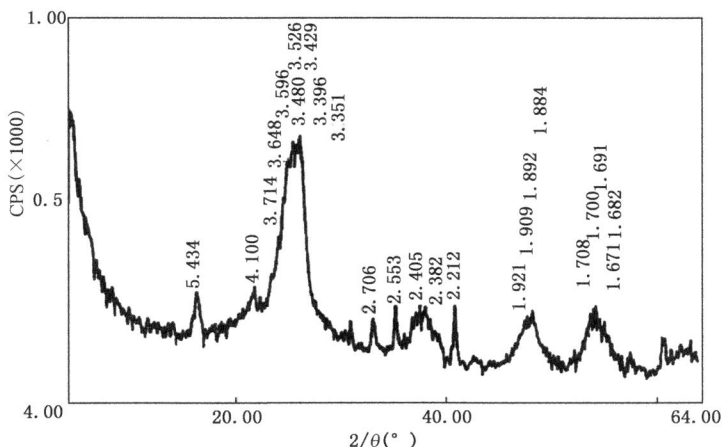

图 4-22　$TiOSO_4$ 水解产物的 XRD 谱图

4.3.3　煅烧高岭土表面 $TiO_2 \cdot nH_2O$ 的晶型转化

通过煅烧,脱除非晶相的水合二氧化钛($TiO_2 \cdot nH_2O$)结构中的水,可以实现晶型转化,同时去除 SO_4^{2-} 等杂质。由于只有晶相的 TiO_2 才具有基本的颜料性能而成为钛白粉,因此 $TiO_2 \cdot nH_2O$ 的晶型转化是钛白粉生产中的重要环节。有关钛白粉生产中的晶型转化的研究报道较多,但作为水解包覆物颗粒

表面的 $TiO_2 \cdot nH_2O$ 的晶型转化,因受基体的影响,势必呈现新的特点。显然,对该工艺进行优化和深入研究十分必要。

4.3.3.1 煅烧升温方式的影响

在煅烧温度 900 ℃条件下,将水解包覆物煅烧 1 h。煅烧升温方式有两种:(1)温度升至煅烧温度时放入试样;(2)常温时即放入试样,再升温至煅烧温度。结果显示,第一种方式所得产物的白度高于第二种方式,产物金红石的转化率二者接近,说明水解包覆物在升至设定温度时放入煅烧体系,然后再开始煅烧较为合理。这是因为:从室温到 900 ℃过程中,主要发生 $TiO_2 \cdot nH_2O$ 的脱水和脱硫,而从 TiO_2 开始晶型转化的温度 780 ℃升到 900 ℃所需的时间很短,所以对转化率影响不大。但样品在室温时就放入煅烧炉,由于煅烧时间较长(从室温升至 900 ℃需 3 h),试样就会因过烧而出现烧结、变黄和白度降低现象。

4.3.3.2 煅烧温度的影响

温度是影响煅烧过程的关键因素,而且水解包覆物中由于存在基体,所以势必对 $TiO_2 \cdot nH_2O$ 的晶型转化有一定的影响。将水解包覆物在不同的煅烧温度下煅烧 1 h,由所得煅烧物 XRD 数据计算所得 TiO_2 转为金红石的转化率如图 4-23 所示。

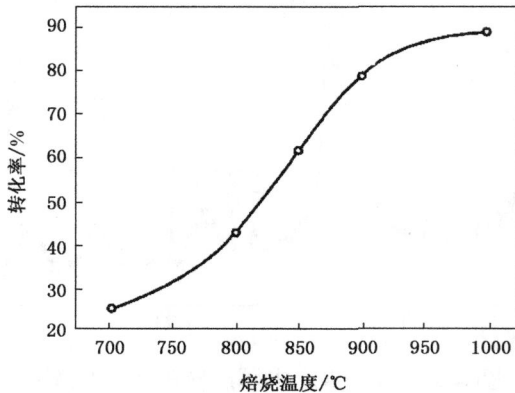

图 4-23 煅烧温度对产物金红石转化率的影响

从图 4-23 可以看出,随煅烧温度的升高,纳米 TiO_2 转为金红石的转化率开始迅速增大,温度高于 900 ℃的产物转化率达到 80％以上,温度再提高,转化率增加缓慢。结果说明,高温有利于 TiO_2 向金红石晶型的转化,但是随着煅烧温度的逐渐升高,TiO_2 向金红石晶型的转化增加率是逐渐减小的。可见煅烧温度对晶型转化的影响是逐步减弱的趋势。所以我们不能单纯地依靠提升焙烧温度的方式去促进 TiO_2 向金红石晶型的转化,同时过高的煅烧温度,将会导致颗粒的烧结。

4.3.3.3　煅烧时间的影响

煅烧产物中 TiO_2 形成金红石晶型的转化率随煅烧时间的变化如图 4-24 所示,煅烧温度设定为 850 ℃ 和 900 ℃。实验结果表明,当我们延长颗粒的煅烧时间的时候,TiO_2 向金红石晶型的转化率也会相应地增加。850 ℃ 时,转化率随煅烧时间在 0.5～1 h 范围增加而迅速提高,但随后增加幅度减小;900 ℃ 时煅烧时间在 0.8～1 h 之间,TiO_2 向金红石晶型的转化率增加趋势尤为突出。煅烧温度 900 ℃、煅烧时间 2 h 时产物金红石转化率已达 93.44％,可见此时的 TiO_2 向金红石晶型的转化已经基本结束,没有必要再延长煅烧时间。

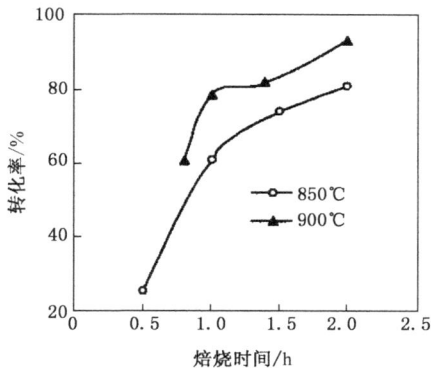

图 4-24　煅烧时间对金红石晶型转化率的影响

4.3.3.4　盐处理剂的影响

观察煅烧产物外观发现,煅烧温度 900 ℃,煅烧时间 2 h 产物的白度有所降低。为提高白度,可在煅烧时添加盐处理剂,不过盐处理剂在一定程度上会抑制晶型的转化。盐处理剂的加入可有助于在较低的煅烧温度下全部脱除杂质 SO_4^{2-},它既是良好的产物性能调整剂,但同时却也会成为 TiO_2 向金红石晶型进行转化的抑制剂。此外,加入盐处理剂还有以下作用:(1)改善产品的分散性、着色力、耐候性;(2)改善粉体白度;(3)调节产品 pH。显然,盐处理剂的合理添加对水解包覆物表面 TiO_2 的转化及最终复合颗粒的性能也会产生影响。

同时加入 K_2CO_3 和 KH_2PO_4 作为盐处理剂开展了水解包覆物的煅烧实验。固定 K_2CO_3 用量(以 K_2O 计,0.2％),煅烧产物金红石转化率随 KH_2PO_4

用量(以 P_2O_5 计)的变化如图 4-25 所示,固定 KH_2PO_4 用量(以 P_2O_5 计, 0.05%),煅烧产物金红石转化率随 K_2CO_3 用量(以 K_2O 计)的变化如图 4-26 所示。

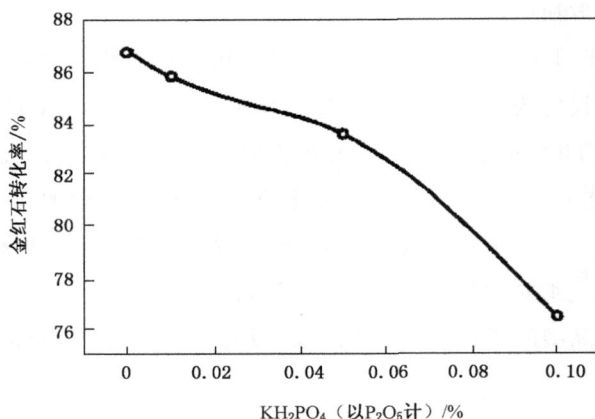

图 4-25 KH_2PO_4 用量(以 P_2O_5 计)的影响

从图 4-25 看出,水解包覆物煅烧时加入盐处理剂 K_2CO_3 和 KH_2PO_4,对颗粒表面 TiO_2 的晶型转化影响显著。仅固定添加 K_2CO_3 用量(以 K_2O 计) 0.2%(不加 KH_2PO_4),不加盐处理剂的金红石晶型转化率已由 93.44% 逐步降至 86.80%。保持 K_2CO_3 加量(以 K_2O 计)0.2%,再加入 KH_2PO_4 后,转化率随 KH_2PO_4 用量增加而显著降低;KH_2PO_4 用量(以 P_2O_5 计)为 0.1%,转化率已迅速降至 76.41%。但加入盐处理剂以后的煅烧产物的白度有了显著的提高。在实验条件下,粉体白度随着增加 KH_2PO_4 用量而引起的变化并不是很大,可见游离 Fe^{3+} 已彻底被反应消耗,KH_2PO_4 用量已经达到最大值,综合考察产物的白度和晶型转化率,认为 KH_2PO_4 用量(以 P_2O_5 计)为 0.05% 适宜。

从图 4-26 看出,K_2CO_3 的加入对煅烧产物金红石转化率的影响也很显著。固定添加 KH_2PO_4 用量(以 P_2O_5 计)0.05%,金红石转化率随另加入的 K_2CO_3 用量的增加而逐渐降低,由 K_2CO_3 用量(以 K_2O 计)为 0 时的 82%,降至用量 0.4% 时的 69.84%。K_2CO_3 在使煅烧产物金红石转化率降低的同时,产物白度未有提高。

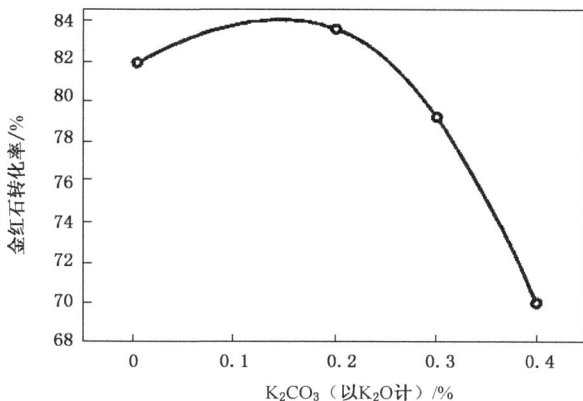

图 4-26　K₂CO₃ 用量(以 K₂O 计)的影响

4.3.3.5　晶型转化剂的影响

研究表明,包核基体煅烧高岭土表面 Si—O 构成的四面体结构,能够增强水解包覆物颗粒表面的 TiO₂ 在煅烧过程中转化为锐铁矿晶型的趋势,减弱转化为金红石晶型的趋势。另外,盐处理剂的添加,又使金红石型转化率进一步降低。实际上,可在煅烧同时,加入适量的金红石型微粒,或在煅烧过程中通过晶型转化形成的金红石型微粒,能够提高金红石型转化率。为此,进行了添加晶型转化剂的实验研究。

在水解包覆物煅烧实验中,既加入盐处理剂(K₂CO₃ 和 KH₂PO₄),同时又分别加入晶型转化剂硝酸锌(Zn(NO₃)₂)和四氯化锡(SnCl₄),晶型转化剂用量对煅烧产物金红石转化率的影响示于图 4-27。

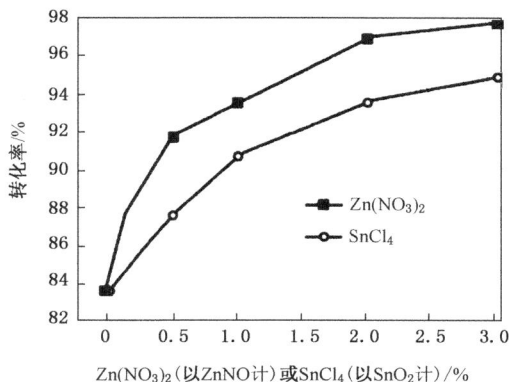

图 4-27　晶型转化剂的影响

图 4-27 结果表明,逐渐增加晶型转化剂的使用量,能够加大煅烧产物金红石的晶型转化率,比较 $Zn(NO_3)_2$ 和 $SnCl_4$,在晶型转化剂用量不变的前提下,用 $Zn(NO_3)_2$ 作为晶型转化剂时的晶型转化率大大高于 $SnCl_4$,因此认为 $Zn(NO_3)_2$ 优于 $SnCl_4$。而加入两种转化剂的产物白度相差不大,只是在转化剂用量较大时,产物白度略有降低。对于 $Zn(NO_3)_2$,当其用量为 2.0% 时,其金红石晶型转化率已经达到 96.97%,已经基本实现预期的实验目标。

参考文献

［1］王珊,王高锋,孙文,等. 承德某硬质伊利石除铁增白试验研究［J］. 人工晶体学报,2016,45(10):2530-2535.

［2］李硕,邵延海,常军,等. 石榴石重选尾矿中绢云母与石英分离及深加工［J］. 非金属矿,2017,40(2):70-72.

［3］DjukicA,Jovanovic U,TuvicT,et al. The Potential of Ball－milled Serbian Natural Clay for Removal of Heavy Metal Contaminants from Wastewaters:Simultaneous Sorption of Ni,Cr,Cd and Pb Ions［J］. Ceramics International,2013,39(6):7173-7178.

［4］Hongo T,Yoshino S,Yamazaki A,et al. Mechanochemical Treatment of Vermiculite in Vibration Milling and Its Effect on Lead(II) Adsorption Ability［J］. Applied Clay Science,2012,70(7):74-78.

［5］Dukie A B,Kumric K R,Vukelic N S,et al. Influence of Ageing of Milled Clay and Its Composite with TiO_2 on the Heavy Metal Adsorption Characteristics［J］. Ceramics,2015,41(3):129-137.

［6］邱金勇. 纳米伊/蒙黏土的制备及其用于橡胶填料的研究［D］. 广州:华南理工大学,2014.

［7］张裕亮. 改性机械化学法制备煅烧高岭土基白色颜料［D］. 杭州:浙江工业大学,2011.

［8］丁浩. 矿物-TiO_2 微纳米颗粒复合与功能化［M］. 北京:清华大学出版社,2016.

［9］干方群,杭小帅,马毅杰. 热加工对凹凸棒石黏土矿物结构和吸附特性的影响［J］. 非金属矿,2013,36(4):60-62.

[10] 欧阳平，张凡，张贤明，等. 微波辅助改性材料的研究进展[J]. 应用化工，2016，45(1)：156-158.

[11] 叶春松，胡爱辉，张弦，等. 微波改性活性炭深度处理高盐废水性能研究[J]. 现代化工，2016，36(8)：133-137.

[12] 史明明，刘美艳，曾佑林，等. 硅藻土和膨润土对重金属离子 Zn^{2+}、Pb^{2+} 及 Cd^{2+} 的吸附特性[J]. 环境化学，2012，31(2)：162-167.

[13] 方亮. 微波改性海泡石处理含铅废水的研究[D]. 南昌：南昌大学，2014.

[14] Lee T. Removal of Heavy Metals in Storm Water Runoff Using Porous Vermiculite Expanded by Microwave Prepa ration[J]. Water Air & Soil Pollution，2012，223(6)：3399-3408.

[15] 郑洪河，蒋凯，秦建华，等. 超声浸渍包覆石墨的嵌脱锂性能[J]. 应用化学，2004，21(8)：801-805.

[16] 康艳红. 含钛矿物催化降解废水中硝基苯的研究[D]. 沈阳：东北大学，2009.

[17] 丁余力. 超声助电气石负载 TiO_2 光催化降解水中甲基橙的研究[D]. 天津：南开大学，2014.

[18] 周艳，陈勇军，贾德民. 超声波技术改性膨润土及其应用[J]. 橡胶工业，2002，49(11)：658-661.

[19] 徐应明，梁学峰，孙国红，等. 海泡石表面化学特性及其对重金属 Pb^{2+}、Cd^{2+}、Cu^{2+} 吸附机理研究[J]. 农业环境科学学报，2009，28(10)：2057-2063.

[20] 马燕青，张忠东，等. 酸碱改性高岭土性能的研究[J]. 石油炼制与化工，1999，30(5)：30-34.

[21] 王雅萍，刘云，董元华，等. 改性凹凸棒石和沸石对氨氮废水吸附性能的研究[J]. 应用化工，2011，40(6)：985-989.

第5章 烟柴秆提取物在循环冷却水中的阻垢缓蚀性能

5.1 研究背景

　　水是生命之泉，它在世界上扮演着一个十分重要的角色，地球上有 71％ 的地方被水覆盖，但是只有 2.5％ 是人们可饮用的淡水，而在这仅有的 2.5％ 的水中，还包括两极的冰川，所以提供给人们直接使用的水少之又少。而水又是一个很重要的资源，对于人的生活、健康都有影响。一个人体重的 65％ 都是水分，可见人是离不开水的。水是由 O 和 H 两种元素组成的无色无味的液体，自然界中的海洋、湖泊、大气层中的水分都是随处可见的水资源。我国的淡水资源总量是 28000 亿立方米，在全球只占 6％。虽然我国可利用的淡水资源看似很多，但是人均拥有量与世界其他国家相比还是很少的，可以说相当匮乏。爱护水资源、合理利用水资源是我们每个人有义务也有责任去做的，尽量避免一些生活垃圾和工业废水的污染是一个有效的办法。

　　20 世纪 70 年代，我国工业水处理技术就逐渐开始出现了，通过对国外工业水处理技术的研究，我国的工业水处理技术也慢慢发展起来，目前，我们常用到的有：磷系水处理技术、硅系水处理技术以及钼系水处理技术。本章主要研究的是磷系水处理技术。

　　碳钢因其良好的力学性能、成形性、导热性、耐腐蚀性等诸多优点得到了广泛应用。现在许多化工设备都是有碳钢制成的，由于化学设备经常暴露在空气中，会被水和化学药品长时间接触，导致设备中的碳钢会因此遭到腐蚀、损坏等不利影响，导致生产率下降，所以人们开始研制一种能够抑制这种情况的药剂。

5.2 循环冷却水系统

　　现在的化工企业在生产产品的时候，系统中会产生一些不需要的热量，这些热量如果直接排放到环境里会对环境造成有害的影响,所以需要使用一些手段将这些热量冷却下来,再转移到自然的环境当中,保证在不污染环境的条件下,使生产过程得到正常的运行。水资源是一种比较丰富、容易获得的资源,而且它又经济实惠,所以人们常常使用自然中的水来作为工业上降温的材料,因为它有可以降温的特点,在工业上常称作冷却水。而冷却水在一次降温之后并没有受到影响,自身没有发生变化,因此为了响应节约用水,工厂上常常会将使用后的冷却水经过降温后再次使用,得到一个循环,就是现在的循环冷却水系统,这样不仅会节约用水,合理地利用了水资源,还可以使经济效率得到提高。

目前,循环冷却水系统一般包括:直流冷却水系统、密闭式循环冷却水系统、敞开式循环冷却水系统。

5.2.1　直流冷却水系统

直流冷却水系统就是只使用一次冷却水,结束之后冷却水不循环使用。虽然在使用它的时候很简单,但是它的操作费用却很高,而且没有节约用水,浪费了水资源。一般是钢铁企业使用得较多,其他工业使用得一般很少。直流冷却水系统结构如图 5-1 所示:

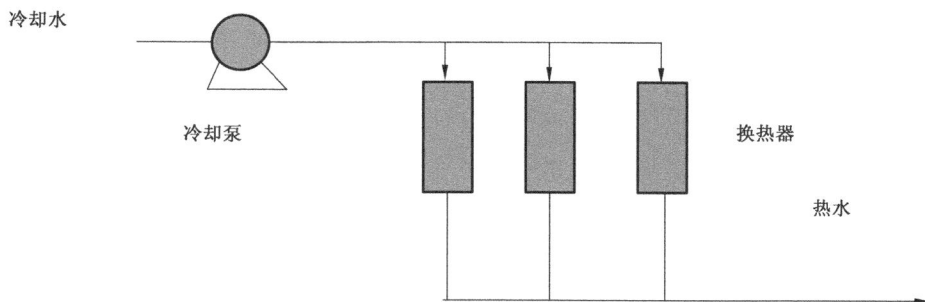

图 5-1　直流水系统

5.2.2　密闭式循环冷却水系统

密闭式循环冷却水系统是将循环水先送入泵中然后再到冷却器中,冷却需要降温的介质,之后用过的冷却水经过二次换热,在另一个冷却器中被其他的介质经过冷却再次变为冷却水再返回系统循环使用,其过程不与空气接触。

这种系统的水温容易控制,水可以得到循环使用,节约用水,也降低了工业成本的费用,与直流冷却水系统相比,这种系统使用率更高,比较实用。密闭式循环冷却水系统结构如图 5-2 所示：

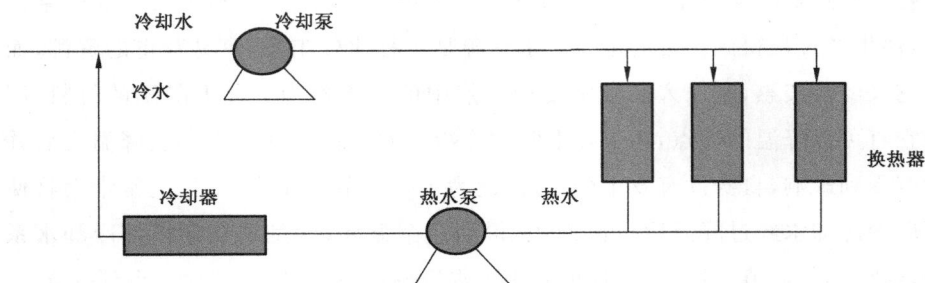

图 5-2　密闭式循环冷却水系统

5.2.3　敞开式循环冷却水系统

敞开式循环冷却水系统中的热水是经过冷却塔直接与空气接触，让热水与温度较低的空气接触，因为会受到温差的影响，将水中的热量带到空气中得到冷却，变成了冷却水之后再循环使用的。在热水与空气的温差越大的时候，传热的效果就越好。

敞开式循环冷却水系统中常用到的冷却设备又分为：自然通风冷却塔、机械通风冷却塔和玻璃钢冷却塔。敞开式循环冷却水系统结构如图 5-3 所示：

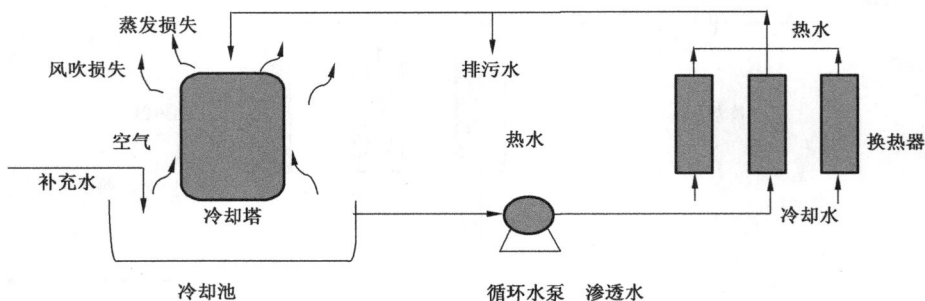

图 5-3　敞开式循环冷却水系统

在这三种循环系统中，根据高效、节能，降低经济成本的原则来看，敞开式循环冷却水系统是化工行业使用最多的系统。

5.3　循环水系统的危害

5.3.1　腐蚀

系统中设备以及管路一般是金属制成,它们在长时间的运行工作中,不免会和酸碱接触,时间越久酸碱和金属反应的现象也就越明显,有的会生锈,有的则会穿透,这种现象就是人们常说的腐蚀。腐蚀的种类分为点偶腐蚀、点蚀、氢腐蚀等。

循环冷却水系统使用的设备大多都是碳钢、合金一类的材料,长时间使用往往会出现腐蚀程度增长、水垢倾向增长、形成沉淀物等问题,这是因为空气的污染、水温的升高、浓缩倍数逐渐提高或者工艺介质的泄露造成的。

循环水系统由于长时间的使用,设备的管道里会出现堆积形成污垢,我们通常会采用硫酸还有盐酸进行除垢,但是因为它们具有很强的腐蚀性,就导致设备遭到腐蚀。这就会导致换热器的使用时间缩短,严重导致其泄漏引起事故停车,影响生产装置的长周期运行。如果运行的管道出现了腐蚀的情况,那么使用的物料就会流失到循环水中,影响生产出的成品质量。这样一来不仅会造成工业上生产成本的损失,对工人的安全也有很大的威胁。

在一些敞开式的系统中,氧气会随之进入冷却水中。由于金属本身具有导电性,溶解在水中的物质不均匀的分布在金属表面,形成电位差,发生氧化还原反应。在中性和碱性条件下一般会发生如下反应:

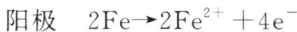

阳极　$2Fe \rightarrow 2Fe^{2+} + 4e^-$

阴极　$O_2 + 2H_2O + 4e^- \rightarrow 4OH^-$

水　　$Fe^{2+} + 2OH^- \rightarrow Fe(OH)_2 , Fe(OH)_2 \xrightarrow{O_2} Fe(OH)_3 \downarrow$

影响腐蚀的因素又包括水质因素、物理因素还有微生物的存在。水的酸碱性、温度还有流速都会影响到它。所以我们要想减少腐蚀应该从影响它的这些因素入手,通过一系列的研究,通常我们会使用提高 pH、选用耐腐蚀的设备,或者是涂一层防腐蚀的涂料来减少腐蚀的产生。在工业上,我们还会选用合适的缓蚀剂,减慢腐蚀的速度。

5.3.2　结垢

5.3.2.1　水垢

系统中的冷却水里会溶解一部分 CO_2,而 CO_2 在水中并不稳定,会生成

CO_3^{2-}，工业上使用的设备大多都是金属设备，CO_3^{2-}会与金属离子生成微溶性的盐或者沉淀，堆积在设备管道里便会造成堵塞。

在循环系统运行时，会因为浓缩倍速导致无机盐浓度升高，当无机盐的浓度达到一个饱和状态时，多余的盐分会析出导致水垢的现象发生。由于水垢的累积造成堵塞，换热器被堵塞影响传热效率降低，因而工艺介质的冷却不能达到理想的效果，甚至堵塞严重时，使生产无法正常进行。控制它的方法有软化法、加酸法，还有添加阻垢剂。

5.3.2.2　污垢

污垢的形成是设备在长期运转的状态下，水中的泥沙沉积在管道中所形成的，而且污垢堆积在设备中，还会造成设备堵塞、换热器的传热效率降低以及冷却塔的效率下降，会使系统阻力增加，水泵的压差上升，流量变小，生产的能耗增加，严重时还会降低产量。

因此，对循环水做一个处理是很有必要的，它不仅能够稳定生产，对环境起到保护作用，还能够节约水资源并且能减少钢材的使用。

循环水系统，分为封闭式循环冷却水系统还有敞开式循环冷却水系统。不管是哪一个系统都需要进行水处理，常见的方法是：物理法、化学法、物理化学法。目前，我们往往采用的方法是化学法，通过加入化学试剂防止循环水系统产生腐蚀、结垢、黏泥等问题。

5.4　国内现状与国外现状

5.4.1　国内现状

早期，人们最初使用植物型的阻垢、缓蚀剂，但是由于当时的技术水平较低，植物型的没有人工合成的高效，所以合成的使用得较为广泛。但是后来随着环境的变化，"绿色化学"成为重中之重。合成的缓蚀阻垢剂虽然效率高但是却会给环境带来二次污染，所以缓蚀阻垢剂成为人们关注的重点。我国在1988年华东化工学院根据对德国有机膦酸盐技术的吸收和创新，水处理技术得到发展，一直延续到现在也有所成就。因为含磷缓蚀阻垢剂具有高效和耐高温的特点，所以被人们广泛应用，但是过多地使用导致水中磷元素过多，形成了水体的富营养化，污染水资源。随着人们对于保护环境的意识逐渐提高，缓蚀阻垢剂慢慢地从含磷转向无磷，无磷缓蚀阻垢剂成为人们研究的重点。21世纪之后，我国许多学者对天然植物进行了深入的研究,比如米糠、黄连、竹子、烟柴秆等进行实验研究,发现它们的缓蚀性能都很好。人们研究发现,木质素中含有醚键、碳碳双键、苯甲醇羟基、酚羟基、苯环等,这些基团经过化学反应会与金属形成配位键而生成螯合物,达到阻垢的效果。由于木质素是可再生的,便于得到而且更经济,所以大多数的水处理剂经常使用改性的木质素制备。这种天然的药剂虽然环保,但是却在高温的情况下容易分解,不能很好地解决工业问题,所以磷系、共聚物系这类高效的药剂逐渐出现。但是随着人们日复一日地大量使用,水体富营养化成为污染的严重问题,近几年,由于 PESA 和 PASP 这两种药剂的特性好且无磷环保的特征被人们大量研究,我国自然也不例外对这两种药剂也进行了深入的研究。

5.4.2　国外现状

国外的工业水平比国内的发展要早,对于植物型的缓蚀阻垢剂研究得也更加细致透彻。国外学者通过罂粟和山茶等的提取,将它们对碳钢类的材料进行观察实验,发现有较好的缓蚀作用。国外最早研究的是铬酸盐系的药剂,但是由于它的毒性太大,所以被淘汰了;后来将铬酸盐进行与其他药剂的复配;为了保护环境又研究出有机膦系配方;再到美国从 20 世纪 90 年代就开始研究控制黑色金属腐蚀的 HPA 第三代缓蚀阻垢剂,这种阻垢剂的效果和其他组分有协同的作用,在美国占有很重要的地位,渐渐地无磷缓蚀阻垢剂 PESA 和 PASP 也慢慢出现,成为人们直到现在还在关注的焦点。根据这些我们也可以发现人们的环保意识也在一天一天地增强,所以工业的废水处理将会是一个很大的关注点。

现阶段,不管是国内还是国外工业发展都十分迅速,可持续发展和绿色发展是人们发展工业最基本的要求,工业废水的排放含量更是愈加严格,虽然零排放是人们最理想的状态,但是要想实现,成本是非常高的。如何在经济条件允许的情况下,高效地排放废水成为人们研究的关键。

5.5　缓蚀阻垢剂的形成

5.5.1　缓蚀剂

缓蚀剂是一种减缓设备腐蚀的化学药剂。在工业生产中,大多数的设备都是易被腐蚀的,这就使生产效率大大降低了,这种现象在工业中成为一个问题,所以人们开始寻找缓解它的办法。最有效的就是加入缓蚀剂,通常它的用量在0.1％～1％。早在 20 世纪四五十年代,以铬酸盐为主的缓蚀剂就已经出现,但是由于铬酸盐具有毒性,不管是对人体还是环境都会造成不利的影响,所以新的药剂出现了——聚磷酸盐。聚磷酸盐在水中会分解成正磷酸根导致结垢和污染,所以也没有得到长久的使用。有机膦酸和低磷缓蚀剂的出现降低了水的富营养化,近几年来无磷缓蚀剂也得到了发展,被人们渐渐发掘。缓蚀剂的种类也有区别,通常分为以下几种:

（1）按化学成分分为:无机缓蚀剂、有机缓蚀剂。有机缓蚀剂凭借本身缓蚀性能好、用量低等特点在近几年的工业发展中十分迅速,但是大多数有机缓蚀剂容易造成二次污染。

（2）按对电化学腐蚀的抑制作用分为:阳极缓蚀剂、阴极缓蚀剂和两极缓蚀剂(阳极缓蚀剂一般用来抑制阳极,阴极缓蚀剂用来抑制阴极,两级缓蚀剂用来抑制两极)。阳极缓蚀剂的用量一般较大,在使用时要保证金属的阳极区完全钝化,然后再利用金属与阳极表面反应形成氧化膜阻止了金属的腐蚀达到了缓蚀的效果。如果没有钝化会发生点蚀,所以使阳极钝化是必不可少的。阴极缓蚀剂是通过在阴极生成沉淀物覆盖在金属的阴极表面使反应减慢,从而达到缓蚀的效果。两极缓蚀剂中经常包含两性基团,吸附在金属表面,起到隔绝氧气的作用。缺少了氧气金属就不会被腐蚀,所以也可以达到缓蚀的作用。

（3）按防蚀膜的特性分为:氧化膜型缓蚀剂、沉淀膜型缓蚀剂和吸附膜型缓蚀剂。

① 氧化膜缓蚀剂成分一般是无机盐类,它是通过在金属表面形成一层薄薄的氧化膜起到减缓腐蚀的作用。在使用氧化膜型缓蚀剂时,开始的时候投入剂量较多,形成氧化膜之后应该减少剂量,由于氯离子、高温及高流速会破坏膜,所以使用中要适当提高药剂含量。

② 沉淀膜缓蚀剂成分一般是碳酸盐、磷酸盐之类,它是通过离子间的反应生成沉淀堆积在金属上起到保护作用。沉淀膜型缓蚀剂在水处理技术中最常用的是聚磷酸盐,如果想要让它形成膜,我们应该注意钙离子、溶解氧和活化的金属表面。沉淀膜型缓蚀剂是多孔性的,不和金属表面直接结合,它的使用效果远不如氧化膜型缓蚀剂。

③ 吸附膜缓蚀剂一般是有机缓蚀剂,吸附膜型缓蚀剂是一种具有亲水基团和疏水基团的有机化合物。它的亲水基团可以吸附在金属表面,而疏水基团则会遮蔽在金属表面。所以,吸附膜型缓蚀剂具有一定的局限性,如果想要它的活性效果更好,需要金属表面的清洁性好,如果清洁效果不好,达不到要求,那么这种缓蚀剂的活性也就会变差。这种缓蚀剂在循环水系统中也较为少见。

5.5.2　阻垢剂

阻垢剂的使用要比缓蚀剂稍晚,人们将设备中腐蚀的问题解决之后,积累的污垢逐渐凸显出来,成为另一个水处理问题。水垢的生成也是工业生产中的一个难题之一,阻垢剂的出现无疑是解决这个难题快速又高效的方法,它既可以分解水中的难溶物质还可以减缓沉淀的生成。添加少量的阻垢剂可以使冷却水中的离子 Ca^{2+}、CO_3^{2-}、SO_4^{2-} 在水中达到稳定存在的效果,不会形成沉淀;或者是让晶体的结构改变,也不能形成沉淀,恰好可以抑制水垢的生成,这样不仅可以高效使用冷却水,还提高了循环水系统的经济效率。

含磷阻垢剂在 20 世纪 40 年代就已经出现并被使用,但是由于它的性能不够稳定、用量大等缺点暴露出来,人们开始在天然高分子物质中寻找无害的阻垢剂,但是由于这类阻垢剂高温易分解,单独使用的效果差,所以并没有成为最佳的阻垢剂。后来人们开始研究各类均聚物、共聚物,使阻垢剂进入全新的发展阶段。

阻垢剂又分为天然聚合物型、含磷类聚合物型、共聚物型以及绿色新型。因为磷的排放会导致水的富营养化,所以我们常常会使用低磷或无磷阻垢剂。

天然型的阻垢剂:这类阻垢剂一般采用淀粉、木质素等一类物质合成,这种阻垢剂中因为含有羟基,会和金属离子反应避免了一些沉淀生成。这类药剂生产的材料虽然方便获得,但是合成的阻垢剂单独使用的效果不好,需要投入的含量大,总体费用就会变高,所以一般要与其他药物配合使用,目的是提高单一药剂的性能,降低成本。

含磷型的阻垢剂:含磷阻垢剂包含有机药剂和无机药剂。无机药剂一般会发生水解,所以不讨论。有机药剂中的有机膦酸类是利用螯合作用阻止离子间的结合,从而抑制结垢。这类阻垢剂在水中的稳定性好适合与天然型相结合使用。而聚磷酸类虽然阻垢效果很好,但是却容易水解,造成富营养化。

共聚物型的阻垢剂:国内最早研究的共聚物型是一种以丙烯酸为主的,在一定条件下有机单体共聚形成的一类阻垢剂。这类阻垢剂通过干扰晶体的排序达到阻垢的效果。

绿色新型的阻垢剂：随着人们环保意识的增强，保护环境成为人们的责任与义务。那么对于工厂，绿色化学也成为生产的主要条件。相对而言，之前的阻垢剂或多或少都会对环境造成一定的影响，所以研制绿色新型的阻垢剂成为科研人员的热点。

无磷阻垢剂目前可以分为两大类进行研究，一类是可生物降解的聚天冬氨酸（PASP）；一类是无磷环保的聚环氧琥珀酸（PESA）。第一类 PASP 可以抑制低浓度时 CO_2 的腐蚀，对于 $CaSO_4$ 和 $BaSO_4$ 的阻垢要比 PESA 的效果强，具有较好的缓蚀性；第二类 PESA 对于 $CaCO_3$ 的阻垢性要强于 PASP，但是由于 PESA 的价格与第一类相比较高，而且需要高浓度才可以达到较好的效果，所以一般进行复配使用，而不是单独使用。二者的共同点就是都可以进行生物降解，无毒无害，是一种环保型的药剂。

5.5.3　缓蚀阻垢剂

在循环冷却水系统中会产生不可避免的危害：腐蚀、水垢、形成沉淀物。不仅降低设备的寿命，还会使生产效率大大降低，所以人们为了降低这些危害，研究出了缓蚀剂与阻垢剂。在使用这些药剂时，人们发现如果单独使用用量会很大，为了更加经济，开始将有相同作用的药剂复配使用，所以逐渐地就将既有缓蚀作用又有阻垢作用的药剂称为缓蚀阻垢剂。

缓蚀阻垢剂一般有磷系、有机膦系、钼系等，后来磷系因为使用量大，会造成水体二次污染，国家对废水排放越来越严格等原因，这种药剂就逐渐被淘汰了。有机膦系的缓蚀阻垢效果良好，但是却有不宜降解的缺点，使用条件也受到限制。钼系是一种无公害的试剂，但是它的价格昂贵，不适合工业的经济效益，慢慢地人们开始向绿色环保的药剂研究。

5.6　植物阻垢、缓蚀剂在循环水中的研究进展

在循环冷却水系统中，一般需要添加缓蚀阻垢剂以达到延缓腐蚀、提高循环冷却水浓缩倍率、节约水资源、减少废水排放的目的。目前研究应用较多且阻垢效果较好的阻垢剂包括磷酸盐类阻垢剂和聚合物阻垢剂。磷酸盐类阻垢剂如羟基亚乙基二膦酸（HEDP）、氨基三亚甲基膦酸（ATMP）及 2-膦酸丁烷-

1，2，4-三羧酸（PBTCA）等，但这些磷酸盐类阻垢剂容易水解或被系统中存在的杀生剂氧化分解，生成 PO_4^{3-} 离子，经与水中含量较高 Ca^{2+} 作用生成多种类型的磷酸钙沉淀。磷酸盐类阻垢剂不仅容易产生磷酸钙沉积，而且因为磷还可以充当水中细菌和藻类的营养成分，易引起水源的富营养化造成水资源的污染。聚合物阻垢剂可分为天然聚合物阻垢剂和合成聚合物阻垢剂两大类，国内外研究最多的天然聚合绿色阻垢剂主要是聚天冬氨酸（PASP）和聚环氧琥珀酸（PESA），目前研究主要集中在对 PASP 和 PESA 改性后的阻垢、缓蚀性能上。合成聚合物阻垢剂按照组成成分可以分为均聚阻垢剂、二元聚合物阻垢剂、三元和多元聚合物阻垢剂，目前研究主要集中在设计新型聚合物结构来提高其阻垢、缓蚀性能。随着人们环保意识的提高，许多国家开始限制有毒、有害物质及磷的排放，进入 21 世纪后，无毒、低磷或者无磷配方，可生物降解的绿色阻垢分散剂成为阻垢剂研究的主要方向。

淀粉、单宁、纤维素、木质素、腐殖酸钠、壳聚糖等都属于天然的阻垢剂，对于循环冷却水系统中抑制循环水垢的生成发挥了重要的作用。这些天然阻垢剂含有许多酚羟基和羧基能够一定程度上抑制 Mg^{2+}、Ca^{2+} 等盐垢的生长。但是它们在循环水处理的过程中使用量比较大，不稳定，含有较多的杂质，分散和阻垢性能均不如合成的聚合物阻垢剂，现在逐渐被人工合成的阻垢剂代替。

淀粉类物质中含有大量的羟基，分子量很大，高达数百万。淀粉的来源非常广泛，主要从玉米、马铃薯等植物中提取。淀粉水解最终得到葡萄糖。分子中的大量羟基对水中 Ca^{2+}、Mg^{2+} 等离子会发生一定络合作用，从而抑制钙、镁垢的生长，因而具有一定的阻垢性能。其阻垢机理可能是干扰晶形的正常生长，使其发生晶形的畸变及络合作用来增加 Ca^{2+}、Mg^{2+} 等离子的溶解度。但淀粉的阻垢性能并不强，将淀粉进行改性，是制备绿色缓蚀阻垢剂的一个发展方向。

单宁是含有很多酚羟基的聚合物，但是聚合度并不相同，一些物质水解后会产生羧基和一些单体的混合物，由于分子结构中有大量的羟基和羧基，它能与多种金属离子如 Ca^{2+}、Mg^{2+} 等络合，形成易溶于水的络合物，从而阻止了水垢的析出。单宁还可以抑制钢铁腐蚀并兼有杀菌作用。

纤维素是一种含有许多羟基的多聚糖类的化合物，与多种金属离子如钙镁等离子形成易溶于水的螯合物。可以将纤维素进行改性为具有良好分散、缓蚀和絮凝性能的水处理剂。

木质素是一种很复杂的芳香族化合物,活性高。经过磺化的木质素,由于存在磺酸基,水溶性很好,有良好的阻碳酸钙垢性能和稳定性能。它水解得到的官能团如羟基,一方面可以与钙镁等离子进行螯合,另一方面还可以吸附在晶体上,防止结晶长大。由于组成不稳定,性能可能会有变化。

腐殖酸是微生物对古代植物残骸的分解和转化以及经过一系列地球化学过程造成和积累起来的一类有机物。它是结构复杂的高分子羧酸盐类混合物,富含羧基、羟基等有机基团,对金属离子能起到一定的阻垢作用,尤其是可抑制碳酸钙晶体的生长,同时其具有很好的吸附、交换、络合等性质和良好的分散性能。

壳聚糖是一种含有羟氨基、乙酰基的碱性多糖,性质活泼,在酸性介质中溶解,氨基与氢离子结合,表现出弱阳离子性,具备良好的吸附和絮凝性能。它还有优良的生物降解性、安全性。

使用植物提取物作为阻垢剂是最有前途的"天然"有机阻垢剂之一。最近,在实验室中,对植物提取物的阻垢性能进行了静态和动态研究。Abdel Gaber等人研究发现,在地中海沿岸地区石灰性土壤中生长树的提取物可以作为阻垢剂,事实上,这些树木有很强的积累钙的能力,钙是构成地面以上的部分树木的主要矿物质。同时,Abdel Gaber 等人也报道了用无花果叶提取物作为碳酸钙的阻垢剂。

来自委内瑞拉的 Castillo 等人报道了芦荟在油田水处理中的碳酸钙结垢效果。实验结果表明芦荟的质量浓度为 5%~50%,由于在溶液中含有可与 Ca^{2+} 螯合的多糖,在某些含有高浓度重碳酸盐水(Ca^{2+} 浓度为 535.5 mg/L)的油田中进行了实验。持续 20~30 天的实验结果表明:最佳阻垢浓度为 15.2mg/L。同时,现场实验结果表明温度与压力对阻垢效果几乎没有影响。

为进一步提高植物提取物的阻垢效果,研究者对植物提取物进行了改性,例如,张西怀等人水解铬革屑(皮革生产行业)提取了胶原并合成了带有丰富羧基的改性胶原。通过静态实验研究了改性胶原的阻垢性能。他们在 60~90 ℃温度范围内和缓蚀剂的存在下,通过滴定方法测定了滤液中剩余的 Ca^{2+} 浓度。在这项工作中研究了 pH 和 Ca^{2+} 浓度对胶原和改性胶原的阻垢率。结果表明,这些阻垢剂的阻垢率随 pH 升高而线性降低。pH 影响了结构中羧基和相邻羟基之间的氢键。阻垢实验表明在 60 ℃下用 35 mg/L 的改性胶原(Ca²⁺浓度 150 mg/L)的阻垢率为 94%。在相同的条件下,未修饰胶原的阻垢率仅为 35%。此外,在改性胶原存在下 $CaCO_3$ 晶体上的 SEM 和 XRD 结果表明,阻垢剂的添加使生成多孔、松散钙垢,防止硬垢的沉积。

张惠欣等人从废弃的玉米秸秆中提取的杂多糖磺化盐。通过静态实验评价了其对硫酸钙和磷酸钙的阻垢性能。160 mg/L 的阻垢剂的浓度足以抑制硫酸钙结垢,在 pH=7.0 和 60 ℃下的总硬度为 5 500 mg/L。通过 Ca^{2+} 滴定阻垢效率为 95%。然而,这些条件不足以完全抑制磷酸钙结垢(抑制效率为 55%)。SEM 和 XRD 分析表明,抑制剂通过晶格畸变使晶体容易分散和悬浮。

植物提取物因其对环境友好、容易获得和可再生等优点使人们一直没有放弃它在缓蚀、阻垢方面的性能研究。油橄榄叶、槟榔膏、白花等植物提取物均具有一定的缓蚀、阻垢效果,研究主要集中在上述物质在各种介质中的缓蚀效果方面,但目前未见有烟柴秆提取物在循环水缓蚀、阻垢性能及机理的相关报道。在中国,每年香烟产量高达 500~550 万吨,烟柴秆占烟柴重量的 60%,烟柴秆一般作为农业废弃物进行焚烧,不仅造成能源的严重浪费,而且成为环境污染源之一。

为了更好地利用烟柴秆这一资源,本章研究了烟柴秆提取物在循环水系统的阻垢、缓蚀性能,考察了提取溶剂、提取时间对阻碳酸钙性能的影响,并对提取物的硫酸钙和磷酸垢阻垢性能进行研究,通过红外、XRD、SEM 对提取物阻碳酸钙垢机理进行研究,采用旋转挂片法和极化曲线法对提取物缓蚀性能进行研究并对缓蚀机理进行初步探讨。

5.7 烟柴秆提取物阻垢性能

5.7.1 烟柴秆提取物阻碳酸钙垢性能

5.7.1.1 提取溶剂对碳酸钙阻垢性能的影响

从图 5-4 中的数据可以看到,以水为提取剂所得的提取物的阻碳酸钙垢效果要远远好于以乙醇和丙酮为溶剂。以水为提取剂所得的提取物对碳酸钙的阻垢率随其用量的增加而增加,烟柴秆提取液在达到 1 867 mg/L 时碳酸钙阻垢率达到最大为 78.1%。对提取物进行真空干燥后进行红外分析,从红外谱图中看出(见图 5-5),3 415 cm⁻¹有强的特征吸收峰,并且在 1 082 cm⁻¹有较强的吸收峰,两个峰分别为—OH 的特征吸收峰和 C—O 的伸缩振动,据此判断提取物中的化合物应该含有羟基,在 1 603 cm^{-1} 有较强的吸收峰,为羰基的特征峰,吸收峰波数较低,应为羧酸盐类的羰基伸缩振动。提取物含有—COOH,—OH 官能团,均为亲水性官能团,能更好地溶于强极性的水中。

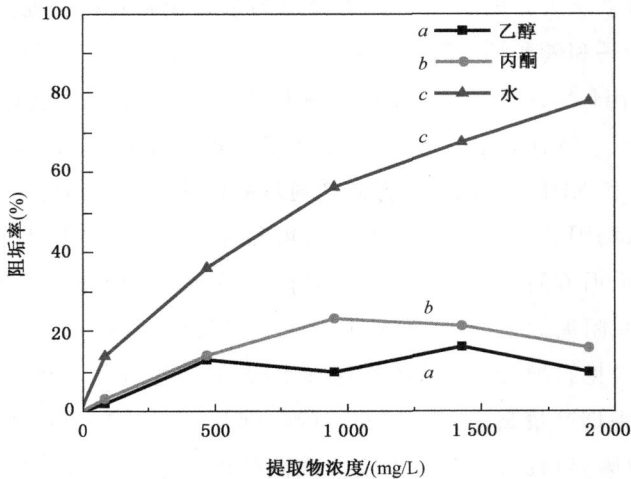

图 5-4　不同溶剂对提取物阻碳酸钙垢性能影响

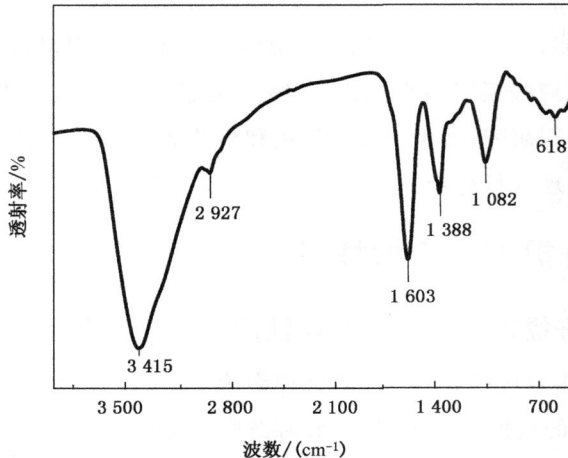

图 5-5　烟柴秆提取物的 IR 谱图

5.7.1.2　不同提取时间对碳酸钙阻垢性能的影响

考察不同提取时间对阻碳酸钙垢性能的影响,如图 5-6 所示,当提取时间由

1 h 延长至 6 h,不同浓度烟柴秆提取物阻碳酸钙垢的效果并没有明显提高,说明在提取条件下,烟柴秆中的水溶性组分很快就溶解到提取剂中,延长提取时间没有增加烟柴秆中的有效物质溶于水中,从生产效率和节能角度来考虑,在今后的实验中,固定提取时间为 2 h。

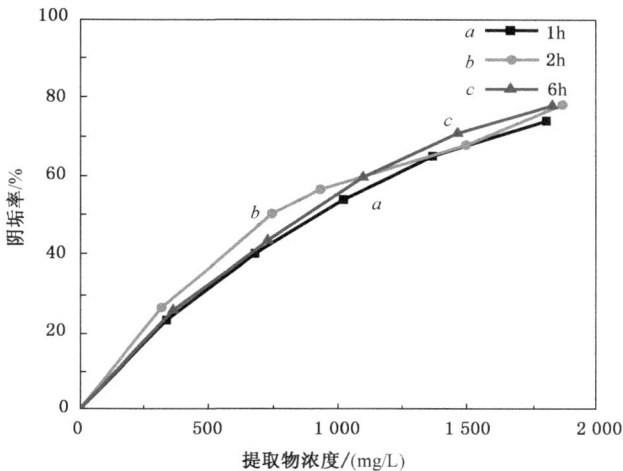

图 5-6　不同提取时间对碳酸钙阻垢效果的影响

5.7.1.3　烟柴秆提取物与 PBTCA 阻碳酸钙垢性能对比

目前,市售的碳酸钙垢阻垢效果最好的有机磷阻垢剂为 PBTCA,因此,将烟柴秆提取物阻碳酸钙垢的阻垢效果和在相同的评价条件下与 PBTCA 进行对比,结果如图 5-7 所示。从图 5-7 可见,烟柴秆提取物和 PBTCA 阻垢率均随着添加浓度的增加而增加,烟柴秆提取液在达到 1 867 mg/L 时阻垢率最大为 78.1%,PBTCA 浓度达到 480.0 mg/L 时阻垢效率达到 99.4%,在阻碳酸钙垢效果来看,两者都有良好的阻垢性能。

5.7.1.4　烟柴秆提取物阻碳酸钙垢机理探索

为了对烟柴秆提取物阻碳酸钙机理进行探索,与 PBTCA 添加后形成的碳酸钙垢进行比较,对形成的碳酸钙垢进行 FTIR 分析(见图 5-8)。碳酸钙晶相有三种类型:方解石、文石、球霰石。方解石最稳定,球霰石最不稳定,而文石和球霰石晶相的碳酸钙垢很疏松。在相同的实验条件下,对未加入阻垢剂形成的碳酸钙 IR 在 $700 \sim 1\ 000\ cm^{-1}$ 处有两个吸收峰,其中的 $710\ cm^{-1}$ 为方解石的吸收峰。在加入烟柴秆提取物的碳酸钙 FTIR 中仍然只是有 $710\ cm^{-1}$ 的方解石的特征吸收峰,而加入 PBTCA 后的碳酸钙 IR 中出现了 745 cm^{-1} 和 707 cm^{-1} 的吸收峰,并且方解石吸收峰吸收强度减弱,745 cm^{-1} 吸收峰为球霰石型的碳酸钙的特征峰,这时形成的沉淀为方解石和球霰石两种晶型的混合沉淀。

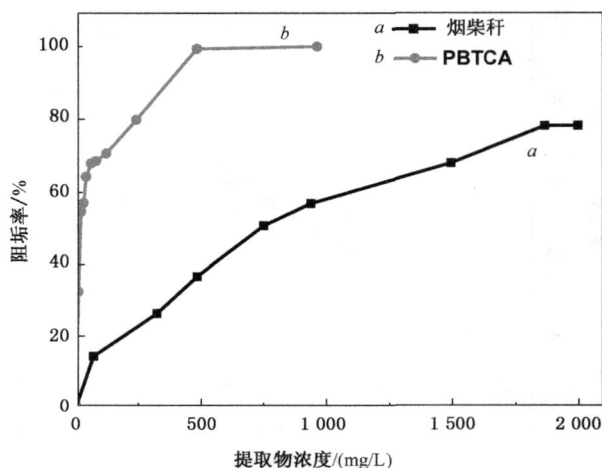

图 5-7 烟柴秆提取物与 PBTCA 阻碳酸钙垢性能对比

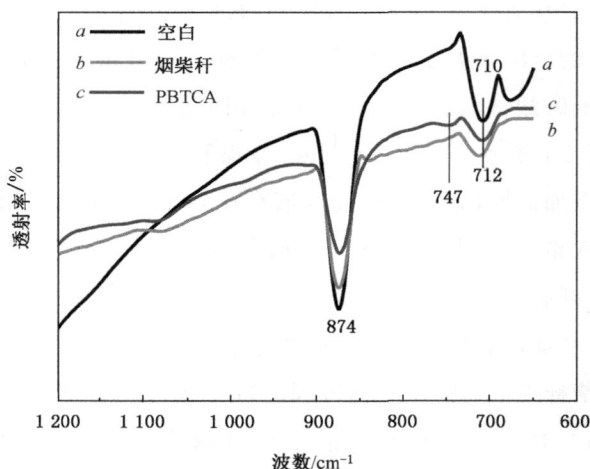

图 5-8 碳酸钙 FTIR 谱图

所形成的碳酸钙垢 XRD 分析如图 5-9 所示,加入烟柴秆提取物的碳酸钙垢和未加入阻垢剂的碳酸钙垢的衍射峰没有区别,而加入 PBTCA 后形成的碳酸钙垢衍射峰的位置发生了明显变化,加入烟柴秆提取物和未加入阻垢剂形成的碳酸钙垢主要是方解石晶形,而加入 PBTCA 后生成的碳酸钙垢主要是方解石和球霰石晶形的混合物,结果与 FTIR 谱图分析结果一致。

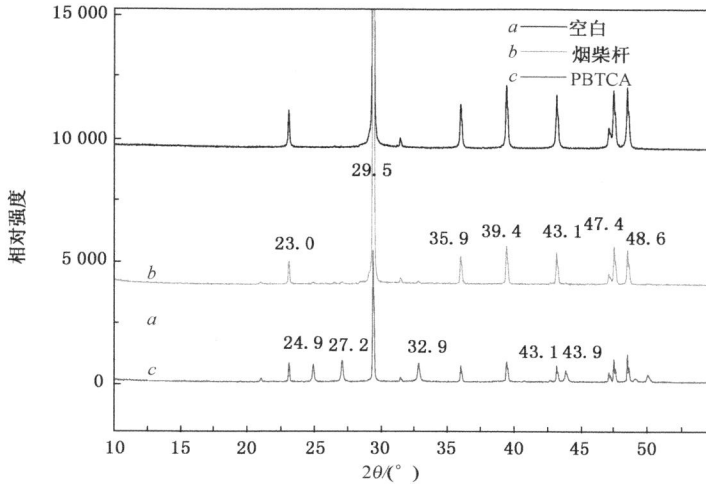

图 5-9 碳酸钙垢 XRD 谱图

提取物中丰富的—COOH,—OH 官能团来自有机酸、多酚类化合物、糖,增加了其对水中金属离子的螯合能力,形成的螯合物为水溶性好、稳定常数较大的配合物,减少了金属离子的沉积,达到阻垢的目的。为了更加直观地研究提取物对碳酸钙的阻垢机理,采用 SEM 分别对未加入阻垢剂和加入提取物后得到的碳酸钙垢表面形貌进行分析,加速电压为 10 kV,放大倍数为 3 000 倍,其结果如图 5-10 所示。

由 SEM 结果可知,不加阻垢剂条件下,所形成的碳酸钙为棱角分明的有规则的晶体,为方解石晶体的六方晶系结构,且垢的粒径较大(见图 5-10a)。加入提取物后析出的晶体与空白垢形相比,明显松散且成不规则形状,垢层疏松(见图 5-10b)。提取物对晶体产生了晶格畸变作用,这是由于提取物不仅能与水中 Ca^{2+} 形成稳定螯合物,同时还能与碳酸钙晶体界面上的 Ca^{2+} 发生螯合作用。从空间位阻来看,提取物较易与晶体扭折位置处的 Ca^{2+} 螯合(在图 5-10b 中表现为碳酸钙晶体晶格棱角消失),形成的螯合物占据了晶体正常生长的晶格位置,致使晶体不能按正常规律生长,晶格歪扭,晶粒间聚集困难,形成外形不规则的小晶体(见图 5-10b)。这些晶格畸变晶体所形成的垢,难以致密和牢固地结合在设备接触面上,形成容易被水流冲走的软垢。综上所述,烟柴秆提取物对水体中碳酸钙具有阻垢性能是其螯合作用和晶格畸变作用的协同表现。

a)   b)

图 5-10　CaCO$_3$ 垢的 SEM 图

5.7.2　烟柴秆提取物阻硫酸钙垢、磷酸钙垢性能

5.7.2.1　烟柴秆提取物用量对阻硫酸钙垢性能的影响

对以水为提取剂,烟柴秆提取物的用量对阻硫酸钙垢性能影响进行考察,从图 5-11 中可以看出,提取物浓度较低时,随着提取物浓度的增大对硫酸钙阻垢率逐渐增大,提取物用量在 388.9 mg/L 时硫酸钙阻垢率达到 85%,进一步提高提取物的用量,阻垢率没有提高,提取物用量大于 768.9 mg/L 时,阻垢率略有下降,原因可能是提取物中 COO$^-$ 会作用于溶液中的钙离子及硫酸钙晶胚的中的钙离子,随着提取物用量增大,与溶液中钙离子螯合的提取物量会逐渐增多以及在晶胚上吸附的提取物量也会增多,最后达到饱和。但是再进一步增加提取物用量,可能会影响螯合物的稳定性或是吸附的提取物过多而使晶胚沉淀下来从而导致阻垢率下降。

5.7.2.2　提取物用量对阻磷酸钙垢性能的影响

从图 5-12 可以看出,随着提取物用量的增大对磷酸钙阻垢率逐渐增大,当提取物用量为 1 716 mg/L,对磷酸钙阻垢率达到 100%,和对碳酸钙和硫酸钙阻垢性能进行比较,在低用量范围内,对磷酸钙的阻垢率最低。提取物与钙螯合后吸附在晶胚表面,其阻垢效果不仅与提取物螯合钙的能力有关,还与晶胚表面的结构组成密切相关。当相同用量用于阻磷酸钙垢时,其阻磷酸钙垢能力相对较弱,远低于碳酸钙、硫酸钙阻垢率。符嫦娥对马来酸酐/烯丙基聚乙二醇羧酸钠阻磷酸钙垢性能进行研究,发现醚氧原子可以与钙作用,通过氧原子吸附在磷酸钙晶胚的表面,阻止磷酸钙晶体的进一步形成。在低用量对磷酸钙阻垢率低和提取物中—OH 含量较低有关。

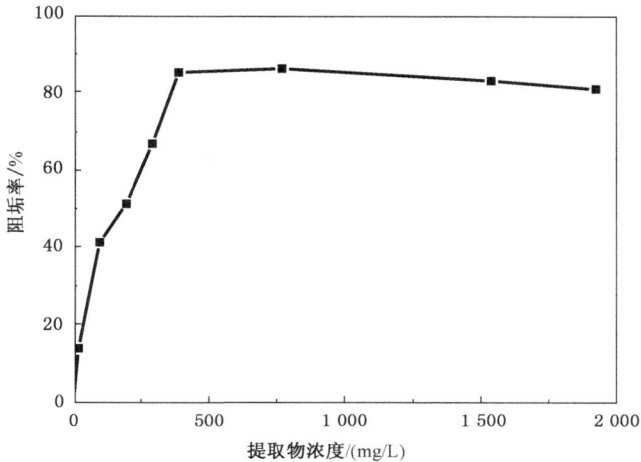

图 5-11　提取物用量对阻硫酸钙垢性能的影响

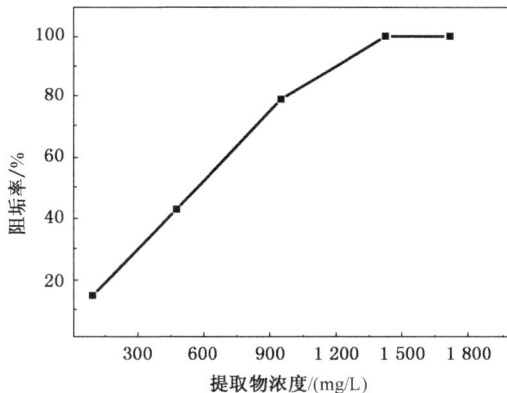

图 5-12　不同提取物用量对阻磷酸钙垢性能的影响

5.7.3　烟柴秆提取物氧化铁分散能力性能

循环冷却水系统中都存在不同程度的腐蚀,腐蚀主要产物 Fe^{2+} 在系统中被氧化成氧化铁,腐蚀产物沉积在换热器上影响换热效果,氧化铁的存在还会引起磷酸根的沉积,使循环水药剂失活,而且它还会产生大量的铁细菌。因此对于阻垢剂的研究除了要求具有较好的阻垢性能外,氧化铁的分散性能也是考察阻垢剂性能的一个重要指标。

从图 5-13 可以看出随着烟柴秆提取物添加浓度的提高,溶液的透光率逐渐降低,透光率越低则分散氧化铁的能力越强。当阻垢剂加入量为 1 058 mg/L 时透光率为 35.1%,阻垢剂对氧化铁分散性比较好。许英和陈建新研究发现,阻垢剂分子中的孤对电子和氧化铁颗粒的静电作用是影响阻垢剂氧化铁分散性能的主要因素,特别是提取物中烟碱中的氮和氧化铁颗粒的作用可能是提取物具有较好的氧化铁分散性能的原因。

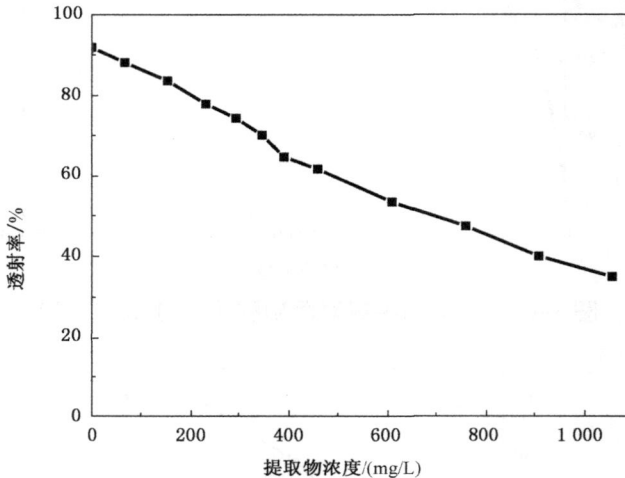

图 5-13　不同浓度烟柴秆提取物分散氧化铁性能

5.7.4　烟柴秆提取物稳定 Zn^{2+} 性能

Zn^{2+} 是目前循环水使用的常见阴极型的缓蚀剂,它能与溶液中的 PO_4^{3-} 或 OH^- 离子在阴极发生反应形成一层氢氧化锌或磷酸锌的保护膜附着在金属表面,从而阻止了金属的腐蚀。但由于循环水运行过程中是弱碱性的,Zn^{2+} 很容易沉淀下来,从而降低缓蚀效果。因此稳定 Zn^{2+} 的性能是评价阻垢剂的一个重要指标,在评价烟柴秆提取物对 Zn^{2+} 的稳定性实验中,实验所用水溶液为强化的配置水,其中 $[Ca^{2+}]=250$ mg/L,$[HCO_3^{2-}]=250$ mg/L,$[Zn^{2+}]=5.0$ mg/L。水浴温度为 80 ± 1 ℃,时间为 10 h。Zn^{2+} 的加入对提取物阻垢效果的影响和溶液中 Zn^{2+} 的浓度如图 5-14 所示。

由图 5-14 可知,当 Zn^{2+} 的加入浓度为 5.0 mg/L 时,提取物的碳酸钙阻垢性能并未发生变化,同时对溶液的 Zn^{2+} 含量进行测定,结果如图 5-14 所示,提取物的添加并未影响溶液中 Zn^{2+} 含量,以上实验结果表明提取物和 Zn^{2+} 具有良好的配伍。

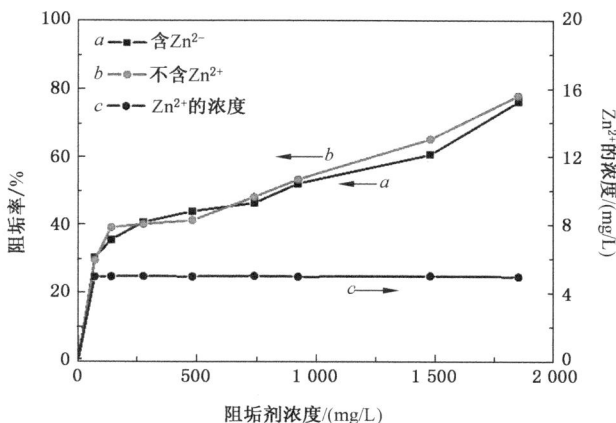

图 5-14　锌离子对烟柴秆提取物阻垢效果的影响

5.8　烟柴秆提取物缓蚀性能

采用旋转挂片法测定了不同烟柴秆提取物用量缓蚀性能。由图 5-15 可知，在提取物用量为 246 mg/L 时，缓蚀率较低，为 58.2%。缓蚀率随着用量的增大而明显增大，在提取物用量为 1 759 mg/L 时，缓蚀率达到 98.7%；当提取物用量大于 1 759 mg/L 时，随着用量增大，缓蚀率增大不明显。提取物具有良好的缓蚀性能，提取物中的极性基团：—COOH、—OH 中的氧原子具有未共用电子对可以成为吸附中心吸附金属，与金属形成五元或六元环状化合物，并且吸附于金属表面上，沿金属表面形成一层致密的保护膜，从而起到缓蚀作用。

缓蚀剂吸附于金属表面不仅可以改变腐蚀过程局部反应动力学，还可以改变金属的表面状态，电化学测试方法对电势、电流等电化学参数的研究来分析缓蚀剂在金属表面的成膜情况，对缓蚀机理进行了初步探讨，进行了极化曲线测试，测试结果如图 5-16 所示。

从图 5-16 看出加入烟柴秆提取物的 A3 钢极化曲线（曲线 b，c）相较于不加缓蚀剂的极化曲线（曲线 a）的电流密度减小，自腐蚀电位向正向移动，并且缓蚀剂用量越大，腐蚀电位向正向移动得越多。由于缓蚀剂的加入，极化曲线上阳极曲线斜率较未加缓蚀剂的阳极曲线斜率增大，使得阳极极化电流受到抑制，从而达到缓蚀的目的，这也说明烟柴秆提取物属于阳极型的缓蚀剂。

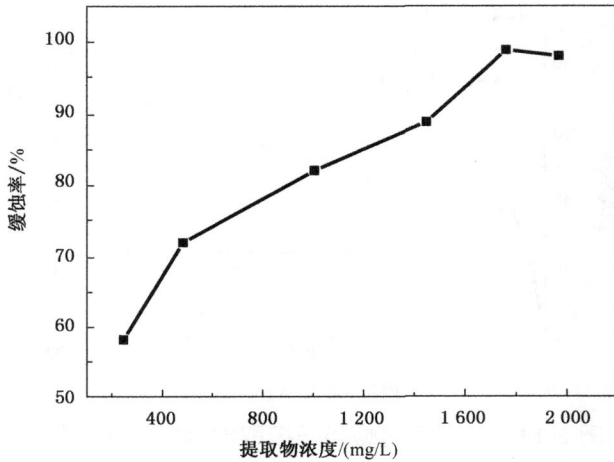

图 5-15　提取物用量对缓蚀率的影响

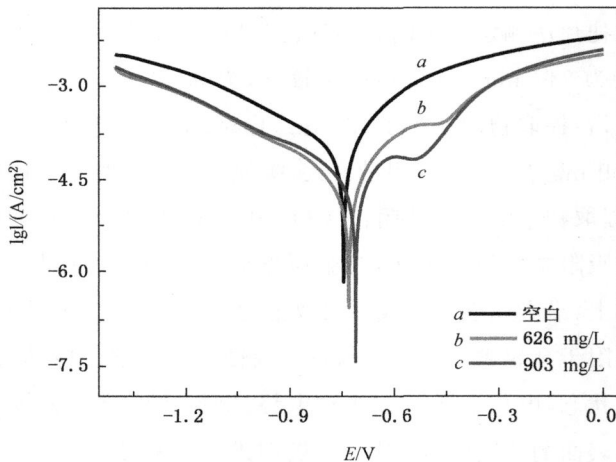

图 5-16　不同烟柴秆提取物浓度的极化曲线

实验按照实验步骤进行，分别投入烟柴秆提取物浓度为 481.4 mg/L（见图 5-17b），962.8 mg/L（见图 5-17c）和 1 444.2 mg/L（见图 5-17d）进行实验研究，固定 Zn^{2+} 的添加量为 5 mg/L，分别对上述三个浓度进行旋转挂片实验，481.4 mg/L＋Zn^{2+} 5 mg/L（见图 5-17e），962.8 mg/L＋Zn^{2+} 5 mg/L（见图 5-17f）和 1 444.2 mg/L＋ Zn^{2+} 5 mg/L（见图 5-17g）结果如图 5-17 和图 5-18 所示。

由图 5-18 中可以看出,随着提取物浓度的增大,A3 碳钢的腐蚀率逐渐降低,缓蚀率增加。提取物浓度为 481.4 mg/L 时,缓蚀率为 71.9%;当浓度达到 1 444.2 mg/L 时,缓蚀率高达 88.5%。与 Zn^{2+} 复配后,在提取物浓度低于 1 000 mg/L 时,缓蚀率明显增加,当浓度为 481.4 mg/L 时,缓蚀率可达 75.7%;当浓度为 1 444.2 mg/L 时,Zn^{2+} 的添加,并未影响提取物的缓蚀效果,此时缓蚀率为 88.9%。结果表明,从烟柴秆提取物具有较好的缓蚀性能,可以作为缓蚀阻垢剂进行使用。不同烟柴秆提取物浓度的旋转挂片腐蚀实验挂片如图 5-17 所示。

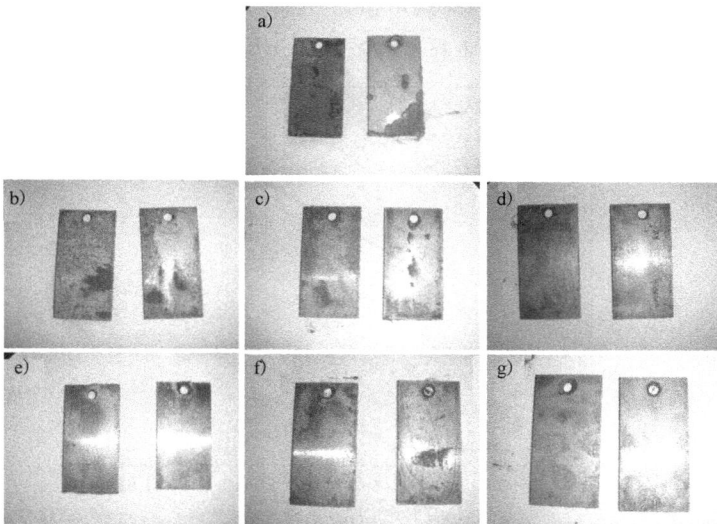

图 5-17　不同浓度烟柴秆提取物旋转挂片腐蚀实验挂片

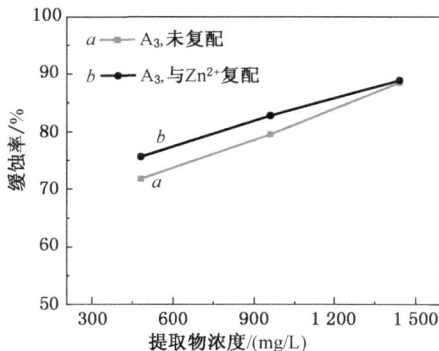

图 5-18　烟柴秆提取物浓度对其缓蚀性能的影响

5.9 烟柴秆提取物生物降解性能

天然阻垢剂随放置时间的延长而可能会发生生物降解,因此对一次的提取溶液在提取之后常温分别放置 6 天、19 天之后分别对其阻碳酸钙垢性能进行评价,结果如图 5-19 所示。

由图 5-19 可知,放置时间为 6 天时,烟柴秆提取物阻碳酸钙性能并未发生变化,作为循环水系统使用的添加剂,6 天满足在系统的停留时间要求,进一步延长放置时间,当延长到 19 天时,烟柴秆提取物的阻碳酸钙性能降低较大,发生这种现象的可能原因是:天然阻垢剂的提取溶液中有一定数量与种类的微生物存在,微生物对这种溶液中的有效物质起了分解转化作用从而使阻垢效果降低了。

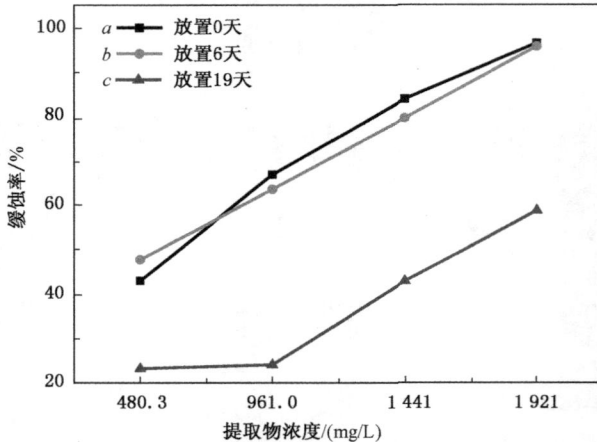

图 5-19　放置时间对烟柴秆提取物阻碳酸钙性能的影响

随着人们环保意识的不断加强,对水处理剂的降解性能要求越来越高。生物降解性是指有机物在微生物的作用下转化为代谢物等其他一些小分子物质,并且产生二氧化碳和水。合成有一定的生物降解性能,被微生物分解生成对环境无害的物质是绿色水处理剂的重要研究方向。生物降解性评价标准如表 5-1 所示。

表 5-1　生物降解性评价标准

降解情况	生物降解性
$\eta_8 > 30\%$ 或 $\eta_{20} > 60\%$	易降解
$30\% > \eta_8 > 10\%$ 或 $60\% > \eta_{20} > 30\%$	可降解
$30\% > \eta_{20} > 10\%$	较难降解
$10\% > \eta_{20} > 5\%$	难降解
$\eta_{20} < 5\%$	不可降解

烟柴秆提取物降解性能如表 5-2 所示，随着时间的延长，烟柴秆提取物的生物降解率在逐渐地增大，在第 8 天时生物降解率达到 40％，在第 20 天时生物降解率达到 63.4％，根据待测物质的可生物降解性标准来判断，第 8 天时生物降解率大于 30％或第 20 天时生物降解率大于 60％，属于易降解物质，因此烟柴秆提取物具有优良的生物降解性，是一种对环境非常友好型的水处理剂。

表 5-2　烟柴秆提取物生物降解率

时间/天	4	8	12	20
生物降解速率/%	26.1	40.0	50.5	63.4

5.10　烟柴秆提取物动态评价实验

冷却水动态模拟实验装置流程示意图如图 5-20 所示，以天津自来水为补充水，浓缩倍数为 4.0 进行配水进行动态模拟实验（水质分析如表 5-3 所示），动态模拟实验过程中的换热管和腐蚀挂片的参数如表 5-4 所示。

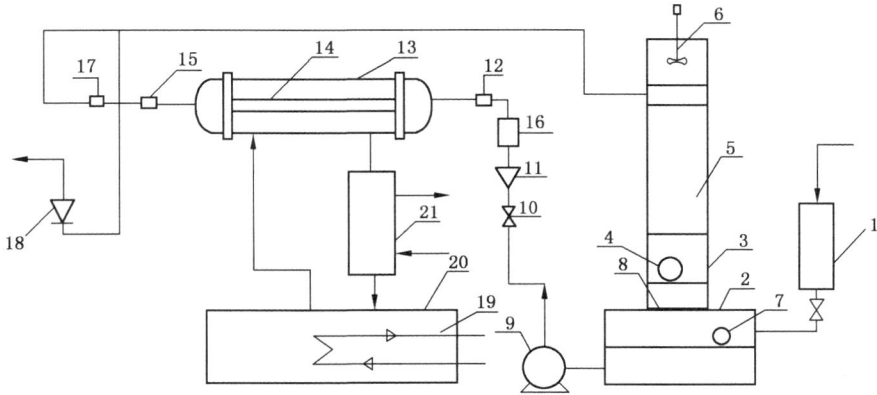

图 5-20　冷却水动态模拟实验装置流程示意图

1—补水槽；2—集水池；3—冷却塔；4—电动风门；5—填料；6—轴流风机；
7—浮球阀；8—塔底测温元件；9—水泵；10—电动调节阀和流量传感器；11—转子流量计；
12—入口测温元件；13—模拟换热器；14—实验管；15—出口测温元件；16，17—挂片筒；
18—排污阀和流量计；19—电加热器；20—电热蒸汽炉；21—冷凝器

表 5-3　动态模拟实验材料及规格

项目	材质	规格
换热管	新碳钢管	$\phi 10 \times 1.0 \times 600$ mm
腐蚀实验	碳钢挂片	面积约 28 cm²

表 5-4　动态模拟实验补充水质分析

分析项目	单位	补充水分结果	循环水分析结果
Ca^{2+}	mg/L	82.0	328
总硬度	mg/L	128	512
总碱度	mg/L	81.3	281
Cl^-	mg/L	17.5	70.2
总铁	mg/L	0.06	0.31
PH	—	7.31	8.78
浊度	mg/L	0.51	1.74
电导率	$\mu S/cm$	294	1150
浓缩倍数	以氯离子计	—	4.01

动态实验实验时间 380 h,实验期间污垢热阻值如图 5-21 所示。实验开始后的前 47 个小时内污垢热阻为负值,原因是实验开始后,提取物在实验管壁上还没有形成牢固的吸附膜,系统水对实验管产生腐蚀作用造成污垢热阻为负值,随着时间的延长,腐蚀产物增多且有污物沉积,系统的污垢热阻再次升高。当实验进行到 200 h,系统稳定运行,腐蚀得到有效控制,污垢热阻也趋于稳定。在实验期间,污垢热阻值远低于国家的标准值($0.000\ 25\ m^2 \cdot ℃/W$)。

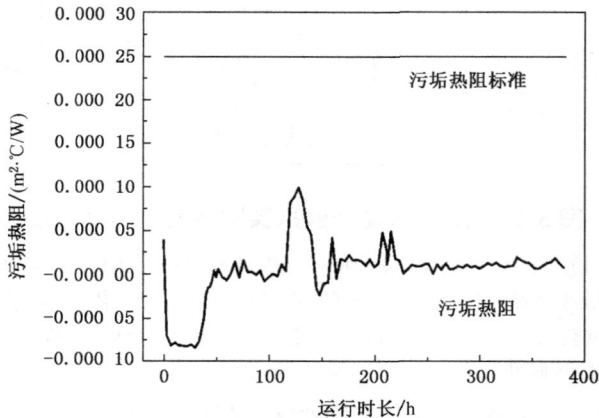

图 5-21　动态模拟实验污垢热阻值

动态实验换热管计算的腐蚀速率如表 5-5 所示,由换热管计算的腐蚀速率分别为 0.046 35 和 0.042 20 mm/a,低于国家标准(0.075 mm/a)。不同时间动态实验挂片计算的腐蚀速率如表 5-6 所示,低于国家标准(0.075 mm/a)。

表 5-5　动态模拟实验换热管参数

编号	实验前重/ g	实验后烘干重/g	酸洗后重/ g	实验时间/ h	表面积/ cm²	密度/ (g/cm²)	腐蚀率/ (mm/a)
1	800.2	803.4	799.5	380.5	423.9	7.850	0.046 35
2	802.5	803.1	801.9	380.5	423.9	7.850	0.042 20

表 5-6　动态模拟实验挂片参数

编号	实验前重/ g	酸洗后重/ g	实验时间/ h	表面积/ cm²	密度/ (g/cm²)	腐蚀率/ (mm/a)
1061	20.68	20.66	241.0	28.00	7.850	0.029 44
1498	20.00	19.98	261.0	28.00	7.850	0.024 89
2006	14.78	14.76	333.0	28.00	7.850	0.032 55
1458	20.09	20.07	381.0	28.00	7.850	0.022 28

5.11　小结

本章研究了烟柴秆提取物在循环水系统的阻垢、缓蚀性能,考察了提取溶剂、提取时间对阻碳酸钙性能的影响,并对提取物的硫酸钙和磷酸垢阻垢性能进行研究,通过红外、XRD、SEM 对提取物阻碳酸钙垢机理进行研究,采用旋转挂片法和极化曲线对提取物缓蚀性能进行研究并对缓蚀机理进行初步探索。得到如下结论:

(1) 以水作溶剂对烟柴秆进行提取,提取物主要组分为有机酸、多酚类化合物、糖、烟碱、色素和一些水溶成分。所得提取物对碳酸钙、硫酸钙和磷酸钙均有较好的阻垢效果,提取物对碳酸钙具有较好的阻垢性能是其螯合作用和晶格畸变作用的协同表现。

(2) 提取物用量为 1 759 mg/L 时,缓蚀率达到 98.7%,根据烟柴秆提取物的腐蚀电化学特性分析,烟柴秆提取物作为碳钢缓蚀剂,属于阳极型的缓蚀剂。

(3) 动态模拟实验对提取物的阻垢和缓蚀性能进行评价,经过 380 h 的动态模拟实验,提取物的腐蚀速率和污垢热阻值低于国家标准。对烟柴秆提取物生物降解性能进行了研究,在第 8 天时生物降解率达到 40%,表明烟柴秆提取物具有优良的生物降解性,是一种对环境友好型的水处理剂。

5.12　附录

5.12.1　实验试剂、仪器及设备(表 5-7、表 5-8)

表 5-7　实验试剂

试剂名称	分子式	纯度	生产厂家
无水乙醇	CH_3CH_2OH	分析纯	天津博迪化工股份有限公司
丙酮	CH_3CH_2CHO	分析纯	天津博迪化工股份有限公司
盐酸	HCl	分析纯	天津化学试剂三厂
无水氯化钙	$CaCl_2$	分析纯	天津大学科威公司
氢氧化钾	KOH	分析纯	天津市风船化学试剂科技有限公司
碳酸氢钠	$NaHCO_3$	分析纯	天津市化学试剂三厂
乙二胺四乙酸二钠	$C_{10}H_{16}N_2Na_2O_8$	分析纯	天津市化学试剂一厂
钙黄绿素	$C_{30}H_{26}N_2O_{13}$	分析纯	北京化学试剂三厂
无水硫酸钠	Na_2SO_4	分析纯	天津市江天化工技术有限公司
七水硫酸亚铁	$FeSO_4 \cdot 7H_2O$	分析纯	天津博迪化工股份有限公司
酚酞	$C_{20}H_{14}O_4$	分析纯	天津市医药工业研究所
四硼酸钠	$Na_2B_4O_7 \cdot 10H_2O$	分析纯	北京朝阳区金盏化工厂
硫酸	H_2SO_4	分析纯	国药集团化学试剂有限公司
2-磷酸基-1,2,4-三羧酸	$C_7H_{11}O_9P(PBTCA)$	工业纯	河南清水源科技股份有限公司
甲醇	CH_3OH	色谱纯	天津市富宇精细化工有限公司
乙酸	CH_3COOH	分析纯	天津市风船化学试剂科技有限公司
绿原酸	$C_{16}H_{18}O_9$	分析纯	百灵威科技有限公司
草酸钾	$K_2C_2O_4 \cdot H_2O$	分析纯	天津市大茂化学试剂
氢氧化钠	$NaOH$	分析纯	天津市化学试剂三厂
硫酸铜	$CuSO_4 \cdot 5H_2O$	分析纯	天津市化学试剂三厂
硫酸锌	$ZnSO_4 \cdot 7H_2O$	分析纯	天津市化学试剂三厂
酒石酸钾钠	$KNaC_4H_4O_6 \cdot 4H_2O$	分析纯	国药集团化学试剂有限公司
过硫酸铵	$(NH_4)_2S_2O_8$	分析纯	天津市北方天医化学试剂厂

续表

试剂名称	分子式	纯度	生产厂家
硼酸	H_3BO_3	分析纯	天津化学试剂三厂
氯化钾	KCl	分析纯	天津市风船化学试剂科技有限公司
甲基橙	$C_{14}H_{14}N_3SO_3Na$	分析纯	北京化工厂
锌试剂	$C_{13}H_{12}N_4S$	分析纯	天津市福晨化学试剂厂
氨水	$NH_3 \cdot H_2O$	分析纯	天津市科密欧化学试剂有限公司
氯化铵	NH_4Cl	分析纯	天津市化学试剂三厂
铬黑 T	$C_{20}H_{12}N_3NaO_7S$	分析纯	天津市赢达稀贵化学试剂厂
甲基红	$C_{15}H_{15}N_3O_2$	分析纯	北京化工厂
溴甲酚绿	$C_{21}H_{14}Br_4O_5S$	分析纯	天新精细化工研发中心
硝酸银	$AgNO_3$	分析纯	天津市赢达稀贵化学试剂厂
铬酸钾	K_2CrO_4	分析纯	天津市赢达稀贵化学试剂厂
六次甲基四胺	$C_6H_{16}N_4$	分析纯	天津大学科威公司
硫酸联氨	$N_2H_4 \cdot H_2O$	分析纯	百灵威科技有限公司

表 5-8 实验仪器及设备

仪器名称	规格/型号	生产厂家
气相色谱-质谱联用仪	Trace DSQ	美国热电公司
高效液相色谱	Waters 1525	Waters 公司
X 射线衍射(XRD)	D/MAX-2500	德国布鲁克 AXS 有限公司
场发射扫描电子显微镜	Nova Nano SEM450	美国 FEI 公司
紫外可见分光光度计	TU-1810	北京普析通用仪器有限责任公司
旋转挂片腐蚀实验仪	RCC-1	江苏省高邮市新邮仪器厂
傅立叶红外光谱仪	Vector 22	德国布鲁克光谱仪器公司
旋转蒸发干燥仪	RE-52AA	上海亚荣生化仪器厂
电子分析天平	FA1004	上海上平仪器有限公司
加热搅拌控制仪	XTD-7000	海安石油科研仪器有限公司
电热恒温干燥器	XMTD-1000	天津市天宇实验仪器有限公司
电化学工作站	CHI660C	上海辰华仪器有限公司

续表

仪器名称	规格/型号	生产厂家
高效多功能粉碎机	JP-150A-8	永康市久品工贸有限公司
超声波清洗器	KQ-100	昆山市超声波仪器有限公司
低速离心机	LD5-2A	北京京立离心机有限公司
数显恒温水浴锅	HH-8	天津市华北仪器有限公司
循环水式多用真空泵	SHB-Ⅲ	天津星科仪器有限公司
台式 pH 计	pH400	安莱立思仪器科技(上海)有限公司
水质检测笔	AP-2	美国艾科浦 aquapro 公司
散射光浊度仪	WGZ-2000	上海昕瑞仪器仪表有限公司
量筒	100mL 500mL	天津市天玻玻璃仪器有限公司
三口烧瓶	250mL 500mL	天津市天玻玻璃仪器有限公司
容量瓶	100mL 250mL	天津市天玻玻璃仪器有限公司
移液管	1mL 5mL 10mL	天津市天玻玻璃仪器有限公司
小烧杯	100mL 500mL	天津市华北仪器有限公司
挂片	Q235	江苏省高邮市新邮仪器厂

5.12.2 实验材料

烟柴秆产自河北省石家庄灵寿县,粉碎后过筛(200～300 目),105 ℃的恒温干燥 12 h。

5.12.3 烟柴秆提取及化学组分分析

将一定量干燥过的烟柴秆及 100 mL 提取剂加入三口烧瓶中,在提取剂回流温度提取 2 h,提取结束后冷却至室温,抽滤并称量滤液质量,将滤饼在105 ℃的恒温烘箱干燥 12 h 后并称重。提取物浓度的计算方法为加入烟柴秆的质量减去干燥后滤饼质量后除以滤液体积。

以水为提取物,在上述的提取条件下,当 100 mL 水中加入 8.0g 烟柴秆粉末,提取物占烟柴秆质量的 32.5%,主要组分为有机酸、多酚类化合物、糖、烟碱、色素和一些水溶成分。提取液中有机酸部分以游离酸的形式存在、部分以酯或盐的形式呈结合态存在,使用硫酸为催化剂,对烟叶中有机酸进行甲酯衍生化,通过 GC-MS 对产物进行定性分析,提取物中有机酸组分复杂,共鉴定了

30 多种挥发及半挥发性有机酸,主要为 3-甲基丁酸、苯乙酸、辛酸、豆蔻酸、棕榈酸,总有机酸占提取物质量的 3.15%。采用高效液相色谱法(《YC/T 202—2006 烟草及烟草制品　多酚类化合物绿原酸、莨菪亭和芸香苷的测定》)对提取液中部分多酚类化合物进行分析,总酚类化合物占提取物质量的 2.78%。采用芒森·沃克法(《YC/T 32—1996 烟草及烟草制品水溶性糖的测定》)对提取物中总糖含量进行测定,总糖类化合物占提取物质量的 65.4%。总烟碱采用紫外分光光度法测定,烟碱水溶液对特定波长(308.5nm)的紫外光具有最大的吸收能力,且其吸光度与烟碱的含量成正比,提取物中烟碱含量为 2.64%。其他 27.1% 为色素和一些未知水溶成分。提取物中丰富的－COOH,－OH 官能团来自有机酸、多酚类化合物、糖。

5.12.4　烟柴秆提取物阻垢、缓蚀性能测定

阻碳酸钙性能的测定　根据国家标准《GB/T 16632—2008 水处理剂阻垢性能的测定——碳酸钙沉积法》在 80 ℃ 下恒温 10 h,然后以钙黄绿素为指示剂,用 EDTA 标准溶液滴定滤液中钙离子的含量。阻垢率按式(5-1)计算:

$$E = \frac{M_2 - M_1}{M_0 - M_1} \times 100 \qquad (5-1)$$

式中:M_0 为实验前配制好的试液中的钙离子浓度,mg/L;M_1 为未加阻垢剂的空白试液实验后的钙离子浓度,mg/L;M_2 为加入阻垢剂的试液实验后的钙离子浓度,mg/L。

阻硫酸钙性能的测定　根据国家标准《SY/T 5673—1993 油田用防垢剂性能评定方法》在 70 ℃ 下恒温 10 h,钙离子分析方法同阻碳酸钙性能的测定中钙离子分析方法,阻垢率按式(5-1)计算,其中 M_0 为实验前配制好的试液中的钙离子浓度数值一半。

阻磷酸钙性能的测定　根据国家标准《GB/T 22626—2008 水处理剂阻垢性能的测定磷酸钙沉积法》在 80 ℃ 下恒温 10 h,钙离子分析方法同阻碳酸钙性能的测定中钙离子分析方法,阻垢率按式(5-1)计算。

Zn^{2+} 的测定　根据国家标准《GB/T 10656—2008 锅炉用水和冷却水分析方法锌离子的测定锌试剂分光光度法》测定。

缓蚀性能的测定　根据国家标准《GB/T 18175—2000 水处理剂缓蚀性能的测定旋转挂片法》实验温度 40 ℃±1.0 ℃,试片为未预膜 Q235 碳钢试片。

缓蚀率 X 按式(5-2)计算:

$$X(\%) = \frac{X_0 - X_1}{X_0} \times 100 \tag{5-2}$$

式中:X_0 为试片空白实验的腐蚀率,mm/a;X_1 为试片的腐蚀率,mm/a。

冷却水动态模拟实验　根据国家标准《HG/T 2160—2008 冷却水动态模拟实验方法》实验。

以 mm/年表示的年腐蚀率(B)按式(5-3)计算:

$$B = \frac{KG}{ATD} \tag{5-3}$$

式中:K 为 3.65×10^3;G 为试样腐蚀后减少的质量,g;T 为实验时间,d;A 为试样腐蚀面积,cm^2;D 为金属密度,g/cm^3(碳钢 7.85,铜 8.94,黄铜 8.65,不锈钢 7.92)。

以 mg/(cm^2·月)表示的污垢沉积率(mcm)按式(5-4)计算:

$$mcm = \frac{30(G_2 - G_3)}{AT} \tag{5-4}$$

式中:G_2 为实验管实验后的质量,mg;G_3 为实验管去除污垢后的质量,mg;A 为实验管内表面的面积,cm^2;T 为试样时间,d。

极化曲线测试　根据 GB/T 16632—2008 配制实验水样,将处理好的 Q235 碳钢试片为工作电极,在 25 ℃下浸泡 30 min 后待用。参比电极:饱和甘汞电极,辅助电极:铂电极,扫描范围 -0.4 V± 1.4 V,扫描频率为 2 mV/s,待电化学测试系统稳定后开始测量极化曲线,温度为 25 ℃。

5.12.5　烟柴秆提取物氧化铁分散性能

模拟循环水水质,对烟柴秆提取物氧化铁分散性能进行研究,通过分光光度法,测定试样透光率,透光率越低,则烟柴秆提取物分散氧化铁的能力就越强。

(1)配制水溶液:$[Ca^{2+}] = 150$ mg/L,$[Fe^{2+}] = 10$ mg/L,加入不同量的烟柴秆提取液。

(2)用 3.80 g/L 硼砂溶液调节试样的 pH 为 9.0。

(3)将试样和空白溶液分别搅拌 15 min 后,在 50 ± 1 ℃恒温 5 h,自然冷却后过滤,用紫外分光光度计测定溶液透光率(710 nm,1 cm 比色皿),透光率越小,氧化铁的分散性能越好。

5.12.6　生物降解性测定

取 50 g 花园土溶于 500 mL 自来水中,搅拌均匀后静置 2 小时,用粗滤纸进行抽滤,弃去最初的 200 mL 滤液作为接种物,在含有 500 mL 试样溶液的锥形瓶内加入 2 mL 花园土接种物,密封,25 ℃ 恒温,参照高锰酸钾法(GB/T 15456—2008)测量试液第 4 天,第 8 天……的 COD 值。生物降解率的计算:

$$降解率=[1-(W_t-W_{t0})/(W_0-W_{00})]\times100\%　　　　(5-5)$$

式中:W_t 为 t 时刻实测得含有降解物的接种试样液的 COD 值;W_{t0} 为 t 时刻实测得空白接种试样液的 COD 值;W_0 为实测得含有降解物的接种试样液的 COD 初始值;W_{00} 为实测得空白接种试样液的 COD 初始值。

参考文献

[1] Chaussemier M, Pourmohtasham E, Gelus D, et al. State of Art of Natural Inhibitors of Calcium Carbonate Scaling A Review Article [J]. Desalination,2015(356):47-55.

[2] Camargo J A,Alonso A. Ecological and Toxicological Effects of Inorganic Nitrogen Pollution in Aquatic Ecosystems:a Global Assessment [J]. Environment International,2006,32(6):831-849.

[3] Martinod A,Neville A,Euvrard M,et al. Electrodeposition of a Calcareous Layer:Effects of Green Inhibitors [J]. Chemical Engineering Science 2009,64(10):2413-2421.

[4] Hasson D,Shemer H,Sher A. State of the Art of Friendly "Green" Scale Control Inhibitors:A Review Article [J]. Industrial & Engineering Chemistry Research,2011,50(12):7601-7607.

[5] Abdel-Gaber A M,Abd-El-Nabey B A,Khamis E,et al. Investigation Offig Leaf Extract as a Novel Environmentally Friendly Antiscalent for $CaCO_3$ Calcareous Deposits [J]. Desalination,2008,230(1-3):314-328.

[6] Abdel-Gaber A M,Abd-El-Nabey B A,Khamis E,et al. Green Antiscalant for Cooling Water Systems [J]. International Journal of Electrochemi-

cal Science,2012,7(12):11930-11940.

[7] Castillo L A,Torin E V,Garcia J A,et al. New Product for Inhibition of Calcium Carbonate Scale in Natural Gas and Oil Facilities Based on Aloe Vera:Application in Venezuelan Oilfileds [P]. Society of Petroleum Engineers,2009(SPE 123007).

[8] Viloria A,Castillo L,Garcia J A,et al. Process Using Aloe for Inhibiting Scale [P]. United States Patent US 8039421 B2,2011.

[9] Qiang X H,Sheng Z H,Zhang H. Study on Scale Inhibition Performances and Interaction Mechanisms of Modified Collagen [J]. Desalination, 2013,309(3):237-242.

[10] Zhang H X,Weng F,Jin X H,et al. A Botanical Polysaccharide Extracted from Abandoned Corn Stalks:Modification and Evaluation of Its Scale Inhibition and Dispersion Performance [J]. Desalination,2013,326(5):55-61.

[11] 曾涵,刘广飞,杜军刚,等. 绿色缓蚀剂的研究应用及发展趋势 [J]. 天然产物研究与开发,2009(B05):286-291.

[12] Saleh R M,Ismall A A,Hosary A A E. Corrosion Inhibition by Naturally Occurring Substances:Ⅶ. The Effect of Aqueous Extracts of Some Leaves and Fruit-peels on the Corrosion of Steel,Al,Zn and Cu in acids [J]. Brit Corros J,1981,17(3):131-135.

[13] Saleh R M,Ismail A A,Hosary A A E. Corrosion Inhibition by Naturally Occurring Substances:the Effect of Fenugreek,Lupine,Doum,Beet and Solanum Melongena Extracts on the Corrosion of Steel,Al,Zn and Cu in acids [J]. Corros Prevent Control,1984,31(1):21-23,28.

[14] 郭稚弧,唐和清. 几种植物萃取液对碳钢腐蚀的抑制作用 [J]. 材料保护,1989(2):9-12.

[15] Abdel-Gaber A M,Abd-El-Nabey B A,Sidahmed I M,et al. Inhibitive Action of Some Plant Extracts on the Corrosion of Steel in Acidic Media [J]. Corrosion Science,2006,48(48):2765-2779.

[16] Oguzie E E. Evaluation of the Inhibitive Effect of Some Plant Extracts on the Acid Corrosion of Mild Steel [J]. Corrosion Science,2008,50

(11):2993-2998.

[17] Lebrini M,Robert F,Lecante A,et al. Corrosion Inhibition of C38 Steel in 1M Hydrochloric Acid Medium by Alkaloids Extract from Oxandra Asbeckii Plant [J]. Corrosion Science,2011,53(2):687-695.

[18] Raja P B,Fadaeinasab M,Qureshi A K,et al. Evaluation of Green Corrosion Inhibition by Alkaloid Extracts of Ochrosia Oppositifolia and Isoreserpiline Against Mild Steel in 1M HCl Medium [J]. Industrial & Engineering Chemistry Research,2013,52(31):10582-10593.

[19] Mourya P,Banerjee S,Singh M M. Corrosion Inhibition of Mild Steel in Acidic Solution by Tagetes Erecta(Marigold Flower) Extract as a Green Inhibitor [J]. Corrosion Science,2014,85(3):352-363.

[20] Faustin M,Maciuk A,Salvin P,et al. Corrosion Inhibition of C38 Steel by Alkaloids Extract of Geissospermum Laeve in 1M Hydrochloric Acid: Electrochemical and Phytochemical Studies [J]. Corrosion Science,2015(92): 287-300.

[21] Hokkanen S,Bhatnagar A,Sillanpää M. A Review on Modification Methods to Cellulose-based Adsorbents to Improve Adsorption Capacity [J]. Water Research,2016(91):156-173.

[22] Anastopoulos I,Kyzas G Z. Agricultural Peels for Dye Adsorption:a Review of Recent Literature [J]. Journal of Molecular Liquids,2014(200):381-389.

[23] Mohan D,Sarswat A,Ok Y S,et al. Organic and Inorganic Contaminants Removal from Water with Biochar,a Renewable,Low Cost and Sustainable Adsorbent-a Critical Review [J]. Bioresource Technology,2014(160): 191-202.

[24] Bhatnagar A,Sillanpää M,Witek-Krowiak A. Agricultural Waste Peels as Versatile Biomass for Water Purification-a Review [J]. Chemical Engineering Journal,2015(270):244-271.

[25] Akar T,Tosun I,Kaynak Z,et al. An Attractive Agro-industrial By-product in Environmental Cleanup:Dye Biosorption Potential of Untreated Ol-

ive Pomace [J]. Journal of Hazardous Materials,2009,166(2):1217-1225.

[26] Hameed B H. Spent Tea Leaves:a new Non-conventional and Low-cost Adsorbent for Removal of Basic Dye from Aqueous Solutions [J]. Journal of Hazardous Materials,2009,161(2):753-759.

[27] Srivastava R,Rupainwar D C. A comparative Evaluation for Adsorption of Dye on Neem Bark and Mango Bark Powder [J]. Indian J Chem Technology,2011,18(1):67-75.

[28] Oliveira L S,Franca A S,Alves T M,et al. Evaluation of Untreated Coffee Husks as Potential Ciosorbents for Treatment of Dye Contaminated Waters [J]. Journal of Hazardous Materials,2008,155(3):507-512.

[29] Sadaf S,Bhatti H N. Batch and Fixed Bed Column Studies for the Removal of Indosol Yellow BG Dye by Peanut Husk [J]. Journal of the Taiwan Institute of Chemical Engineers,2014,45(2):541-553.

[30] Slimani R,El Ouahabi I,Abidi F,et al. Calcined Eggshells as a New Biosorbent to Remove Basic Dye from Aqueous Solutions:Thermodynamics, Kinetics,Isotherms and Error Analysis [J]. Journal of the Taiwan Institute of Chemical Engineers,2014,45(4):1578-1587.

[31] Liu D,Dong W B,Li F T,et al. Comparative Performance of Polyepoxysuccinic Acid Andpolyaspartic Acid on Scaling Inhibition by Static and Rapid Controlled Precipitation Methods [J]. Desalination,2012,304(1):1-10.

[32] Xu Y,Zhao LL,Wang L N,et al. Synthesis of Polyaspartic Acid-melamine Grafted Copolymer and Evaluation of Its Scale Inhibition Performance and Dispersion Capacity for Ferric Oxide [J]. Desalination, 2012, 286 (1): 285-289.

[33] Zhang B R,Chen Y N,Li F T. Inhibitory Effects of Poly(Adipic Acid/Amine-terminated Polyether D230/Diethylenetriamine) on Colloidal Silica Formation [J]. Colloids & Surfaces A Physicochemical & Engineering Aspects,2011,385(1-3):11-19.

[34] Guo X R,Qiu F X,Dong K,et al. Preparation,Characterization and Scale Performance of Scale Inhibitor Copolymer Modification with Chitosan

[J]. Journal of Industrial & Engineering Chemistry,2012,18(6):2177-2183.

[35] Zhang B,Zhou D P,Lv X G,et al. Synthesis of Polyaspartic Acid/3-amino-1H-1,2,4-triazole-5-carboxylic Acid Hydrate Graftcopolymerand Evaluation of Its Corrosion Inhibition Andscaleinhibition Performance [J]. Desalination,2013,327(1):32-38.

[36] Ling L,Zhou Y M,Huang J Y,et al. Carboxylate-terminated Double-hydrophilic Blockcopolymeras an Effective and Environmentalinhibitorin Cooling Water Systems [J]. Desalination,2012,304(1):33-40.

[37] Abdel-Gaber A M,Abd-EI-Nabey B A,Khamis E,et al. A Natural Extract as Scale and Corrosion Inhibitor for Steel Surface in Brine Solution [J]. Desalination,2011,278(1):337-342.

[38] Suharso,Buhani,Bahri S,et al. Gambier Extracts as an Inhibitor of Calcium Carbonate(CaCO$_3$) Scale Formation [J]. Desalination,2011,265(1):102-106.

[39] Anuradha K,Vimala R,Narayanasamy B,et al. Corrosion Inhibition of Carbon Steel in Low Chloride Media by an Aqueous Extract of Hibiscus Rosa-sinensislinn [J]. Chemical Engineering Communications,2007,195(3):352-366.

[40] Yang Y,Li T,Jin S P,et al. Catalytic Pyrolysis of Tobacco Rob:Kinetic Study and Fuel Gas Produced [J]. Bioresource Technology,2011,102(23):11027-11033.

[41] Yang Y,Jin S P,Lin Y X,et al. Catalytic Gasification of Tobacco Rob in Steam-nitrogen Mixture:Kinetic Study and Fuel Gas Analysis [J]. Energy,2012,44(1):509-514.

[42] Clark T J,Bunch J E. Determination of Volatile Acids in Tobacco,Tea,and Coffee Using Derivatization-purge and Trap Gas Chromatography-selected Ion Monitoring Mass Spectrometry [J]. Journal of Chromatographic Science,1997,35(5):206-208.

[43] Clark T J,Bunch J E. Derivatization Solid-phase Microextraction Gas Chromatographic-mass Spectrometric Determination of Organic Acids in To-

bacco [J]. Journal of Chromatographic Science,1997,35(5):209-212.

[44] 王龙德,崔鹏. 硫酸反萃取法从烟草中提取烟碱 [J]. 河南师范大学学报(自然科学版),2010(5):142-145.

[45] Xu Y,Zhao L L,Wang L N,et al. Synthesis of Polyaspartic Acid-melamine Grafted Copolymer and Evaluation of Its Scale Inhibition Performance and Dispersion Capacity for Ferric oxide [J]. Desalination,2012,286(1):285-289.

[46] Chen J X,Xu L H,HanJ,et al. Synthesis of Modified Polyaspartic Acid and Evaluation of Its Scaleinhibition and Dispersion Capacity [J]. Desalination,2015(358):42-48.

[47] 严瑞暄. 水处理剂应用手册 [M]. 北京:化学工业出版社,2000:264-268.

[48] 王剑波,卢园,曹怀宝. 聚天冬氨酸阻垢机理研究 [J]. 安徽理工大学学报(自然科学版),2009,29(1):23-26.

[49] Zhang G C,Ge J J,Sun M Q. Investigation of Scale Inhibition Mechanisms Based on the Effect of Scale Inhibitor on Calcium Carbonate Crystal Forms [J]. Science in China(Series B),2007,50(1):114-120.

[50] 徐海,郦和生,王崟. 硫酸钙结晶过程及其影响因素研究 [J]. 工业水处理,2011,31(5):67-69.

[51] 梅超群,樊永明,张洪利,等. 发酵剂对中式干发酵香肠质量的影响 [D]. 无锡:江南大学,2005.

[52] 薛小旭,李娜,陆祎品,等. 无磷聚醚阻垢剂的合成及其对硫酸钙阻垢性能的研究 [J]. 工业安全与环保,2012,38(7):12-14.

[53] Nikos S,Dimitra G K,Petros G K. The Interaction of Diphosphonates with Calcitec Surfaces:Understanding the Inhibition Activity in Marble Dissolution [J]. Langmuir,2006,22(5):2074-2081.

[54] Eleftvera M,Eleftheria N,Konstantinos D. Inhibition and Dissolution as Dual Mitigation Approaches for Colloidal Silica Fouling and Deposition in Process Water Systems:Functional Synergies [J]. Industrial & Engineering Chemistry Research,2005,44(17):7019-7026.

[55] Konstantinos D，Zafeiria A，Hong Z. Novel Calcium Carboxyphosphonate/Polycarboxylate Inorganic-organic Hybrid Materials from Demineralization of Calcitic Biomineral Surfaces [J]. Acs Applied Materials & Interfaces，2009，1(1)：35-38.

[56] Pazit B Y，Ruti G L，Nissim G，et al. The Influence of Polyelectrolytes on the Formation and Phase Transformation of Amorphous Calcium Phosphate [J]. Crystal Growth & Design，2004，4(1)：177-183.

[57] 符嫦娥，周钰明，薛蒙伟，等. 新型无磷无氮阻垢剂的阻磷酸钙垢及分散 Fe(Ⅲ)性能 [J]. 化工学报，2011(2)：525-531.

[58] 颜志斌. 高含 H_2S/CO_2 条件缓蚀剂的合成与评价 [D]. 武汉：华中科技大学，2009.

[59] 王大勇. 聚天冬氨酸及其衍生物的合成与性能研究 [D]. 武汉：长江大学，2012.

第6章　烟柴秆提取物与第二组分的缓蚀协同效应研究

6.1　引言

从天然物质中提取有效成分作为缓蚀剂具有对环境友好、容易获得和可再生等优点，且生产成本低。白羽扇豆、大花曼陀罗、红花决明、烟叶和烟柴秆提取物等天然植物所提取出的有效成分，均可以作为酸性介质中的缓蚀剂。我国每年香烟产量高达 $500\sim550$ 万吨，烟柴秆占烟柴质量的 60%。烟柴秆一般作为农业废弃物进行焚烧，不仅严重浪费能源，也污染环境。高美丹研究发现，当盐酸浓度为 $1\ mol \cdot L^{-1}$，烟柴秆提取物浓度为 $750\ mg \cdot L^{-1}$ 时，腐蚀速率和缓蚀率分别为 $5.18\ g \cdot (m^2 \cdot h)^{-1}$ 和 91.5%。进一步提高提取物浓度，缓蚀率没有明显提高，当盐酸浓度由 $1.0\ mol \cdot L^{-1}$ 增加至 $5.0\ mol \cdot L^{-1}$ 时，腐蚀速率显著增加，缓蚀率明显降低。因此烟柴秆提取物在高浓度盐酸体系中存在缓蚀效率低的缺点，为进一步提高烟柴秆提取物缓蚀率，将烟柴秆提取物和其他缓蚀组分进行复配，以期提高烟柴秆提取物在盐酸介质中的缓蚀性能。

有研究表明，含有 N、O、S 等杂原子的化合物在酸性介质中与卤离子之间按一定的比例进行复配，达到缓蚀协同效应的概率较大，并且协同效应大小顺序为：$I^- > Br^- > Cl^-$。前期研究中笔者发现烟柴秆提取物在循环冷却水中具有一定的阻垢、缓蚀效果。该提取物主要组分为有机酸、多酚化合物、糖、烟碱等，含有大量羟基、羧基、氨基等功能基团，在酸介质中具有一定的缓蚀效果，因此对该提取物在盐酸中的缓蚀性能进行研究。为进一步提高缓蚀性能，本章首先将烟柴秆提取物(TRE)与碘化钾进行复配，采用失重法和极化曲线法研究其缓蚀性能。然后将烟柴秆提取物与硫脲、表面活性剂进行复配，对其缓蚀性能进行初步探索。

6.2　实验

6.2.1　实验材料与试剂

实验所用的化学试剂如表 6-1 所示。

表 6-1　化学试剂

试剂名称	分子式	纯度	生产厂家
盐酸	HCl	分析纯	天津市化学试剂三厂
丙酮	CH_3CH_2CHO	分析纯	天津博迪化工股份有限公司
硫脲	CH_4N_2S	分析纯	天津市化学试剂一厂
无水乙醇	CH_3CH_2OH	分析纯	天津博迪化工股份有限公司
碘化钾	KI	分析纯	天津市化学试剂二厂
六次甲基四胺	$C_6H_{12}N_4$	分析纯	天津市恒星化学试剂制造有限公司
辛烷基酚聚氧乙醚	$C_{34}H_{62}O_{11}$	＞99％	江阴市华元化工有限公司
十二烷基苯磺酸钠	$C_{18}H_{29}NaO_3S$	分析纯	天津市北方天医化学试剂厂

6.2.2　实验仪器及设备

实验所用的实验仪器及设备如表 6-2 所示。

表 6-2　实验仪器及设备

仪器名称	规格/型号	生产厂家
电子分析天平	FA1004	上海上平仪器有限公司
场发射电子扫描显微镜	Nova Nano SEM450	美国 FEI 公司
加热搅拌控制仪	XTD-7000	海安石油科研仪器有限公司
数显恒温水浴锅	HH-8	天津市华北仪器有限公司
超声波清洗器	KQ-100	昆山市超声波仪器有限公司
低速离心机	LD5-2A	北京京立离心机有限公司
电热恒温干燥器	XMTD-1000	天津市天宇实验仪器有限公司

仪器名称	规格/型号	生产厂家
电化学工作站	CHI660C	上海辰华仪器有限公司
高效多功能粉碎机	JP-150A-8	永康市久品工贸有限公司
小烧杯	100 mL 500 mL	天津市华北仪器有限公司
容量瓶	100 mL 250 mL	天津市天玻玻璃仪器有限公司
量筒	500 mL 100 mL	天津市天玻玻璃仪器有限公司
移液管	1 mL 5 mL 10 mL	天津市天玻玻璃仪器有限公司
三口烧瓶	250 mL 500 mL	天津市天玻玻璃仪器有限公司
挂片	N80	江苏省高邮市新邮仪器厂

6.2.3 烟柴秆提取物的制备（见 5.12.3）

6.2.4 实验方法

6.2.4.1 失重法

将预处理的 N80 钢片取出,并精确称量至 0.000 1 g 其质量为 m_0。将 N80 钢片完全浸于含有不同浓度的缓蚀剂的盐酸体系中,恒温 4 h 后取出钢片,清洗,吹干,干燥并精确称量精确至 0.000 1 g。最后,计算 N80 钢的腐蚀速率以及缓蚀率。分别通过改变温度、盐酸浓度重复上述实验,根据行业标准进行静态腐蚀速率的评价。

腐蚀速率的计算公式如下：

$$V_i = \frac{10^6 \times \Delta m_i}{A_i \times \Delta t} \tag{6-1}$$

式中：V_i 为单片腐蚀速率,g·$(m^2 \cdot h)^{-1}$;Δt 为反应时间,h;Δm_i 为试片腐蚀失量,g;A_i 为试片表面积,mm^2。

缓蚀率的计算公式如下：

$$IE(\%) = \frac{V_0 - V}{V_0} \times 100 \tag{6-2}$$

式中：V_0 为未加缓蚀剂的总平均腐蚀速率,g·$(m^2 \cdot h)^{-1}$;V 为加有缓蚀剂的总平均腐蚀速率,g·$(m^2 \cdot h)^{-1}$。

6.2.4.2　电化学方法

将准备好的 N80 钢片用聚四氟乙烯密封使其工作电极的面积为 1 cm² 待用;电化学测试是在 CHI660C 型电化学工作站体系进行的,实验采用三电极体系,辅助电极为铂电极,参比电极为饱和甘汞电极,将备好的工作电极置于待测溶液中,待腐蚀电位稳定后(约 60 min)再开始进行电化学测量。

极化曲线的测试过程中首先使体系处于一个相对稳定的状态,然后以 0.57 mV·s⁻¹ 的速度扫描工作电极上的电位以及电流,并将记录下的电位与电流数据绘制成 $\log I\text{-}E$ 图(半对数极化曲线)进行分析。采用 Tafel 外推法得到自腐蚀电流 i_{corr} 和自腐蚀电位 E_{corr},并利用式(6-3)计算得到缓蚀率:

$$IE(\%) = \frac{i_{corr}^0 - i_{corr}}{i_{corr}^0} \times 100 \tag{6-3}$$

式中:IE(%)为缓蚀率;i_{corr} 为加入缓蚀剂后溶液中的自腐蚀电流,(mA·cm⁻²);i_{corr}^0 为空白溶液中的自腐蚀电流,(mA·cm⁻²)。

6.2.4.3　表面分析方法

参考 6.2.4.1 步骤对 N80 钢处理后进行相应的表面分析,样品的表面形貌由美国 NOVA NANO SEM450 型场发射扫描电子显微镜测定,并使用 EDS 能谱仪测定复配前后 N80 钢表面的元素含量。

6.3　结果与讨论

6.3.1　烟柴秆提取物与碘化钾的缓蚀协同效应研究

6.3.1.1　碘化钾对烟柴秆提取物缓蚀率的影响

采用失重法研究 15% HCl(质量分数)溶液中,当 KI 浓度为 1×10⁻³ mol·L⁻¹ 时,不同浓度的烟柴秆提取物对缓蚀率的影响(60 ℃),如图 6-1 所示。

由图 6-1 可见,TRE 浓度由 500 mg·L⁻¹ 增加到 15 000 mg·L⁻¹ 时,KI 的添加提高了 TRE 的缓蚀率。当 TRE 浓度在 500~2 500 mg·L⁻¹ 范围内,KI 的添加对 TRE 的缓蚀率提高显著,表现出良好的协同作用;TRE 在 5 500~15 000 mg·L⁻¹ 时,TRE 与 KI 复配后缓蚀率略有增加。

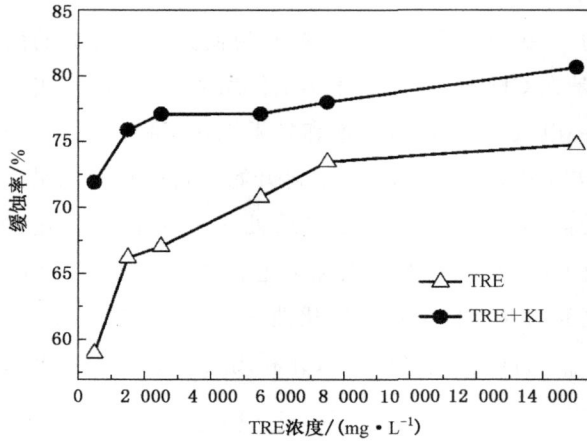

图 6-1　碘化钾的添加对烟柴秆提取物缓蚀率的影响(15% HCl)

T. Murakawa 等提出了协同效应参数 S 描述协同效应,其中 S 的计算公式见式(6-4)。

$$S = \frac{1 - \eta_A - \eta_B + \eta_A \eta_B}{1 - \eta_{A+B}} \tag{6-4}$$

式中:$\eta(A)$ 为 A 物质的缓蚀率,%;$\eta(B)$ 为 B 物质的缓蚀率,%;$\eta(A+B)$ 为同时添加 A 物质和 B 物质的缓效率,%。

如果 A 物质和 B 物质不存在协同效应,则 $S=1$,此时 A 物质和 B 物质在金属表面的吸附是相互独立的;如果 $S>1$,则说明 A 物质和 B 物质之间存在协同效应,此时 A 物质和 B 物质在金属表面的吸附是相互促进的;反之,当 $S<1$ 说明 A 物质和 B 物质之间存在反协同效应。

TRE 和 KI 的协同效应参数计算结果见表 6-3。

表 6-3　不同 TRE 浓度和 KI 协同效应参数(15% HCl)

质量浓度/(mg·L^{-1})	空白	500	1 500	2 500	5 500	7 500	15 000
S	—	1.23	1.18	1.21	1.08	1.02	1.09

由表 6-3 可知,TRE 质量浓度在 500~2 500 mg·L^{-1} 时,其与 KI 复配后的协同效应参数 S 在 1.2 左右,说明 KI 与 TRE 表现出较为显著的协同效应,而 TRE 在 5 500~15 000 mg·L^{-1} 时,S 略大于 1,KI 与 TRE 表现出的协同效应不明显,这与失重实验结果是一致的。在不同 TRE 质量浓度下,S 均大于

1,说明 KI 与 TRE 表现出协同效应,原因可能是 KI 的添加,增加了缓蚀剂在金属表面覆盖度,从而提高缓蚀率。

采用失重法研究 5% HCl(质量分数)溶液中,当 KI 浓度为 1×10^{-3} mol·L^{-1} 时,不同浓度的烟柴秆提取物对缓蚀率的影响(60 ℃),如图 6-2 所示。

由图 6-2 可见,TRE 浓度由 500 mg·L^{-1} 增加到 15 000 mg·L^{-1} 时,KI 的添加提高了 TRE 的缓蚀率。当 TRE 浓度在 500~2 500 mg·L^{-1} 范围内,KI 的添加对 TRE 的缓蚀率提高显著,表现出良好的协同作用;TRE 在 5 500~15 000 mg·L^{-1} 时,TRE 与 KI 复配后缓蚀率略有增加。

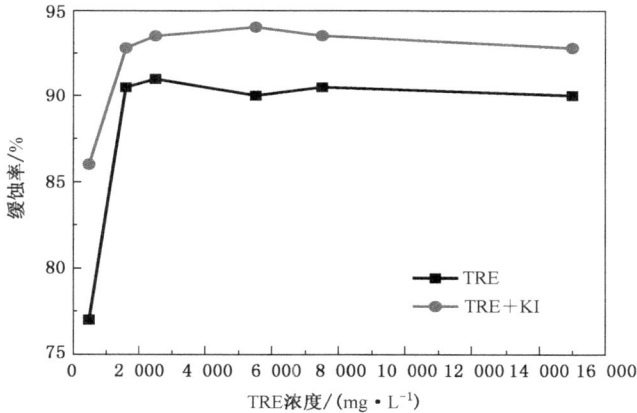

图 6-2　碘化钾的添加对烟柴秆提取物缓蚀率的影响(5% HCl)

6.3.1.2　极化曲线

不同 TRE 浓度和 KI 协同效应参数计算结果见表 6-4。

不同质量浓度烟柴秆提取物和添加 1×10^{-3} mol·L^{-1} KI 在 15% HCl 溶液中(60 ℃)的极化曲线如图 6-3 所示,所得电化学参数见表 6-5。

表 6-4　不同 TRE 浓度和 KI 协同效应参数(15% HCl)

KI 浓度/(mol·L^{-1})	TRE 质量浓度/(mg·L^{-1})	S
	500	0.434 7
	1 500	0.351 3
	2 500	0.365 7
1×10^{-3}	5 500	0.445 8
	7 500	0.427 0
	15 000	0.376 6

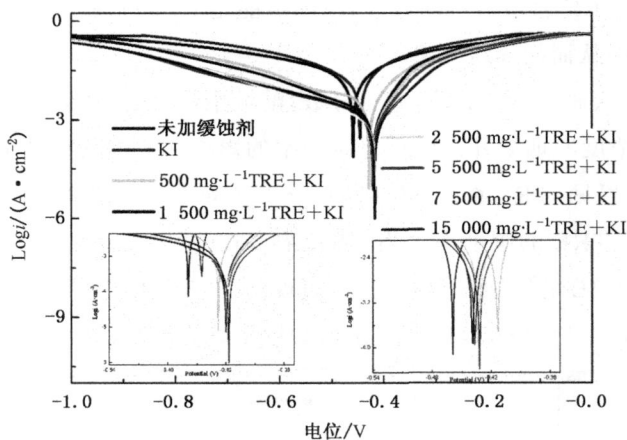

图 6-3 60 ℃下 N80 钢的极化曲线

表 6-5 60 ℃下 N80 钢的电化学参数

KI/ (mol·L^{-1})	TRE/ (mg·L^{-1})	IE/%	E_{corr}/V	$10^{-3}I_{corr}$/ (A·cm^{-2})	β_a	β_c
0	0		−0.459	30.9	5.35	4.12
	500	29.8	−0.413	21.7	5.72	5.17
	1 500	40.7	−0.439	18.3	6.32	4.03
	2 500	43.7	−0.433	17.4	6.26	5.70
	5 500	46.8	−0.432	16.4	6.13	2.08
	7 500	54.2	−0.437	14.2	6.99	3.11
	15 000	71.1	−0.439	8.93	7.54	2.43
1×10^{-3}	0	5.99	−0.445	29.1	5.49	5.51
	500	74.9	−0.428	7.75	7.60	2.96
	1 500	91.9	−0.420	2.49	9.68	5.60
	2 500	93.7	−0.420	1.96	10.8	4.45
	5 500	95.3	−0.420	1.45	12.7	4.11
	7 500	95.9	−0.415	1.25	12.4	3.00
	15 000	96.0	−0.417	0.001 23	14.0	4.60

由图 6-3、表 6-5 可见，与空白酸液相比，加入 TRE 后 N80 钢在 15% HCl 溶液中的腐蚀电位 E_{corr} 向正方向移动，但变化幅度较小，$(\Delta E_{corr})\max < 85$ mV，且随着 TRE 质量浓度的增加，N80 钢在 15% HCl 溶液中的腐蚀电流密度逐渐减小，缓蚀率逐渐增加，说明 TRE 对阳极反应的抑制强于对阴极反应的抑制，即 TRE 是阳极抑制为主的混合型缓蚀剂。

与空白酸液相比，15% HCl 溶液中与 KI 复配的 TRE（简称 TRE＋KI）对 N80 钢的腐蚀电位和腐蚀电流密度的影响与 TRE 相同。$(\Delta E_{corr})\max < 85$ mV，腐蚀电流显著下降，因此可以认为复配前后缓蚀剂的作用机理均为几何覆盖效应，且复配缓蚀剂为阳极抑制为主的混合型缓蚀剂。由表 6-5 可以发现，在 TRE 对应质量浓度下，复配后 N80 钢在 15% HCl 溶液中的腐蚀电位正移，腐蚀电流密度减小，缓蚀率增加，TRE 与 KI 之间存在协同效应。

为了进一步明确 TRE 和 TRE＋KI 对 N80 钢在 15% HCl 中的缓蚀作用类型，利用表 6-5 的数据，计算了 TRE 和 TRE＋KI 对 N80 钢在 15% HCl 中的阳极作用系数 f_a 和阴极作用系数 f_c，结果见表 6-6。

表 6-6　N80 钢在 TRE 和 FPTRE 中的电化学抑制作用系数

缓蚀剂	参数	$C/(mg \cdot L^{-1})$					
		500	1 500	2 500	5 500	7 500	15 000
TRE	f_a	0.696	0.591	0.560	0.529	0.456	0.288
	f_c	0.710	0.596	0.566	0.536	0.460	0.290
	f_a/f_c	0.980	0.991	0.989	0.989	0.991	0.991
TRE＋KI	f_a	0.249	0.079 8	0.062 8	0.046 5	0.040 0	0.039 3
	f_c	0.253	0.081 2	0.063 9	0.047 2	0.040 8	0.040 0
	f_a/f_c	0.987	0.983	0.983	0.983	0.981	0.982

由表 6-6 可见，在相同浓度下，TRE 的阳极作用系数 f_a 和阴极作用系数 f_c 相差很小，而且 f_a 略小于 f_c，说明 TRE 是以阳极抑制为主的混合型缓蚀剂，其作用机理为几何覆盖效应。而且随提取物浓度的增加，TRE 的阳极作用系数 f_a 和阴极作用系数 f_c 都减小，说明随 TRE 浓度的增加，缓蚀剂对电极反应的抑制作用增大，使腐蚀电流减小，缓蚀效率增大。同时可以发现，在浓度相同时，N80 钢在 TRE＋KI 中的阳极作用系数 f_a 和阴极作用系数 f_c 更小，说明 TRE＋KI 对 N80 钢在 15% HCl 介质中电极反应的抑制作用更大，缓蚀性能更

好,说明 TRE 和 KI 之间存在协同效应,这与前面的分析结果是一致的。

6.3.1.3 吸附等温方程

为进一步研究 TRE 与 TRE+KI 在 N80 钢表面的吸附行为,利用失重法所得数据计算表面覆盖度(θ)。假设 TRE 与 TRE+KI 吸附在 N80 钢表面均服从 Langmuir 吸附等温方程式,即

$$\frac{C}{\theta} = \frac{1}{K} + C \tag{6-5}$$

式中:C 为缓蚀剂浓度,$mg \cdot L^{-1}$;K 为吸附平衡常数,$L \cdot mg^{-1}$;θ 为表面覆盖度,其值为缓蚀率。

以 C/θ 对 C 作线性回归处理,相关参数见表 6-7。图 6-4 为 60 ℃时 TRE 与 TRE+KI 的 $C/\theta\text{-}C$ 拟合曲线。

表 6-7 拟合参数

缓蚀剂	R^2	斜率	截距	K
TRE	0.999 3	1.327	340.1	0.002 940
TRE+K1	0.999 9	1.278	60.38	0.016 56

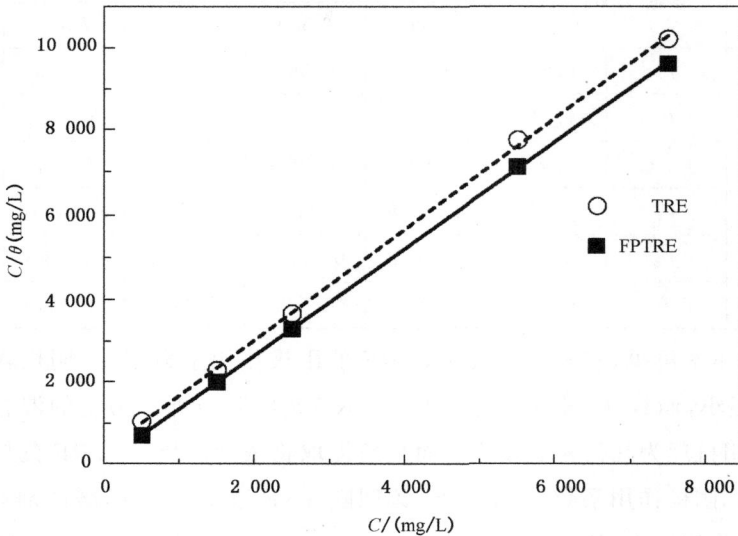

图 6-4 C/θ 和 C 在 60 ℃时的关系

由表 6-7 和图 6-4 可知,相关系数 R^2 能够很好地接近 1,表明 TRE 与 TRE

＋KI 在 N80 钢表面的吸附均服从 Langmuir 吸附等温式,即 TRE 与 TRE＋KI 在 N80 钢表面形成了单分子吸附层,其中 TRE＋KI 能更较好地服从 Langmuir 吸附等温式。由表 6-7 的吸附平衡常数 K 可知,TRE＋KI 的 K 明显增大,表明 FPTRE 缓蚀剂与金属表面有更强的相互作用。这是由于加入 KI 后,增加了 TRE 中有效缓蚀成分在 N80 钢表面活性位点的吸附以及吸附层的致密性,提高了 TRE 中有效缓蚀成分在 N80 钢表面的吸附稳定性,从而证实 TRE＋KI 的缓蚀效果更好。

6.3.1.4 SEM-EDS 分析

为了较直观地研究复配前后 TRE 的缓蚀性能及其表面元素的变化,分别对 15％ HCl、15％ HCl＋5 500 mg·L^{-1} TRE 和 15％ HCl＋5 500 mg·L^{-1} TRE＋1×10^{-3} mol·L^{-1} KI 溶液中,60℃条件下浸泡 4 h 的 N80 钢片进行电镜扫描。对预处理后的 N80 钢片(a)、15％ HCl 溶液浸泡后的 N80 钢片(b)、加入 TRE 后的 N80 钢片(c)以及加入 FPTRE 后的 N80 钢片(d)的表面形貌及表面元素进行分析,加速电压为 15.00 kV,结果如图 6-5、表 6-8 所示。

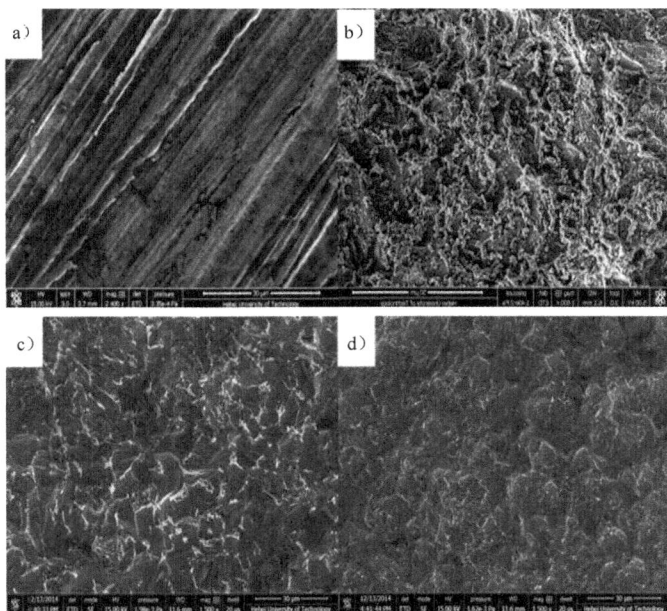

图 6-5 N80 钢片的 SEM:(a) N80 钢片;(b) 15％ HCl 溶液浸泡后的 N80 钢片;(c) TRE 处理后的 N80 钢片;(d) FPTRE 处理后的 N80 钢片

表 6-8　N80 钢的 EDS 定量分析结果

元素	N80 金属基体		酸空白		TRE		TRE+KI	
	质量/%	原子百分数/%	质量/%	原子百分数/%	质量/%	原子百分数/%	质量/%	原子百分数/%
C、K	1.9	8.26	6.86	25.48	7.1	26.16	4.72	18.72
N、K	0.02	0.06	0.01	0.03	0.05	0.15	0.23	0.77
O、K	0	0	0.02	0.05	0	0.01	0	0.01
Fe、K	98.08	91.68	93	74.29	92.77	73.57	94.2	80.02
Cl、K	—	—	0.11	0.14	0.08	0.11	0.16	0.22
I、L	—	—	—	—	—	—	0.69	0.26

由图 6-5 可知,15％ HCl 溶液中 N80 钢基体金属表面发生了严重腐蚀,在加有 TRE 的溶液中 N80 钢表面腐蚀轻微,而 TRE 与 KI 复配后,N80 钢表面状况最好,腐蚀最轻,由此可见复配后的缓蚀剂更能延缓金属的腐蚀。由表 6-8 也可以看出,FPTRE 在 N80 钢表面有明显的吸附现象,说明 KI 的加入促进了 TRE 中有效缓蚀成分在 N80 钢表面的吸附,验证了 KI 促进 TRE 吸附的推测。

6.3.2　烟柴秆提取物与硫脲、表面活性剂的缓蚀协同效应初步探索

6.3.2.1　烟柴秆提取物与硫脲缓蚀协同效应初步探索

硫脲分子中既有 C—N 键,又有 C═S 键,本身在水中不能电离,但在酸性水溶液中能和氢离子结合形成镎离子,这些镎离子以单分子层吸附在金属表面吸附成膜,这样既可以阻止金属溶解,又可以阻止 H^+ 放电析氢,可以防止金属在酸介质使用过程中均匀腐蚀、局部腐蚀和氢脆。在烟柴秆提取物缓蚀剂的浓度为 500 mg·L^{-1},酸化温度为 60 ℃,酸化时间为 4 h,盐酸的浓度为 15％ 时,考察了硫脲与烟柴秆提取物的复配缓蚀性能,硫脲添加量对缓蚀率的影响关系如图 6-6 所示。

由图 6-6 可见,当 TRE 浓度为 500 mg·L^{-1} 时,硫脲(TU)添加量为 $1×10^{-3}$ mol·L^{-1},TRE 的缓蚀率可达 75.2％,与单独使用 TRE 相比,缓蚀率可以提高 16.2％,进一步提高硫脲添加量为 $2×10^{-3}$ mol·L^{-1} 和 $3×10^{-3}$ mol·L^{-1},缓蚀率并没有明显提高。因此在硫脲添加量为 $1×10^{-3}$ mol·L^{-1},考察了当 TRE 浓度为 1 500 mg·L^{-1} 时,TRE+TU 的缓蚀效果,并计算了 S 值,结

果如表 6-9 所示。

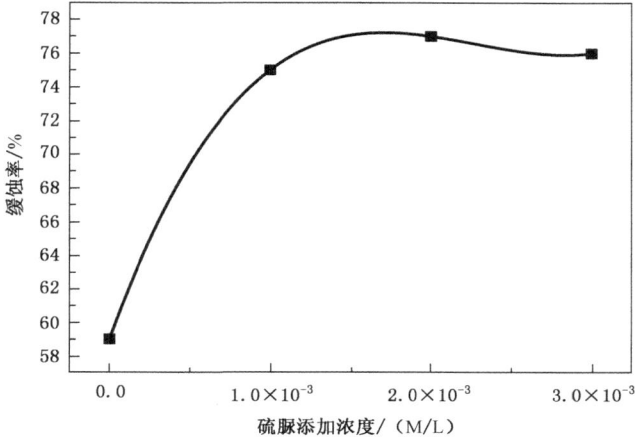

图 6-6　硫脲的添加量对烟柴秆提取物缓蚀率的影响（15％ HCl）

表 6-9　不同 TRE 浓度和 TU 复配的缓蚀率、协同效应参数（15％ HCl）

硫脲（mol/L）	0		$1×10^{-3}$		协同效应参数
提取物浓度 （mg·L^{-1}）	缓蚀率/ ％	腐蚀速率/ g·(m^2·h)$^{-1}$	缓蚀率/ ％	腐蚀速率/ g·(m^2·h)$^{-1}$	S
Blank	0	281.2	0.320 1	280.3	—
500	58.96	115.4	75.17	69.83	1.648
1 500	66.21	95.00	78.77	59.7	1.587

当 TRE 浓度为 1 500 mg·L^{-1} 时，硫脲（TU）添加量为 $1×10^{-3}$ mol·L^{-1}，TRE 的缓蚀率可达 78.8 ％，与单独使用 TRE 相比，缓蚀率可以提高 12.6％，由表 6-9 可知，TRE 浓度在 500 和 1 500 mg·L−1 时，其与 TU 复配后的协同效应参数 S 在 1.6 左右，说明 TU 与 TRE 表现出较为显著的协同效应。

6.3.2.2　烟柴秆提取物与表面活性剂缓蚀协同效应初步探索

表面活性剂除具有表面活性剂的特性外，由于相似的结构和特性吸附，同时也表现出缓蚀剂的性能。有的可单独作为缓蚀剂使用，有的与缓蚀剂复配后可以大大提高缓蚀率、降低缓蚀剂用量、减少污染，本章选择阴离子表面活性剂十二烷基苯磺酸钠（LAS）和非离子表面活性剂 OP-10 与烟柴秆提取物进行复配,对其缓蚀性能进行研究,并对其协同效应初步探索。

烟柴秆提取物缓蚀剂的浓度为 500 mg·L^{-1},酸化温度为 60 ℃,酸化时间为 4 h,盐酸评价溶液中盐酸的浓度为 15％时,考察了 LAS 与烟柴秆提取物的复配缓蚀性能,LAS 添加量对缓蚀率的影响关系如图 6-7 所示。

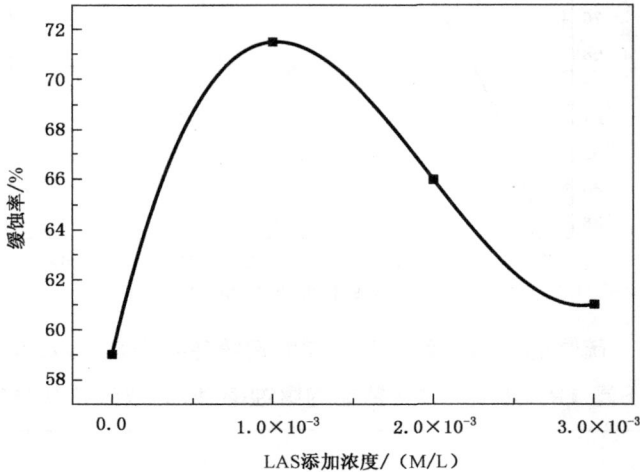

图 6-7 LAS 的添加量对烟柴秆提取物缓蚀率的影响(15％ HCl)

由图 6-7 可见,当 TRE 浓度为 500 mg·L^{-1} 时,LAS 添加量为 1×10^{-3} mol·L^{-1},TRE 的缓蚀率可达 71.6％,与单独使用 TRE 相比,缓蚀率可以提高 12.6％,进一步提高 LAS 添加量为 2×10^{-3} mol·L^{-1} 和 3×10^{-3} mol·L^{-1},缓蚀率反而下降。因此在 LAS 添加量为 1×10^{-3} mol·L^{-1},考察了当 TRE 浓度为 1 500 mg·L^{-1} 时,TRE＋LAS 的缓蚀效果,并计算了 S 值,结果如表 6-10 所示。

当 TRE 浓度为 1 500 mg·L^{-1} 时,LAS(TU)添加量为 1×10^{-3} mol·L^{-1},TRE 的缓蚀率可达 75.2％,与单独使用 TRE 相比,缓蚀率可以提高 9.0％,由表 6-10 可知,TRE 浓度在 500 和 1 500 mg·L^{-1} 时,其与 TU 复配后的协同效应参数 S 在 1.1 左右,说明 LAS 与 TRE 有一定的协同效应。

表 6-10　不同 TRE 浓度和 LAS 复配的缓蚀率、协同效应参数（15％ HCl）

TRE/ (mg·L^{-1})	0 mol·L^{-1} LAS		1×10^{-3} mol·L^{-1} LAS		协同效应参数 S
	缓蚀率/ ％	腐蚀速率/ g·(m^2·h)$^{-1}$	缓蚀率/ ％	腐蚀速率/ g·(m^2·h)$^{-1}$	
空白	0	281.2	15.33	238.1	——
500	58.96	115.4	71.55	79.99	1.221
1 500	66.21	95.00	75.16	69.85	1.152

　　OP-10 属于非离子型表面活性剂，具有优良乳化性能和润湿、扩散性能的乳化剂，其结构比较对称，因此 OP-10 分子极性很弱，所以 OP-10 分子较难吸附在 N80 钢片表面。又因其非极性基团很长，所以其疏水能力强，但醚的氧原子上有孤对电子，能与强酸的质子结合而溶于浓的强酸中。因此，该缓蚀剂体系中非极性基团在金属表面形成一层疏水性的保护膜，该疏水膜阻碍金属离子向外扩散和腐蚀介质同金属表面作用形成非极性基团的屏蔽效应。

　　烟柴秆提取物缓蚀剂的浓度为 500 mg·L^{-1}，酸化温度为 60 ℃，酸化时间为 4 h，盐酸评价溶液中盐酸的浓度为 15％ 时，考察了 OP-10 与烟柴秆提取物的复配缓蚀性能，OP-10 添加量对缓蚀率的影响关系如图 6-8 所示。

　　由图 6-8 可见，当 TRE 浓度为 500 mg·L^{-1} 时，OP-10 添加量为 1×10^{-3} mol·L^{-1}，TRE 的缓蚀率可达 66.0％，与单独使用 TRE 相比，缓蚀率可以提高 7.0％，进一步提高 OP-10 添加量为 2×10^{-3} mol·L^{-1} 和 3×10^{-3} mol·L^{-1}，缓蚀率反而下降。当 OP-10 添加量为 3×10^{-3} mol·L^{-1}，其原因可能是当 OP-10 加入量较大时，破坏了缓蚀剂体系极性基团与非极性基团间的平衡，而起不到缓蚀作用。因此在 OP-10 添加量为 1×10^{-3} mol·L^{-1}，考察了当 TRE 浓度为 1 500 mg·L^{-1} 时，TRE+LAS 的缓蚀效果，并计算了 S 值，结果如表 6-11 所示。

　　当 TRE 浓度为 1 500 mg·L^{-1} 时，LAS（TU）添加量为 1×10^{-3} mol·L^{-1}，TRE 的缓蚀率可达 70.2％，与单独使用 TRE 相比，缓蚀率可以提高 3.8％，由表 6-11 可知，TRE 浓度在 500 和 1 500 mg·L^{-1} 时，其与 TU 复配后的协同效应参数 S 在 0.7 左右，说明 OP-10 与 TRE 无协同效应。

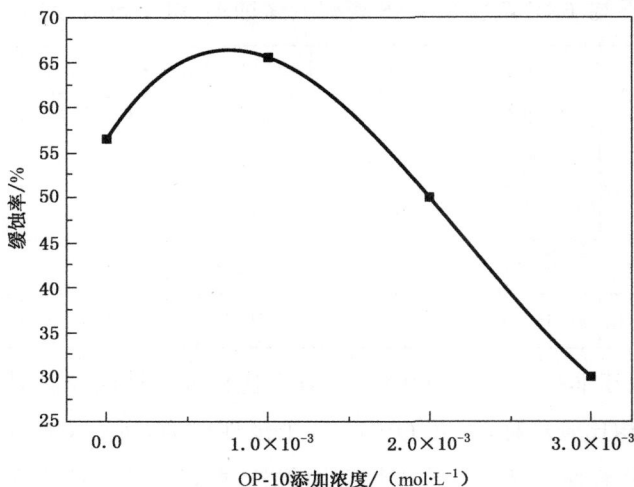

图 6-8　OP-10 的添加量对烟柴秆提取物缓蚀率的影响（15% HCl）

表 6-11　不同 TRE 浓度和 OP-10 复配的缓蚀率、协同效应参数（15% HCl）

TRE/ (mg·L^{-1})	0 mol·L^{-1} OP-10		1×10^{-3} mol·L^{-1} OP-10		协同效应参数 S
	缓蚀率/ %	腐蚀速率/ g·(m^2·h)$^{-1}$	缓蚀率/ %	腐蚀速率/ g·(m^2·h)$^{-1}$	
空白	0	281.2	33.93	185.8	—
500	58.96	115.4	65.98	95.67	0.797 0
1 500	66.21	95.00	70.23	83.72	0.749 9

6.4　小结

本章以烟柴秆提取物与 KI、硫脲和表面活性剂在 15% HCl 体系中缓蚀协同效应进行了考察，主要结论如下：

（1）烟柴秆提取物与 KI 存在显著的协同效应，其与 KI 复配后增加了在金属表面的覆盖度，从而提高了缓蚀率。由失重数据计算得到，在 15% HCl 中，TRE 与 KI 复配后的协同效应参数＞1，进一步证实 TRE 与 KI 存在协同效应。电化学极化曲线表明复配前后的烟柴秆提取物均是阳极抑制为主的混合型缓蚀剂，其作用机理为几何覆盖效应，加入复配缓蚀剂后 N80 钢在 15% HCl 溶液中的腐蚀电位正移，腐蚀电流密度减小，缓蚀率增大。烟柴秆提取物、碘化钾复配烟柴秆提取物在 N80 钢表面的吸附均服从 Langmuir 吸附等温方程,SEM-EDS 结果表明,烟柴秆提取物与碘化钾复配后促进了烟柴秆提取物有效缓蚀成分在 N80 钢表面的吸附。

(2) 当 TRE 浓度为 1 500 mg·L^{-1} 时,硫脲添加量为 1×10^{-3} mol·L^{-1},TRE 的缓蚀率可达 78.8%,与单独使用 TRE 相比,缓蚀率可以提高 12.6%,硫脲复配后的协同效应参数 S 在 1.648,说明硫脲与 TRE 表现出较为显著的协同效应。

(3) 阴离子表面活性剂十二烷基苯磺酸钠和非离子表面活性剂 OP-10 与 TRE 进行复配,对其缓蚀性能进行研究,十二烷基苯磺酸钠与 TRE 表现出较为显著的协同效应而 OP-10 与 TRE 无协同效应。

参考文献

[1] Chaussemier M,Pourmohtasham E,Gelus D,et al. State of Art of Natural Inhibitors of Calcium Carbonate Scaling. A Review Article [J]. Desalination,2015(356):47-55.

[2] Camargo J A,Alonso A. Ecological and Toxicological Effects of Inorganic Nitrogen Pollution in Aquatic Ecosystems:a Global Assessment [J]. Environment International,2006,32(6):831-849.

[3] Martinod A,Neville A,Euvrard M,et al. Electrodeposition of a Calcareous Layer:Effects of Green Inhibitors [J]. Chemical Engineering Science,2009,64(10):2413-2421.

[4] Hasson D,Shemer H,Sher A. State of the Art of Friendly "Green" Scale Control Inhibitors:a Review Article [J]. Industrial & Engineering Chemistry Research,2011,50(12):7601-7607.

[5] Abdel-Gaber A M,Abd-El-Nabey B A,Khamis E,et al. Investigation Offig Leaf Extract as a Novel Environmentally Friendly Antiscalent for CaCO3 Calcareous Deposits [J]. Desalination,2008,230(1-3):314-328.

[6] Abdel-Gaber A M,Abd-El-Nabey B A,Khamis E,et al. Green Antiscalant for Cooling Water Systems [J]. International Journal of Electrochemical Science,2012,7(12):11930-11940.

[7] Castillo L A, Torin E V, Garcia J A, et al. New Product for Inhibition of Calcium Carbonate Scale in Natural Gas and Oil Facilities Based on Aloe Vera: Application in Venezuelan Oilfileds [P]. Society of Petroleum Engineers, 2009. (SPE 123007).

[8] Viloria A, Castillo L, Garcia J A, et al. Process Using Aloe for Inhibiting Scale [P]. United States Patent US 8039421 B2(2011).

[9] Qiang X H, Sheng Z H, Zhang H. Study on Scale Inhibition Performances and Interaction Mechanisms of Modified Collagen [J]. Desalination, 2013, 309(3):237-242.

[10] Zhang H X, Weng F, Jin X H, et al. A Botanical Polysaccharide Extracted from Abandoned Corn Stalks: Modification and Evaluation of Its Scale Inhibition and Dispersion Performance [J]. Desalination, 2013, 326(5):55-61.

[11] 曾涵,刘广飞,杜军刚,等. 绿色缓蚀剂的研究应用及发展趋势 [J]. 天然产物研究与开发,2009(B05):286-291.

[12] Saleh R M, Ismall A A, Hosary A A E. Corrosion Inhibition by Naturally Occurring Substances: VII. The Effect of Aqueous Extracts of Some Leaves and Fruit-peels on the Corrosion of Steel, Al, Zn and Cu in Acids [J]. Brit Corros J, 1981, 17(3):131-135.

[13] Saleh R M, Ismail A A, Hosary A A E. Corrosion Inhibition by Naturally Occurring Substances: the Effect of Fenugreek, Lupine, Doum, Beet and Solanum Melongena Extracts on the Corrosion of Steel, Al, Zn and Cu in Acids [J]. Corros Prevent Control, 1984, 31(1):21-23, 28.

[14] 郭稚弧,唐和清. 几种植物萃取液对碳钢腐蚀的抑制作用 [J]. 材料保护,1989(2):9-12.

[15] Abdel-Gaber A M, Abd-El-Nabey B A, Sidahmed I M, et al. Inhibitive Action of Some Plant Extracts on the Corrosion of Steel in Acidic Media [J]. Corrosion Science, 2006, 48(48):2765-2779.

[16] Oguzie E E. Evaluation of the Inhibitive Effect of Some Plant Extracts on the Acid Corrosion of Mild Steel [J]. Corrosion Science, 2008, 50(11):2993-2998.

[17] Lebrini M,Robert F,Lecante A,et al. Corrosion Inhibition of C38 Steel in 1M Hydrochloric Acid Medium by Alkaloids Extract from Oxandra Asbeckii Plant [J]. Corrosion Science,2011,53(2):687-695.

[18] Raja P B,Fadaeinasab M,Qureshi A K,et al. Evaluation of Green Corrosion Inhibition by Alkaloid Extracts of Ochrosia Oppositifolia and Isoreserpiline Against Mild Steel in 1M HCl Medium [J]. Industrial & Engineering Chemistry Research,2013,52(31):10582-10593.

[19] Mourya P,Banerjee S,Singh M M. Corrosion Inhibition of Mild Steel in Acidic Solution by Tagetes Erecta(Marigold Flower) Extract as a Green Inhibitor [J]. Corrosion Science,2014,85(3):352-363.

[20] Faustin M,Maciuk A,Salvin P,et al. Corrosion Inhibition of C38 Steel by Alkaloids Extract of Geissospermum Laeve in 1M Hydrochloric Acid: Electrochemical and Phytochemical Studies [J]. Corrosion Science,2015(92): 287-300.

[21] Hokkanen S,Bhatnagar A,Sillanpää M. A Review on Modification Methods to Cellulose-based Adsorbents to Improve Adsorption Capacity [J]. Water Research,2016(91):156-173.

[22] Anastopoulos I,Kyzas G Z. Agricultural Peels for Dye Adsorption:a Review of Recent Literature [J]. Journal of Molecular Liquids,2014(200):381-389.

[23] Mohan D,Sarswat A,Ok Y S,et al. Organic and Inorganic Contaminants Removal from Water with Biochar,a Renewable,Low Cost and Sustainable Adsorbent-a Critical Review [J]. Bioresource Technology,2014(160): 191-202.

[24] Bhatnagar A,Sillanpää M,Witek-Krowiak A. Agricultural Waste Peels as Versatile Biomass for Water Purification-A Review [J]. Chemical Engineering Journal,2015(270):244-271.

[25] Akar T,Tosun I,Kaynak Z,et al. An Attractive Agro-industrial By-product in Environmental Cleanup:Dye Biosorption Potential of Untreated Olive Pomace [J]. Journal of Hazardous Materials,2009,166(2):1217-1225.

第7章 烟柴秆提取物残渣对 Pb(Ⅱ)吸附性能研究

7.1 引言

金属离子是一种有毒的污染物,并且在自然界中不易降解。重金属离子污染已经演变成了严重的环境问题。铅是废水和土壤中最重要的污染物之一,它的存在严重危害人们的生命健康,因此,在将废水直接排到环境中前,去除废水中的铅离子成为工业上一个严峻的挑战。从水中除去 Pb(Ⅱ)最常用的方法有化学沉淀法、离子交换法、吸附法、电化学法及膜分离法等。这些方法中,由于吸附法操作简单,材料易得,且对 Pb(Ⅱ)具有高的吸附效率,因此被认为是最有潜力去除 Pb(Ⅱ)的方法。据报道,很多吸附剂能够很有效地去除 Pb(Ⅱ),比如活性炭。最近,考虑到成本,大规模应用时的去除效率,丰富的资源和工程的便利,研究者将重点聚焦在了天然的吸附材料上,其中包括工农业以及一些植物的废弃物。橡胶果皮、棕榈树壳、稻壳、木材、花生壳、山竹果皮对金属离子有较好的吸附能力。

天然的植物吸附剂主要包含纤维素,它可以从水溶液中吸附重金属离子,这些吸附剂的优势是成本低,吸附效率高,吸附剂可再生。之前有很多人研究了关于多种农林残弃物对重金属离子的吸附,其中包括麦糠、葡萄茎、榛实皮、大麦秆、烟柴秆等。植物吸附剂的吸附机理是物理、化学的相互作用,主要是离子交换或金属离子和表面的官能团形成复合物。这些官能团主要包括羟基和羧基。

作为制作香烟的主要材料,在世界范围内烟草被广泛地种植,烟柴秆(TR)占烟草质量的 60%,烟柴秆一般作为农业废弃物进行焚烧,因此,烟柴秆的回收利用显得十分必要。在前期研究中,我们发现烟柴秆提取物可以作为循环冷却水的阻垢缓蚀剂。最近,我们发现烟柴秆提取物在盐酸介质中对 N80 碳钢具有较好的缓蚀性能,在模拟海水中具有较好的阻垢、缓蚀性能。烟柴秆残渣

(TRR)富含纤维素和木质素等物质,这些物质含有羟基、羧基等官能团。因此,烟柴秆提取物残渣能够作为吸附剂去除废水中的 Pb(Ⅱ),彭金辉报道使用烟草茎能作为一种低成本的吸附剂去除水溶液中的 Pb(Ⅱ),吸附量为 5.54 mg/g,由于未经处理的植物废弃物作为吸附剂在使用过程中可能会有可溶性组分的流失,造成吸附溶液化学需氧量(COD)、生物需氧量(BOD)和总有机碳(TOC)升高的问题,而且当其作为吸附剂时存在吸附量低的缺点。然而,提取后的烟柴秆残渣没有上述问题,目前未见烟柴秆提取物残渣作为吸附剂吸附铅离子报道。

由上所述,烟柴秆提取物残渣可能作为一种廉价的、绿色的、天然的物质被用来吸附水溶液中的铅离子。本章考察了吸附剂用量、溶液 pH、吸附时间和 Pb(Ⅱ)初始浓度对烟柴秆提取物残渣吸附水溶液中 Pb(Ⅱ)的影响,使用不同的等温模型和动力学模型对烟柴秆提取物残渣吸附进行了分析。结果表明,吸附模型数据符合 Langmuir 吸附等温线,同时吸附动力学模型符合准二级模型。采用 X 射线衍射(XRD)、N_2 吸附-脱附和 X 射线光电子能谱(XPS)对烟柴秆提取物残渣进行了表征;采用红外光谱和 Zeta 电位法研究了烟柴秆残渣的吸附机理。

7.2　实验

7.2.1　实验材料与试剂

实验材料同 5.12.2 所述。

实验所用的化学试剂如表 7-1 所示。

表 7-1　化学试剂

试剂名称	分子式	纯度	生产厂家
醋酸铅(三水)	$(CH_3COO)_2Pb \cdot 3H_2O$	分析纯	国药集团化学试剂有限公司
盐酸	HCl	分析纯	天津宝利达化工有限公司
二甲酚橙	$C_{31}H_{28}O_{13}N_2SNa_4$	分析纯	天津大学科威公司
氢氧化钠	NaOH	分析纯	天津市风船化学试剂科技有限公司
乙二胺四乙酸二钠	$C_{10}H_{14}N_2O_8Na_2 \cdot 2H_2O$	分析纯	天津市化学试剂一厂
氯化钠	NaCl	分析纯	天津市塘沽化学试剂厂

续表

试剂名称	分子式	纯度	生产厂家
过氧化氢	H_2O_2	分析纯	天津市富起化工有限公司
硝酸	HNO_3	分析纯	北京华威锐科化工有限公司
浓硫酸	H_2SO_4	分析纯	国药集团化学试剂有限公司
蒽酮	$C_{14}H_{10}O$	分析纯	天津市光复精细化工研究所
乙酸乙酯	$CH_3COOCH_2CH_3$	分析纯	天津博迪化工股份有限公司
微晶纤维素	$(C_6H_{10}O_5)_n$	分析纯	天津市光复精细化工研究所

7.2.2 实验仪器及设备

实验所用的实验仪器及设备如表 7-2 所示。

表 7-2 实验仪器及设备

仪器名称	规格/型号	生产厂家
傅立叶红外光谱仪	Vector 22	德国布鲁克光谱仪器公司
X 射线衍射仪	D8 FOCUS	德国布鲁克光谱仪器公司
比表面积及孔隙度分析仪	Micromeritics ASAP 2020	美国麦克仪器公司
Zeta 电位仪	NANA-ZS90	英国马尔文仪器有限公司
扫描电镜	ISM-5600	日本电子株式会社
紫外可见分光光度计	L5	上海仪电物理光学仪器有限公司
全自动元素分析仪	1Flash EA 1112 型	热电有限公司
原子吸收光谱仪	Thermo M6	美国热电公司
光电予能谱仪	PHI-5000 Versaprobe	日美合资 Ulvac-PHI 公司
循环水式多用真空泵	SHB-Ⅲ	天津星科仪器有限公司
数显恒温水浴锅	HH-4	温州标诺仪器有限公司
电子分析天平	FA1004	上海上平仪器有限公司
精密 pH 计	F-50C	北京屹源电子仪器科技公司
量筒	50 mL 100 mL	天津市天玻玻璃仪器有限公司
移液管	1 mL 5 mL 50 mL	天津市天玻玻璃仪器有限公司
锥形瓶	250 mL	天津市天玻玻璃仪器有限公司

仪器名称	规格/型号	生产厂家
三口烧瓶	500 mL	天津市天玻玻璃仪器有限公司
容量瓶	100 mL 250 mL 500 mL	天津市天玻玻璃仪器有限公司

7.2.3　烟柴秆提取物残渣的制备及物理、化学组分分析

烟柴秆提取物的制备方法同 5.12.3 所述,将滤饼用 80 ℃蒸馏水反复洗涤后,在 105 ℃恒温烘箱中干燥 12 h 后研磨并过筛(0.15 mm)得到用于实验的烟柴秆提取物残渣。

烟柴秆提取物残渣的主要成分按照陈浩报道的方法进行分析。分析了 TRR 的水分、挥发物、灰分和固定碳成分含量。具体步骤如下:称取 1.0 g 的 TRR 于坩埚中,在 105℃烘箱中干燥 1 h。减少的重量百分比为 TRR 的含水量。剩余的样品放置在具盖的坩埚中,在马弗炉中于 925 ℃灼烧 7 min,减少的重量为易挥发物质。残留样品在无盖坩埚中于 700 ℃灼烧 30 min,减少的重量为灰分含量,最后残留的样品为固定碳。通过称重 100 cm^3 的样品的重量计算样品的体积密度。

烟柴秆提取物残渣元素分析在全自动元素分析仪(热电有限公司,Flash EA 1112)上完成,样品分析之前在 150 ℃脱气 3 h。

烟柴秆提取物残渣无机物含量分析根据文献报道的方法使用 HNO_3 和 H_2O_2 对样品进行处理,处理后样品进行过滤,滤液稀释后使用原子吸收光谱仪(美国热电公司,Thermo M6)对样品中的 Ca 和 Si 进行定量分析,结果如表 7-3 所示。

纤维素含量的分析方法原理是根据纤维素为 β—葡萄糖残基组成的多糖,在酸性条件下加热能分解成 β—葡萄糖。β—葡萄糖在强酸作用下,可脱水生成 β—糖醛类化合物,β—糖醛类化合物与蒽酮脱水缩合,生成蓝绿色的糖醛衍生物。然后使用紫外分光光度计在 620 nm 波长下,测其吸光度值并根据标准曲线计算样品中纤维素含量。

将 1.0 g 烟柴秆提取物残渣于 60 g 8%的 NaOH 溶液中,25 ℃下反应 15 h,抽滤、水洗至中性,所得滤液用 0.86 mol/L H_2SO_4 调节 pH 至 2~3 时有大量棕色沉淀生成,静置离心得木质素。

表 7-3 烟柴秆提取物残渣的物理、化学组分分析

元素分析(%)	数值	组分分析(wt.%)	数值	物理性质	数值
C	65.1	含水量	8.14	BET 比表面积(m^2/g)	15.30
H	9.41	挥发性物质	81.3	孔容(cm^3/g)	0.008335
N	1.54	灰分	0.250	孔径(nm)	4.769
Ca	1.80	固定碳	10.3	密度(g/L)	228
Si		纤维素	31.6	木质素(wt.%)	35.5

7.2.4 实验方法

7.2.4.1 吸附实验

配制一定质量浓度的 Pb(Ⅱ)初始溶液,用 CH_3COOH 或 NaOH 溶液调节到一定 pH 后,准确量取 50 mL 的 Pb(Ⅱ)溶液于 100 mL 锥形瓶内,加入一定的烟柴秆提取物残渣,在 25 ℃ 恒温水浴振荡吸附进行实验,达到设定时间后取样并设置空白对照。吸附实验结束后进行抽滤(采用 0.45 μm 微孔滤膜),并测定滤液中 Pb(Ⅱ)浓度。

溶液中的 Pb(Ⅱ)浓度采用络合滴定的方法进行测定。烟柴秆提取物残渣对 Pb(Ⅱ)的吸附效果由吸附量 q_t(mg/g)和离子去除率 r(%)来评价,计算公式如下:

$$q_t = \frac{(c_0 - c_t)}{m} \tag{7-1}$$

$$r = \frac{c_0 - c_t}{c_0} \times 100\% \tag{7-2}$$

式中:c_0 为初始 Pb(Ⅱ)浓度,mg/L;c_t 为吸附后溶液中 Pb(Ⅱ)浓度,mg/L;m 为吸附剂投加量,g/L。

7.2.4.2 分析方法

用于表面分析的烟柴秆提取物残渣经烘箱干燥、研磨并过筛(0.15 mm)后置于干燥器中备用,分别对烟柴秆提取物残渣进行 XRD、N2 吸附-脱附、Zeta 电位、XPS 进行表征,并对烟柴秆提取物残渣吸附 Pb(Ⅱ)前后进行红外表征,测试样品采用 KBr 压片法。

7.3　结果与讨论

7.3.1　烟柴秆提取物残渣的表征

7.3.1.1　烟柴秆提取物残渣的结构表征

烟柴秆提取物残渣的 XRD 图如图 7-1 所示。烟柴秆提取物残渣在 21.8° 的强峰属于纤维素的(002)晶面。在 15.3°的宽峰为无定形峰,这一结论和张丽萍之前的报道一致。

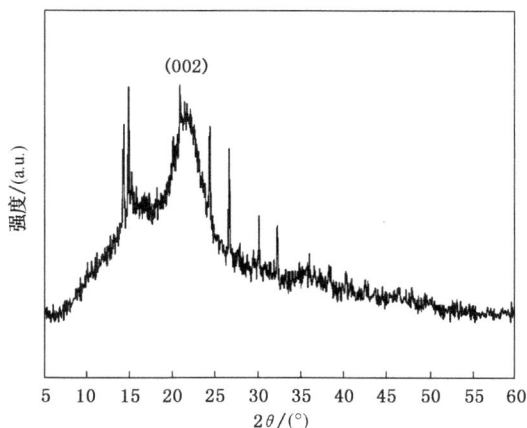

图 7-1　TRR 的 XRD 图

图 7-2 为烟柴秆提取物残渣对 Pb(Ⅱ)吸附前后的红外谱图。由图 7-2a 吸附前烟柴秆提取物残渣的 FT-IR 图可知,在 3 425 cm^{-1} 附近的强峰为果胶、纤维素和木质素中醇、酚和羧酸中羟基的伸缩振动吸收峰,这表明 TRR 表面存在自由的 O—H 官能团;2 925 cm^{-1} 和 2 926 cm^{-1} 为—CH$_3$ 和—CH$_2$ 的对称和不对称伸缩振动峰,1 426 cm^{-1} 和 1 423 cm^{-1} 分别为 TRR 吸附 Pb(Ⅱ)前后的弯曲振动峰。1 060 cm^{-1} 的峰归属于 TRR 中纤维素 C—O—C 的伸缩振动峰。

烟柴秆提取物残渣吸附 Pb(Ⅱ)后(见图 7-2b),O—H 的伸缩振动峰由 3 425 cm^{-1} 偏移到 3 420 cm^{-1},峰强变弱;羧酸 C—OH 振动峰由 1 426 cm^{-1} 偏移到 1 423 cm^{-1},吸附 Pb(Ⅱ)后 700 cm^{-1} 以下峰的强度增加,谱带发生偏移,这是由于醇羟基和 Pb(Ⅱ)之间发生作用。由此可知,烟柴秆提取物残渣吸附 Pb(Ⅱ)的主要官能团为羟基、羧基等。

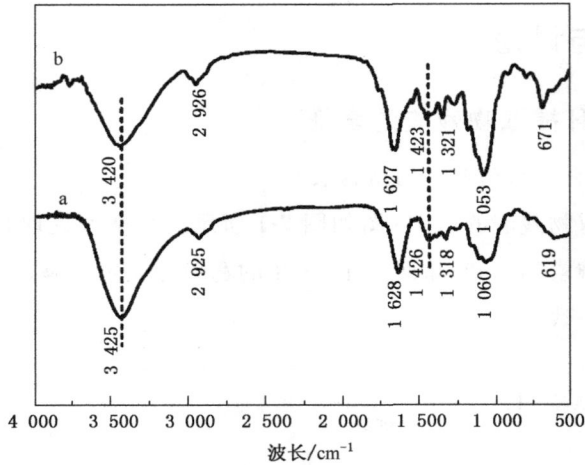

图 7-2　烟柴秆提取物残渣吸附 Pb(Ⅱ)前(a)后(b)的红外光谱

如图 7-3 所示,对不同 pH 下的 TRR 进行的 Zeta 电位测试。pH 在 2～7 范围内 TRR 带负电。TRR 随 pH 增加,Zeta 电位也随着增加,说明 TRR 对 Pb(Ⅱ)具有较高的吸附能力。

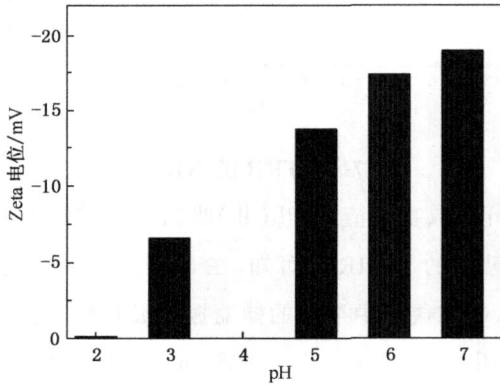

图 7-3　烟柴秆提取物残渣的 Zeta 电位

通过 XPS 研究了 TRR 表面的元素组(见图 7-4)。XPS 宽扫光谱表明 TRR 是由大量的 C、O 以及少量的 Ca、Si 和 N 元素组成的。TRR 的 N 1s 光谱在 399.3 eV 的峰归属于烟碱吡啶环中的 C—N＝C 键。C 1s 谱图可以分为四个峰,分别在 285.0、286.8、288.5 和 289.4 eV。这四个峰分别为 sp3 碳(C—C 或 C—H),纤维素中和氧原子相连的碳(C—O),纤维素分子中 O—C—O 中的碳原子以及羧基官能团中的碳原子(C＝O)。O 1s 的谱图可以分为三个峰,分别在 531.2、532.4 和 533.6 eV,分别为羰基中的氧、醇中的氧和醚中的氧。XPS 结果表明 TRR 表面存在—OH 和—COOH,它们可以作为吸附 Pb(Ⅱ)的官能团,这和 FT—IR 所获得的结果一致。

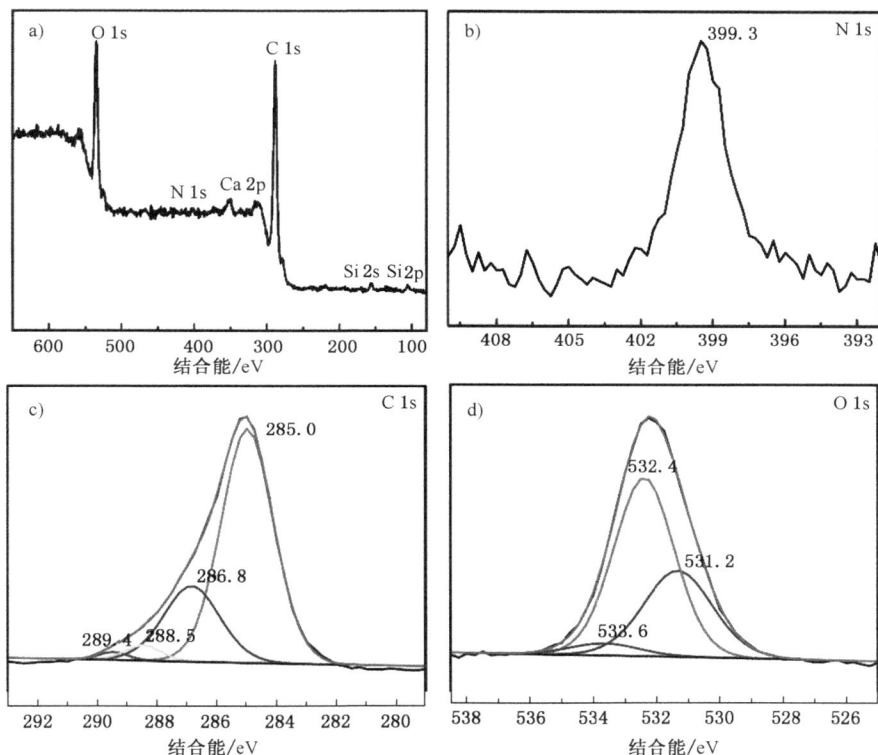

图 7-4　TRR 的 XPS 宽扫图谱(a)以及 TRR 的 N 1s、C 1s 和

O 1s XPS 图谱(b、c 和 d)

7.3.1.2　TRR 的结构和形貌特征

表 7-3 为烟柴秆提取物残渣的结构参数。烟柴秆提取物残渣的 BET 比表面积、孔体积和孔径分别为 15.30 m^2/g、0.008 335 cm^3/g 和 4.769 nm,由此说明烟柴秆提取物残渣中存在介孔结构。烟柴秆提取物残渣孔径分布如图 7-5 所示,进一步说明了存在介孔结构。

通过 SEM 分析了 TRR 吸附 Pb(Ⅱ)前后的形貌特征。从图 7-6a 和 b 可以看出,TRR 的表面是粗糙的并且吸附 Pb(Ⅱ)前后 TRR 的形貌特征没有发生明显的改变,这说明 TRR 吸附 Pb(Ⅱ)之后结构得到了很好的保持。EDS 结果表明 TRR 表面存在 C、O、Ca 和 Si 元素（见图 7-6c），这个结果和 XPS 相一致，并且可以明显地观察到，TRR 吸附之后 Pb（Ⅱ）存在于 TRR 的表面。这个结果表明 TRR 可以作为吸附 Pb（Ⅱ）很好的吸附剂。

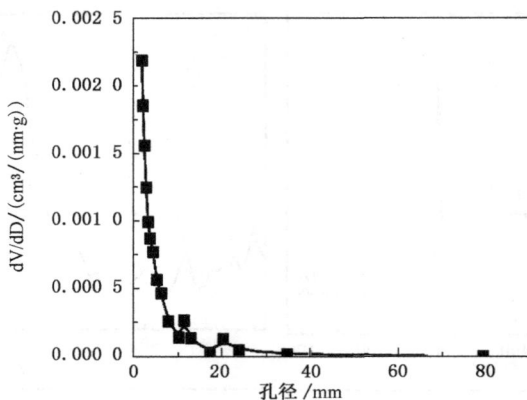

图 7-5　烟柴秆提取物残渣的孔径分布图

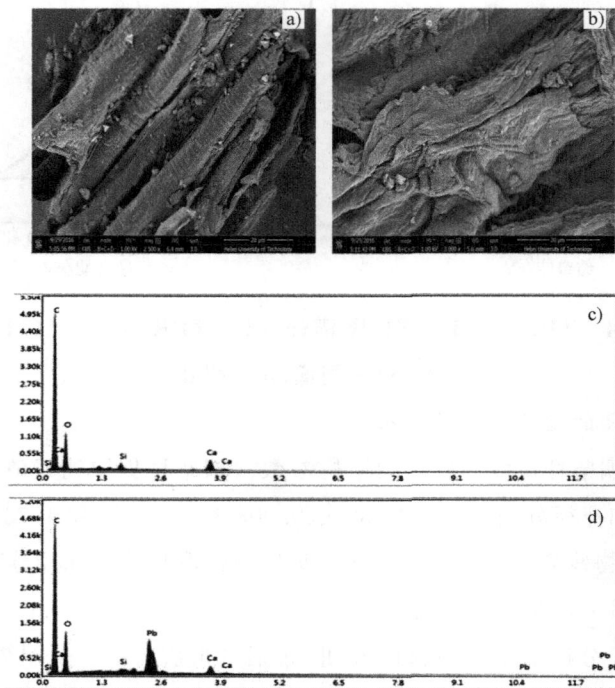

图 7-6　TRR 吸附 Pb（Ⅱ）前（a 和 c）和吸附后（b 和 d）的 SEM 和 EDS 图

7.3.2　吸附条件对烟柴秆提取物残渣吸附 Pb(Ⅱ)的影响

7.3.2.1　TRR 用量对 Pb(Ⅱ)吸附效果的影响

固定溶液体积为 50 mL,配制初始浓度为 50 mg/L 的 Pb(Ⅱ)溶液,吸附时间为 60 min 的条件下,研究了烟柴秆提取物残渣的不同用量对 Pb(Ⅱ)的吸附效果如图 7-7a 所示。

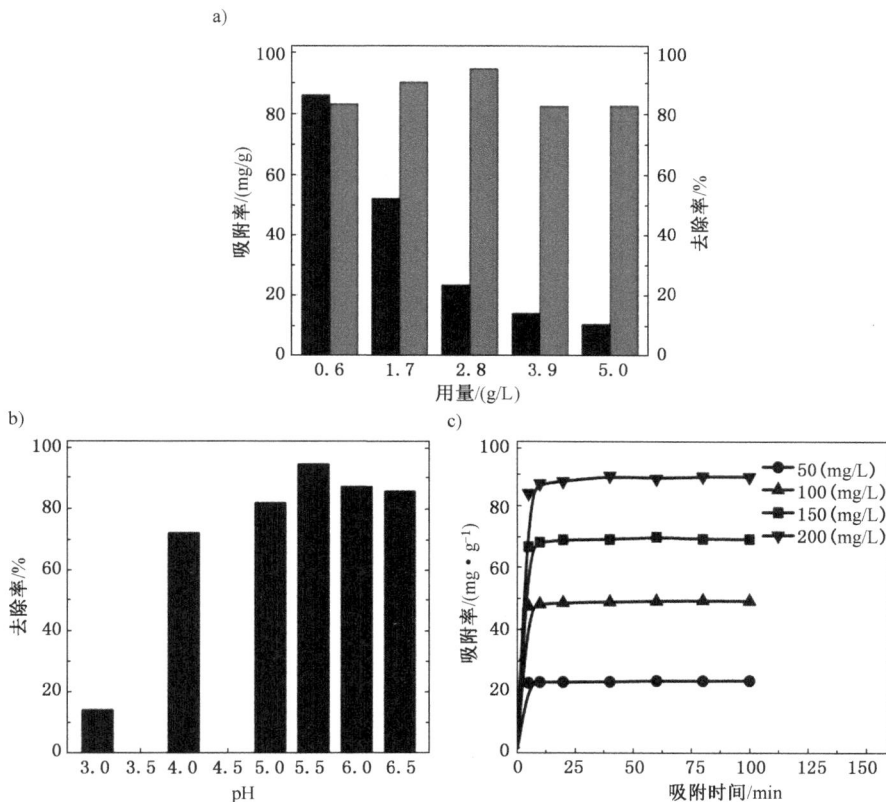

图 7-7　TRR 用量(a),pH(b)和吸附时间和初始浓度(c)对 Pb(Ⅱ)吸附的影响

烟柴秆提取物残渣的用量为 0.5～2.0 g/L 时,烟柴秆提取物残渣对 Pb(Ⅱ)的去除率随着用量的增加而增大,这是因为随着吸附剂用量的增加,增大了吸附剂的表面积和可吸附的活性位点。继续增大吸附剂的用量(3.0～4.0 g/L),去除率反而下降,这是由于吸附剂相对于 Pb(Ⅱ)过量,导致吸附剂发生团聚,进而减小了吸附剂的有效吸附比表面积,导致去除率下降。因此,在所考察的实验条件下,烟柴秆提取物残渣的最佳用量为 2.0 g/L,去除率达到最大值 94.6%。

7.3.2.2　溶液 pH 对烟柴秆提取物残渣吸附 Pb(Ⅱ)的影响

图 7-7b 表明 pH 对吸附 Pb(Ⅱ)的影响。固定溶液体积为 50 mL,在 25 ℃ Pb(Ⅱ)初始浓度为 50 mg/L,吸附剂用量为 2 g/L,吸附时间为 60 min 的条件下,研究了对 Pb(Ⅱ)吸附的影响。如图 7-7b 所示,去除率随 pH 的增大而增加,并且当 pH 在 3.0~5.5 时去除率快速增加。当 pH 为 5.5 时,去除率达到 95.0%。低 pH 条件下 Pb(Ⅱ)去除率降低可能是由于 H⁺ 和 Pb(Ⅱ)在吸附位点处的竞争。随着 pH 的增大,排斥力降低由于减少了吸附位点的负电荷密度,因此导致了金属离子吸附量的上升。进一步上升 pH 从 5.5 到 6.5,去除率不再上升。在碱性介质中,Pb(Ⅱ)发生水解,沉淀物取代了吸附剂并且吸附剂被金属离子破坏,无法进行吸附研究。在木屑和印楝树皮吸附 Pb(Ⅱ)的研究中同样得到类似的结果。

7.3.2.3　吸附时间和初始浓度对 Pb(Ⅱ)吸附量的影响

初始 Pb(Ⅱ)浓度(50~200 mg/L)对 Pb(Ⅱ)吸附量的影响见图 7-7c。该实验在温度为 25 ℃,pH 为 5.5,TRR 用量为 2 g/L 的条件下进行。

该吸附过程可以描述为两个阶段的动力学行为,首先是快速的初始吸附然后是慢速的吸附。明显看到,Pb(Ⅱ)离子的吸附速率在前 10 min 是快速的,表明了 Pb(Ⅱ)与 TRR 表面存在很好的亲和力,导致这个现象的原因是吸附初期 TRR 上存在较多的空白吸附位点和高的溶液浓度。吸附速率在 20 分钟后开始降低,这是由于空的吸附位点数量减小,溶液中 Pb(Ⅱ)浓度降低所致。吸附速率降低也表明了 Pb(Ⅱ)在吸附剂表面可能形成了单层的吸附模型。

当溶液中 Pb(Ⅱ)离子的初始浓度从 50 增加到 200 mg/L 时,TRR 的平衡吸附量从 23.3 mg/g 增加到 88.4 mg/g。因为 Pb(Ⅱ)离子初始浓度增加,使得传质作用力变大,进而增加了 Pb(Ⅱ)的吸附量。由图 7-7c 可知,在 Pb(Ⅱ)离子的初始浓度范围在从 50~200 mg/L 之间,到达吸附平衡的时间约为 10 min。但在本实验中为了确保 TRR 能达到完全吸附平衡,实验时间选择为 60 min。

7.3.3　Pb(Ⅱ)的吸附等温模型

为了更好地描述烟柴秆提取物残渣对 Pb(Ⅱ)的吸附行为,分别采用 Langmuir 和 Freundlich 等温吸附模型对吸附平衡数据进行拟合。

Langmuir 等温吸附方程:

$$q_e = q_m \times \frac{bc_e}{1 + bc_e} \tag{7-3}$$

式中:C_e 为平衡浓度,mg/L;q_e 为烟柴秆残渣的吸附量,mg/L;q_m 为吸附等温线的饱和吸附量,mg/g;b 为 Langmuir 吸附的平衡常数,g/L。

Freundlich 等温吸附方程:

$$q_e = k \times c_e^{1/n} \tag{7-4}$$

式中:C_e 为平衡浓度,mg/L;q_e 为烟柴秆提取物残渣的吸附量,mg/L;k 是与吸附剂吸附容量有关的常数;n 与吸附分子和吸附剂表面作用强度有关的常数。

通过上述提到的等温方程将吸附平衡数据进行拟合(见图 7-8)相应的拟合参数列于表 7-4 中。结果表明,Langmuir 吸附等温方程拟合的相关系数 R^2(0.978)高于 Freundlich 的相关系数(0.931)。事实表明,Langmuir 吸附模型可以很好地描述 TRR 对 Pb(Ⅱ)的吸附,该模型假设为单分子层吸附且吸附剂表面活性位均匀分布。TRR 对 Pb(Ⅱ)的吸附度通过分离系数(R_L)来判定,R_L 通过下面公式计算:

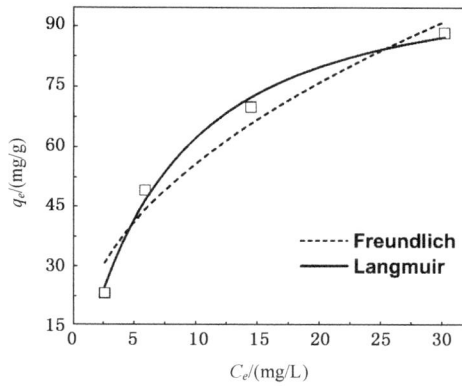

图 7-8　Pb(Ⅱ)的 Langmuir 和 Freundlich 吸附等温线模型图

$$R_L = 1/(1+bC_0) \tag{7-5}$$

该式中,C_0 是 Pb(Ⅱ)的初始浓度(mg/L),b 为 Langmuir 吸附平衡常数(L/mg)。R_L 的值表示吸附性质:当 $R_L > 1$ 时,不利吸附;当 $0 < R_L < 1$ 时,利于吸附;当 $R_L = 1$ 时,线性吸附;当 $R_L = 0$ 时,不可逆吸附。TRR 对 Pb(Ⅱ)离子吸附的分离系数在 0.047~0.164 之间,证明了 TRR 对 Pb(Ⅱ)吸附过程是有利的。

表 7-4　Pb(Ⅱ)的 Langmuir 和 Freundlich 吸附模型的参数

Langmuir 吸附模型参数			Freundlich 吸附模型参数		
R^2	q_m	b	R^2	K	n
0.978	103.0	0.102	0.931	19.9	2.24

7.3.4　吸附动力学模型

为了更好地理解吸附机理,评价 TRR 的吸附性能,分别采用拟一级和拟二级动力学模型研究了吸附动力学数据。

拟一级动力学模型通过下面公式计算：

$$\ln(q_e - q_t) = \ln q_e - k_1 t \qquad (7-6)$$

式中：q_e 为 Pb(Ⅱ)吸附平衡量，mg/g；q_t 为 Pb(Ⅱ)吸附平衡时间，min；k_1 为拟一阶速率常数，$\min^{-1}$。

拟二级动力学模型通过下面公式计算：

$$\frac{t}{q_t} = \frac{1}{k_2 q_e^2} + \frac{1}{q_e} t \qquad (7-7)$$

式中：$k_2(\mathrm{g \cdot mg^{-1} \cdot min^{-1}})$ 为二级方程中的速率常数；t/q_t 对 t 作图得到直线表明符合拟二级动力学模型；q_e 和 k_2 可以分别通过斜率和截距得到。

动力学数据也可以通过粒子内部扩散动力学模型分析，方程式如下：

$$q_t = k_i t^{1/2} + C \qquad (7-8)$$

式中：$k_i(\mathrm{mg \cdot g^{-1} \cdot min^{-1/2}})$ 为粒子内部扩散速率常数，由 q_t 对 $t^{1/2}$ 直线的斜率获得。$C(\mathrm{mg/g})$ 由截距获得，是与边界层的厚度有关的常数，截距越大，边界层厚度越大。

为了了解烟柴秆提取物残渣吸附 Pb(Ⅱ)过程，常温下，在 pH=5.5 的水溶液下，对烟柴秆提取物残渣吸附 Pb(Ⅱ)的动力学进行分析，结果如图 7-9 所示。拟一级动力学模型和拟二级动力学模型的参数如表 7-5 所示。

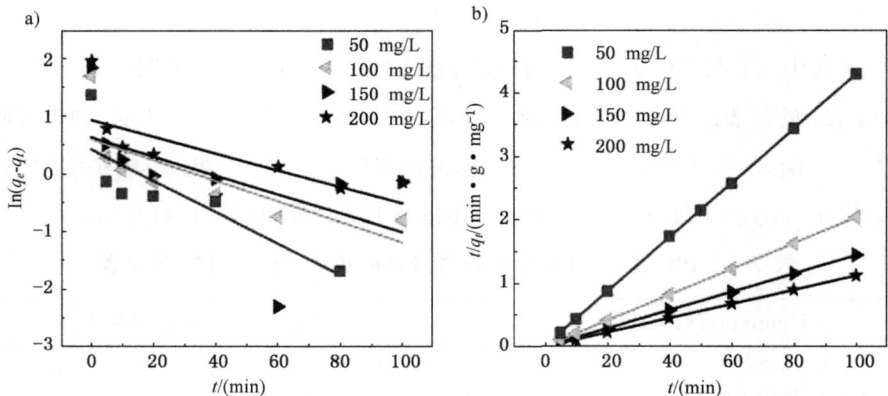

图 7-9　烟柴秆提取物残渣吸附 Pb(Ⅱ)过程的线性拟合

(a)拟一级动力学方程；(b)拟二级动力学方程

表 7-5　烟柴秆提取物残渣吸附 Pb(Ⅱ)过程的动力学参数

C_0 (mg/L)	拟一级动力学模型			拟二级动力学模型			粒子内部扩散模型		
	$q_{e,cal}$ (mg/g)	k_1 (min^{-1})	R^2	$q_{e,cal}$ (mg/g)	k_2 (g·mg^{-1}·min^{-1})	R^2	C (mg/g)	k_i (mg·g^{-1}·min$^{-1/2}$)	R^2
50	1.54	0.027 3	0.630	23.4	0.138	0.999	22.5	0.091 4	0.874
100	1.82	0.017 9	0.501	4.3	0.093 0	0.999	47.3	0.211	0.818
150	1.88	0.016 4	0.171	76.9	0.084 5	0.999	67.0	0.279	0.526
200	2.53	0.014 4	0.428	8.3	0.036 9	0.999	84.3	0.552	0.615

　　从图 7-9 和表 7-5 可知,拟二级动力学模型的相关系数 $R^2=0.999$,从拟二级动力学模型计算所得的 $q_{e,cal}$ 值与实验所得 q 值相一致。因此,烟柴秆提取物残渣对 Pb(Ⅱ)的吸附符合拟二级动力学模型,其中控制吸附速率的步骤是化学吸附,结果与文献报道一致。从表 7-5 可知,速率常数 k_2 随着 Pb(Ⅱ)初始浓度的增加而降低,这可能与吸附位点在 Pb(Ⅱ)初始浓度较低时具有较低的竞争力有关。Pb(Ⅱ)初始浓度较高时,由于表面活性位点的竞争较强导致吸附速率较低。这与在其他天然植物吸附剂吸附 Pb(Ⅱ)的过程的结果一致。

　　动力学模型成功地描述了烟柴秆提取物残渣对 Pb(Ⅱ)的吸附行为,然而,它并不能反映扩散的重要性。因此,采用分子内部扩散模型分析在烟柴秆提取物残渣吸附 Pb(Ⅱ)过程中扩散的作用。从图 7-10 和表 7-5 可知,分子内部扩散模型的相关系数全部低于 0.874,表明烟柴秆提取物残渣吸附 Pb(Ⅱ)的过程不能很好地用分子内部扩散模型描述。此外,截距 C 不是零而是大于零的值(22.5～84.3 mg/g),并且随着 Pb(Ⅱ)初始浓度的增加而增加。这个结果表明边界层扩散在烟柴秆提取物残渣吸附 Pb(Ⅱ)的过程中可能是速率控制步骤,当 Pb(Ⅱ)初始浓度较高时,边界层扩散起主要作用。

7.3.5　吸附热力学

　　在烟柴秆提取物残渣吸附 Pb(Ⅱ)的过程中的热力学参数(ΔH,ΔS 和 ΔG)可以通过等温吸附曲线获得。分别在 298K、308K、318K 下,研究了烟柴秆提取物残渣吸附 Pb(Ⅱ)的热力学模型。不同温度下的 $\ln(q_e/C_e)$ 值可以通过 Van't Hoff 方程获得

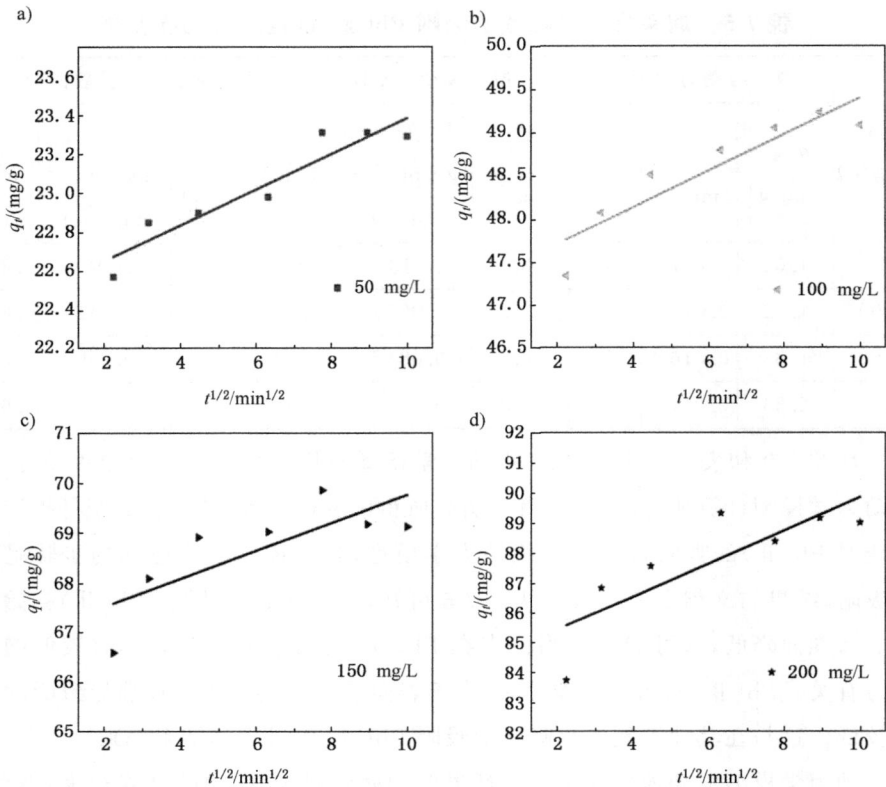

图 7-10　不同 Pb(Ⅱ)浓度的分子内部扩散模型

(a) 50 mg/L;(b) 100 mg/L;(c) 150 mg/L;(d) 200 mg/L

$$\ln(q_e/C_e) = -\Delta H/RT + \Delta S/R \qquad (7\text{-}9)$$

吉布斯自由能(ΔG)根据下面的关系计算：

$$\Delta G = \Delta H - T\Delta S \qquad (7\text{-}10)$$

R 是气体常数($8.314\ \text{J} \cdot \text{mol}^{-1} \cdot \text{K}^{-1}$),$T(\text{K})$是绝对温度。$\ln(q_e/C_e)$和 $1/T$ 直线的斜率和截距分别为 $-\Delta H/R$ 和 $\Delta S/R$(见图 7-11),相关的热力学参数如表 7-6 所示。

表 7-6　烟柴秆提取物残渣吸附 Pb(Ⅱ)的热力学参数

$T(\text{K})$	$\Delta H/(\text{kJ/mol})$	$\Delta S/(\text{J}/(\text{mol} \cdot \text{k}))$	$\Delta G/(\text{kJ/mol})$	$T\Delta S/(\text{kJ/mol})$
298	-3.86	-3.41	-2.84	-1.02
308			-2.81	-1.05
318			-2.78	-1.09

在烟柴秆提取物残渣吸附 Pb(Ⅱ)的过程中,ΔG 为负值,表明此吸附过程是可行的并且能自发进行。此外,在 298~318K 的温度范围内,ΔG 随着温度的增加缓慢降低,这表明 Pb(Ⅱ)吸附在低温下更易进行,这可能是由于烟柴秆提取物残渣吸附 Pb(Ⅱ)是一个放热过程。表 7-6 的结果表明在 298K、308K 和 318K 下 $|T\Delta S|<|\Delta H|$,这表明吸附过程取决于焓变而不是熵变。Yousif 在铜配合物改性的纤维素吸附 As 的过程中,得出同样的结论。

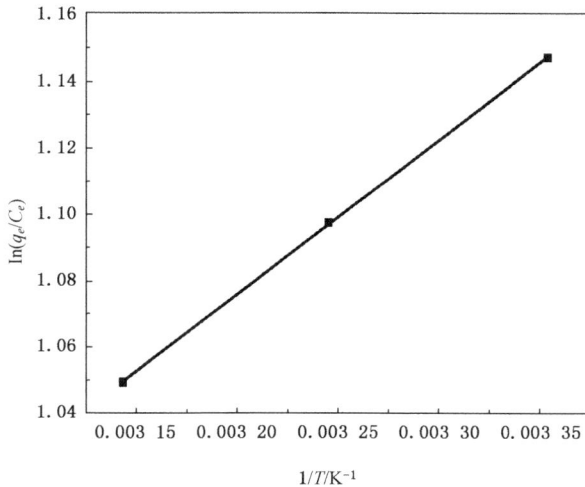

图 7-11　烟柴秆提取物残渣吸附 Pb(Ⅱ)的 Van't Hoff 等温方程

7.3.6　离子强度对 Pb(Ⅱ)吸附的影响

通过对离子强度影响的研究,探索了 Pb(Ⅱ)和 TRR 之间的相互作用机理。随着 NaCl 浓度的增加 Pb(Ⅱ)的吸附能力略有下降(见图 7-12)。这可能是因为:Pb(Ⅱ)和 TRR 会形成双电层配合物,Pb(Ⅱ)和 Na^+ 在 TRR 表面的竞争效应随 NaCl 浓度的增加而增加。它表明了 Pb(Ⅱ)在 TRR 上的吸附过程为离子交换机理。吸附后的 Pb(Ⅱ)溶液的 pH 表明了液相的属性,因为它是吸附剂和 Pb(Ⅱ)之间的相互作用的结果。因此,研究了在不同的离子强度的下的 Pb(Ⅱ)溶液的 pH。从图 7-12 可以看出,随着 NaCl 浓度的增加,可以观察到吸附后的 Pb(Ⅱ)溶液的 pH 从 6.2 减少到 5.6。离子交换引起的溶液 pH 降低是由于阳离子从吸附剂表面释放到水溶液产生的较低的水解常数。因此,pH 的下降进一步表明,Pb(Ⅱ)在 TRR 上的吸附过程主要是通过离子交换机理进行的。

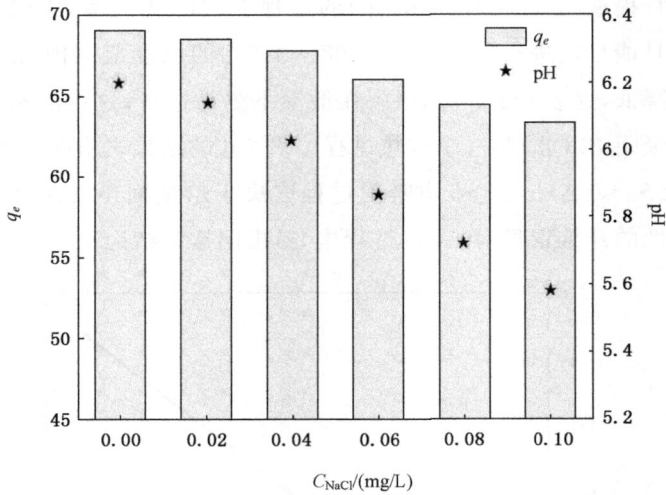

图 7-12　离子强度对 Pb（Ⅱ）在 TRR 上吸附的影响（$C_0 = 150$ mg/L，$T = 298$ K）

7.3.7　不同吸附剂吸附性能的比较

表 7-7 比较了 TRR 和报道文献中用于去除 Pb（Ⅱ）的不同种类的吸附剂的最大单层吸附量。和文献报道的其他吸附剂相比，TRR 显示出了较短的吸附时间和较高的最大单层吸附容量。TRR 的快速吸附速率和较高的吸附容量使它可能成为一种能实际应用的有效去除 Pb（Ⅱ）的吸附剂。

表 7-7　Pb（Ⅱ）与不同吸附剂吸附能力的比较

吸附剂	吸附时间/min	吸附量/（mg/g）
烟柴秆残渣	10	103
木屑	60	88.5
苦楝树树皮	60	83.3
头孢霉菌	30	92.3
麦麸	60	69.0
废茶	45	65.0
榛子壳	120	28.2
扁桃壳	120	8.08
烟柴秆茎	120	5.54
扭刺仙人掌	35	29.0
胱氨酸改性的生斜质	20	43.9

7.3.8　烟柴秆提取物残渣的再生实验

一个性能优良的吸附剂不仅应该有快速的吸附作用和较高的吸附能力,也应该表现出更好的可重复使用的性能,这可以降低整个实际应用中的成本。首先,研究了不同洗脱剂的解吸作用,包括去离子水、0.1M HCl 溶液、0.1M NaOH 溶液和 0.1M 乙二胺四乙酸二钠(EDTA)。实验结果表明,用 0.1M HCl 对 TRR 进行解吸率最高,可达到 98.4%。它表明了 Pb(Ⅱ)在 TRR 上的吸附过程主要是通过离子交换机理进行。因此,使用 0.1M HCl 作为洗脱剂对 TRR 和 TR 进行吸附/脱附的研究(见图 7-13)。结果表明,进行四次循环使用 TRR 的吸附量没有明显的下降,然而,TR 对 Pb(Ⅱ)的吸附量在第一次循环中就有明显的降低,可能是因为 TR 中一些可溶性成分的流失导致吸附剂质量的减少。通过和 TR 的比较,TRR 在实际应用中显示了良好的可重复和回收性能。

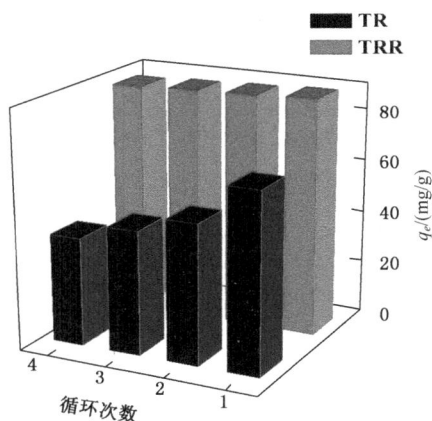

图 7-13　TRR 和 TR 对 Pb(Ⅱ)吸附的吸附-再生循环

7.4　小结

烟柴秆提取物残渣是通过将烟柴秆在蒸馏水中提取水溶性组分后得到的不溶物,将其应用于对 Pb(Ⅱ)的吸附实验中,得出以下结论:

(1)通过 XRD、FT-IR、Zeta 电位和 XPS 等表征分析表明烟柴秆提取物残渣的官能团主要为羟基和羧基,这些官能团有利于对 Pb(Ⅱ)的吸附,进而通过 BET 和 SEM 表征分析表明烟柴秆提取物残渣为介孔结构,粗糙表面适合于作为吸附剂。

（2）烟柴秆提取物残渣吸附 Pb(Ⅱ)的最优条件为：吸附剂量为 2 g/L,pH 为 5.5,吸附时间为 10 min,并且此时烟柴秆提取物残渣对 Pb(Ⅱ)的去除率高达到 92.8%。

（3）通过对等温吸附模型,动力学模型以及热力学模型数据拟合,结果表明烟柴秆提取物残渣对 Pb(Ⅱ)的吸附符合 Langmuir 等温吸附模型以及二级动力学模型,该吸附过程以单分子层化学吸附为主,在低温下更有利于吸附的进行并且该吸附过程取决于焓变而不是熵变。进一步通过对离子强度条件的考察表明烟柴秆提取物残渣对 Pb(Ⅱ)的吸附过程为离子交换机理,并且吸附剂回收 3 次,吸附量没有明显降低,表明烟柴秆提取物残渣是很好的吸附剂。

参考文献

[1] Naiya T K，Bhattacharya A K，Das S K. Adsorption of Pb(II) by Sawdust and Neem Bark from Aqueous Solutions[J]. Environmental Progress & Sustainable Energy，2008，27(3)：313-328.

[2] Tunali S，Akar T，Özcan AS，et al. Equilibrium and Kinetics of Biosorption of Lead(II) from Aqueous Solutions by Cephalosporium Aphidicola [J]. Separation & Purification Technology，2006，47(47)：105-112.

[3] Yasemin B，Zübeyde B. Removal of Pb(II) from Wastewater Using Wheat Bran[J]. Journal of Environmental Management，2006，78(2)：107-113.

[4] Eduardo C，Jussara W T，Mauro S. A New Method of Microvolume Back-extraction Procedure for Enrichment of Pb and Cd and Determination by Flame Atomic Absorption Spectrometry[J]. Talanta，2002，56(1)：185-191.

[5] Naushad M，Alothman Z A. Separation of Toxic Pb^{2+} Metal from Aqueous Solution Using Strongly Acidic Cation-exchange Resin：Analytical Applications for the Removal of Metal Ions from Pharmaceutical Formulation [J]. Desalin Water Treat，2015，53(8)：2158-2166.

[6] Amarasinghe B M W P K，Williams R A. Tea Waste as a Low Cost Adsorbent for the Removal of Cu and Pb from Wastewater[J]. Chemical En-

gineering Journal，2007，132(1-3)：299-309.

[7] Qadeer R，Akhtar S. Kinetics Study of Lead Ion Adsorption on Active Carbon[J]. Turkish Journal of Chemistry，2005，29(1)：95-99.

[8] Gaikwad R W. Removal of Cd(II) from Aqueous Solution by Activated Charcoal Derived from Coconut Shell[J]. Electronic Journal of Environmental Agricultural & Food Chemistry，2004，3(4)：702-709.

[9] Nasuha N，Hameed B H，Din A T M. Rejected Tea as a Potential Low-cost Adsorbent for the Removal of Methylene Blue[J]. Journal of Hazardous Materials，2010，175(1-3)：126-132.

[10] Villaescusa I，Fiol N，MartíNez M A，et al. Removal of Copper and Nickel Ions from Aqueous Solutions by Grape Stalks Wastes[J]. Water Research，2004，38(4)：992-1002.

[11] Altun T，Cetin S，Pehlivan E，et al. Lead Sorption by Waste Biomass of Hazelnut and Almond Shell[J]. Journal of Hazardous Materials，2009，167(1-3)：1203-1208.

[12] Pehlivan E，Altun T，Parlaylcl S. Utilization of Barley Straws as Biosorbents for Cu^{2+} and Pb^{2+} Ions[J]. Journal of Hazardous Materials，2009，164(2-3)：982-986.

[13] Li W，Zhang L，Peng J，et al. Tobacco Stems as a Low Cost Adsorbent for the Removal of Pb(II) from Wastewater：Equilibrium and Kinetic Studies[J]. Industrial Crops & Products，2008，28(3)：294-302.

[14] Sirichote O，Innajitara W，Chuenchom L，et al. Adsorption of Iron (III) Ion on Activated Carbons Obtained from Bagasse，Pericarp of Rubber Fruit and Coconut Shell[J]. Songklanakarin Journal of Science & Technology，2002，24：235-242.

[15] Adinata D，Daud W M A W，Aroua M K. Preparation and Characterization of Activated Carbon from Palm Shell by Chemical Activation with K_2CO_3[J]. Bioresource Technology，2007，98(1)：145-149.

[16] Rahman I，Saad B，Shaidan S，et al. Adsorption Characteristics of Malachite Green on Activated Carbon Derived from Rice Husks Produced by

Chemical-thermal Process[J]. Bioresource Technology，2005，96（14）：1578-1583.

[17] Khezami L，Chetouani A，Taouk B，et al. Production and Characterisation of Activated Carbon from Wood Components in Powder：Cellulose，Lignin，Xylan[J]. Powder Technology，2005，157(1)：48-56.

[18] Wilson K，Yang H，Seo C W，et al. Select Metal Adsorption by Activated Carbon Made from Peanut Shells[J]. Bioresource Technology，2006，97(18)：2266-2270.

[19] Chen Y，Huang M，Chen W，et al. Adsorption of Cu(II) from Aqueous Solution Using Activated Carbon Derived from Mangosteen Peel[J]. BioResources Technology，2012，7(4)：4965-4975.

[20] Sud D，Mahajan G，Kaur M P. Agricultural Waste Material as Potential Adsorbent for Sequestering Heavy Metal Ions from Aqueous Solutions-A Review[J]. Bioresource Technology，2008，99(14)：6017-6027.

[21] Nasuha N，Hameed B H. Adsorption of Methylene Blue from Aqueous Solution onto NaOH-modified Rejected Tea[J]. Chemical Engineering Journal，2011，166(2)：783-786.

[22] Tunali S，Çabuk A，Akar T. Removal of Lead and Copper Ions from Aqueous Solutions by Bacterial Strain Isolated from Soil[J]. Chemical Engineering Journal，2006，115(3)：203-211.

[23] 高美丹. 烟柴秆提取物的缓释性能及其废渣对重金属 Pb(Ⅱ)吸附性能研究[D]. 天津：河北工业大学，2016.

[24] Wang H F，Gao M D，Guo Y，et al. A Natural Extract of Tobacco Rob as Scale and Corrosion Inhibitor Inartificial Seawater[J]. Desalination，2016(398)：198-207.

[25] Chen H，Zhao J，Dai G L. Silkworm Exuviae-A New Non-conventional and Low-cost Adsorbent for Removal of Methylene Blue from Aqueous Solutions[J]. Journal of Hazardous Materials，2011，186(2-3)：1320-1327.

[26] Vaghetti J C P，Lima E C，Royer B，et al. Pecan Nutshell as Biosorbent to Remove Cu(II)，Mn(II) and Pb(II) Fromaqueous Solutions[J].

Journal of Hazardous Materials，2009，162(1)：270-280.

[27] 李方文，魏先勋，李彩亭，等. 络合滴定法测定废水中铅离子的浓度[J]. 工业水处理，2002，22(10)：38-39.

[28] Razali N A M，Azraaie N，Abidin N A M Z，et al. Preparation and XRD Analysis of Cellulose from Merbau(Intsiabijuga)[J]. Advanced Materials Research，2014(895)：151-154.

[29] Wang X，Cui X L，Zhang L P. Preparation and Characterization of Lignin-containing Nanofibrillar Cellulose[J]. Procedia Environmental Sciences，2012，16(4)：125-130.

[30] Wissel H，Mayr C，Lücke A. A New Approach for the Isolation of Cellulose from Aquatic Plant Tissueand Freshwater Sediments for Stable Isotope Analysis[J]. Organic Geochemistry，2008，39(11)：1545-1561.

[31] Kapoor A，Viraraghavan T. Heavy Metal Biosorption Sites in Aspergillus Niger[J]. Bioresource Technology，1997，61(3)：221-227.

[32] Bazant P，Kuritka I，Munster L，et al. Microwave Solvothermal Decoration of the Cellulose Surface by Nanostructured Hybrid Ag/ZnO Particles：a Joint XPS，XRD and SEM Study[J]. Cellulose，2015，22(2)：1275-1293.

[33] Pereira P H F，Voorwald H J C，Cioffi M O H，et al. Sugarcane Bagasse Cellulose Fibres and Their Hydrous Niobium Phosphate Composites：Synthesis and Characterization by XPS，XRD and SEM[J]. Cellulose，2014，21(1)：641-652.

[34] Guo X Y，Gong Q Q，Liang S，et al. Adsorption Properties of Modified Persimmon Biosorbent on Cu^{2+} and Pb^{2+}[J]. The Chinese Journal of Nonferrous Metals，2012，22(2)：599-603.

[35] Farajzadeh M A，Monji A B. Adsorption Characteristics of Wheat Bran Towards Heavy Metal Cations[J]. Separation & Purification Technology，2004，38(3)：197-207.

[36] Yousif A M，Zaid O F，Ibrahim I A. Fast and Selective Adsorption of As(Ⅴ) on Prepared Modified Cellulose Containing Cu(Ⅱ) Moieties[J]. A-

rabian Journal of Chemistry, 2016, 9(5): 607-615.

[37] Fernando M S, de Silva R M, de Silva K N. Synthesis, Characterization, and Application of Nano Hydroxyapatite and Nanocomposite of Hydroxyapatite with Granular Activated Carbon for the Removal of Pb^{2+} from Aqueous Solutions[J]. Applied Surface Science, 2015(351): 95-103.

[38] Chen H, Zhao J, Dai G L, et al. Adsorption Characteristics of Pb (II) from Aqueous Solution onto a Natural Biosorbent, Fallen Cinnamomum Camphora Leaves[J]. Desalination, 2010, 262(1-3): 174-182.

[39] Senturk H B, Ozdes D, Gundogdu A, et al. Removal of Phenol from Aqueous Solutions by Adsorption onto Organomodified Tirebolu Bentonite: Equilibrium, Kinetic and Thermodynamic Study[J]. Journal of Hazardous Materials, 2009, 172(1): 353-362.

[40] Lagergren S. About the Theory of So-called Adsorption of Soluble Substances[M]. Sweden: Kungliga Svenska Vetenskapsakademiens Handlingar, 1898: 1-39.

[41] Ho Y S, McKay G. Kinetic Models for the Sorption of Dye from Aqueous Solution by Wood[J]. Process Safety & Environmental Protection, 1998, 76(2): 183-191.

[42] Miretzky P, Muñoz C, Carrillo-Chávez A. Experimental Binding of Lead to a Low Cost on Biosorbent: Nopal(Opuntia Streptacantha)[J]. Bioresource Technology, 2008, 99(5): 1211-1217.

[43] Yu J, Tong M, Sun X, et al. Cystine-modified Biomass for Cd(II) and Pb(II) Biosorption[J]. Journal of Hazardous Materials, 2007, 143(1): 277-284.

[44] Gupta S, Kumar D, Gaur J P. Kinetic and Isotherm Modeling of Lead(II) Sorption onto Some Waste Plant Materials[J]. Chemical Engineering Journal, 2009, 148(2-3): 226-233.

[45] Guo X Y, Zhang S Z, Shan X Q. Adsorption of Metal Ions on Lignin[J]. Journal of Hazardous Materials, 2008, 151(1): 134-142.

[46] Yang G D, Tang L, Zeng G M, et al. Simultaneous Removal of

Lead and Phenol Contamination from Water by Nitrogen-functionalized Magnetic Ordered Mesoporous Carbon[J]. Chemical Engineering Journal，2015（259）：854-864.

[47] Li C L，Ji F，Wang S，et al. Adsorption of Cu(II) on Humic Acids Derived from Different Organic Materials[J]. Journal of Integrative Agriculture，2015，14(1)：168-177.

第8章 烟柴秆提取物残渣对
亚甲基蓝和刚果红的吸附性能研究

8.1 引言

随着印染工业的不断发展,染料的使用量在不断增大,尤其是纺织业使用了大量的染料,从而产生了很多的染料废水。由于染料废水的组成成分复杂,毒性强,即使含微量染料的废水也会对水体生物造成巨大的伤害,因此染料废水的处理便成为一个很重要的课题。亚甲基蓝及刚果红作为应用广泛的阳离子和阴离子染料,是印染废水的重要污染物。它们排入水体,导致水体的透光度下降,进而影响水中植物的光合作用,影响水体生态平衡。目前,处理染料废水的主要方法有生物处理法、混凝/絮凝处理法、臭氧处理法、化学氧化法、膜过滤法、光降解法和吸附法等。上述方法虽然对亚甲基蓝废水有很好的去除效果,但成本较大,生物处理法虽然成本较低,且通常去除率较低,一般只有50%左右。吸附法成本较低,去除效果较好,因此成为处理染料废水的重要方法。

前期研究中,发现烟柴秆提取物残渣对Pb(Ⅱ)离子具有较好的吸附性能。由于烟柴秆提取物残渣富含纤维素、木质素烟碱等物质,而这些物质含有羟基、羧基和氨基等官基团,可能与染料分子进行作用,因此可以考虑作为吸附剂来处理含有染料的废水。本章就烟柴秆提取物残渣对亚甲基蓝的吸附性能进行研究,这对开发新型环保吸附剂、烟柴秆提取物残渣的资源优化具有重大意义。

8.2 实验

8.2.1 实验材料与试剂

实验材料同 5.12.2 所述。

实验所用的化学试剂如表 8-1 所示。

表 8-1　化学试剂

试剂名称	分子式	纯度	生产厂家
亚甲基蓝	$C_{16}H_{18}ClN_3S \cdot 3H_2O$	分析纯	国药集团化学试剂有限公司
盐酸	HCl	分析纯	天津宝利达化工有限公司
氢氧化钠	$NaOH$	分析纯	天津市风船化学试剂科技有限公司
无水乙醇	CH_3CH_2OH	分析纯	天津大学科威公司
乙二胺四乙酸二钠	$C_{10}H_{14}N_2O_8Na_2 \cdot 2H_2O$	分析纯	天津市化学试剂一厂
氯化钠	$NaCl$	分析纯	天津市塘沽化学试剂厂

8.2.2　实验仪器及设备

实验所用的实验仪器及设备如表 8-2 所示。

表 8-2　实验仪器及设备

仪器名称	规格/型号	生产厂家
数显恒温水浴锅	HH-4	温州标诺仪器有限公司
电子分析天平	FA1004	上海上平仪器有限公司
台式高速离心机	TG18G	盐城市凯特实验仪器有限公司
精密 pH 计	F-50C	北京屹源电子仪器科技公司
紫外可见分光光度计	L5	上海仪电物理光学仪器有限公司
循环水式多用真空泵	SHB-Ⅲ	天津星科仪器有限公司
傅立叶红外光谱仪	Vector 22	德国布鲁克光谱仪器公司
X 射线衍射仪	D8 FOCUS	德国布鲁克光谱仪器公司
量筒	50 mL 100 mL	天津市天玻玻璃仪器有限公司
移液管	1 mL 5 mL 50 mL	天津市天玻玻璃仪器有限公司
锥形瓶	250 mL	天津市天玻玻璃仪器有限公司
三口烧瓶	500 mL	天津市天玻玻璃仪器有限公司
容量瓶	100 mL 250 mL 500 mL	天津市天玻玻璃仪器有限公司

8.2.3　烟柴秆提取物残渣的制备（见 7.2.3）

8.2.4　实验方法

8.2.4.1　吸附实验

用移液管取 50 mL 的亚甲基蓝（50 mg/L）溶液放入 150 mL 的锥形瓶中，

然后向其中加入 0.25 g 的烟柴秆提取物残渣,在一定温度下,恒温水浴锅内进行搅拌一定时间,取上清液进行离心,于转速为 7 000 r/min 下离心,测定其吸光度,并计算其浓度。实验研究了吸附时间(3、6、10、20、40、60 min)、吸附剂用量(0.05、0.1、0.15、0.2、0.25、0.3g)、初始 pH(2、4、5、6、7、9、11)对烟柴秆提取物残渣吸附性能的影响。

取 1 mL、2 mL、3 mL、4 mL、5 mL 的亚甲基蓝溶液(50 mg/L)放入显色管中,用蒸馏水稀释至刻度线,用紫外分光光度计测量其在 665 nm 处的吸光度,以亚甲基蓝浓度、吸光度分别为横纵坐标绘制工作曲线,实验后分别取 1 mL 吸附后溶液放入显色管中,用蒸馏水稀释至刻度线,测其吸光度,计算其对应的亚甲基蓝浓度。

8.3 烟柴秆提取物残渣对亚甲基蓝的吸附性能研究

8.3.1 吸附条件对烟柴秆提取物残渣吸附亚甲基蓝性能的影响

8.3.1.1 吸附时间和亚甲基蓝浓度对吸附性能的影响

在溶液体积为 50 mL,溶液 pH 为 6.0,吸附剂投加量为 5.0 g/L 的条件下,考察了吸附时间和亚甲基蓝初始浓度对烟柴秆提取物残渣吸附亚甲基蓝性能的影响,如图 8-1 所示。

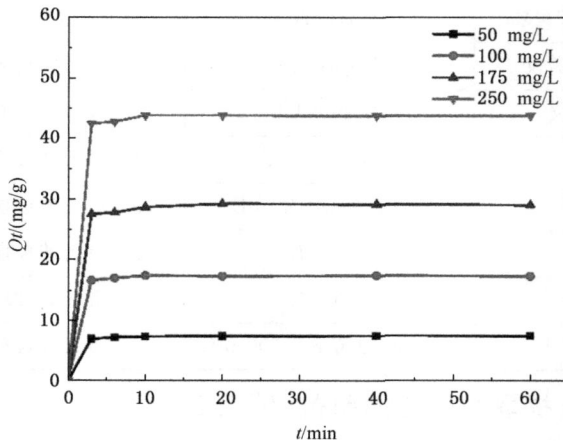

图 8-1 吸附时间和初始浓度对亚甲基蓝吸附量的影响

由图 8-1 可以看出,在初始阶段烟柴秆提取物残渣对亚甲基蓝的吸附速度很快,5 min 后逐渐趋于平衡,以 100 mg/L 的亚甲基蓝溶液为例,烟柴秆提取物残渣对亚甲基蓝的吸附在前 5 min 内吸附很快,在 10 min 时基本达到平衡。前 5 min 吸附速度较快的原因是吸附剂上有大量的吸附位点,并且溶液中亚甲基蓝浓度较高,亚甲基蓝和吸附剂接触充分,吸附速度很快,随着吸附的进行,吸附变缓直至平衡。

从图 8-1 还可以看出,随着初始浓度的增大,烟柴秆提取物残渣对亚甲基蓝的吸附量逐渐增大。初始浓度从 50 mg/L 增大到 250 mg/L 时,烟柴秆提取物残渣对亚甲基蓝的吸附量从 7.58 mg/g 增大到 43.9 mg/g,因为随着亚甲基蓝初始浓度的增大,有更多的亚甲基蓝与吸附剂表面的吸附位点相接触,促进了烟柴秆提取物残渣对亚甲基蓝的吸附。

另外,较短的吸附平衡时间显示有较高的吸附效率,烟柴秆吸附亚甲基蓝的吸附平衡时间仅为 10 min,相比于其他吸附剂(见表 8-5),其吸附平衡时间很短,吸附效率高的优点。

8.3.1.2　烟柴秆提取物残渣浓度对吸附性能的影响

在溶液体积为 50 mL,溶液 pH 为 6.0,初始浓度为 50 mg/L,吸附时间为 60 min 的条件下,考察了烟柴秆提取物残渣浓度对吸附亚甲基蓝的影响,如图 8-2 所示。

图 8-2 表明,随着吸附剂浓度的增大,烟柴秆提取物残渣对亚甲基蓝的去除率是先增大后减小,当吸附剂用量为 0.25 g 时,烟柴秆提取物残渣对亚甲基蓝的去除率最大,达到了 75.9%,随着

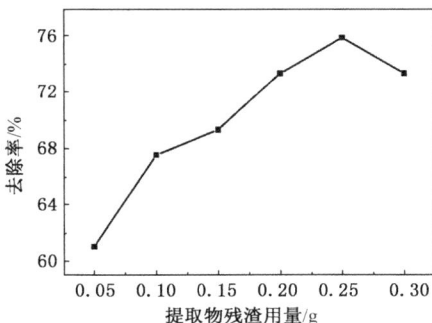

图 8-2　烟柴秆提取物残渣用量
对吸附亚甲基蓝去除率的影响

烟柴秆提取物残渣浓度的进一步增大,对亚甲基蓝的去除率又开始降低。原因可能是,随着烟柴秆提取物残渣加入量的不断增加,烟柴秆提取物残渣表面的吸附位点增多,吸附的亚甲基蓝增多,去除率增大,当烟柴秆废残浓度增大到一定程度的时候,吸附剂发生团聚,导致吸附位点反而减少,去除率下降。

8.3.1.3　不同初始 pH 对亚甲基蓝去除率的影响

图 8-3a 为不同 pH 下的烟柴秆提取物残渣对亚甲基蓝的去除率的影响,从图中可以看出当 pH 从 2.0 增大到 4.0 时,亚甲基蓝的去除率急剧增加,pH 从

4 到 11 时，随着 pH 的增加，烟柴秆提取物残渣对亚甲基蓝的去除率变化不大，这是由于当溶液酸度较低时，溶液中含有较多的氢离子，氢离子与亚甲基蓝竞争吸附，并且吸附到烟柴秆提取物残渣上的氢离子会对阳离子亚甲基蓝产生排斥，导致亚甲基蓝在吸附位点上难以吸附，随着 pH 的增加，溶液中氢离子越来越少，更多的活性位点被释放出来，图 8-3b 是不同 pH 下烟柴秆提取物残渣的 Zeta 电位图，从 Zeta 电位可以看出来随着 pH 的增大，烟柴秆提取物残渣所带的负电量先增大后减小，当 pH 为 2 时，烟柴秆提取物残渣表面带电荷量几乎为 0，烟柴秆提取物残渣与亚甲基蓝之间几乎没有静电作用，烟柴秆提取物残渣对亚甲基蓝的吸附效果很差，随着 pH 从 4 到 10，尽管烟柴秆提取物残渣表面带负电量在 pH 等于 7 时达到了最大，但烟柴秆提取物残渣对亚甲基蓝的去除率并没有明显的变化，因为吸附剂和亚甲基蓝之间的吸附除了有静电引力外，还存在范德华力，此时范德华力占据主要影响，所以去除率没有明显的增大。

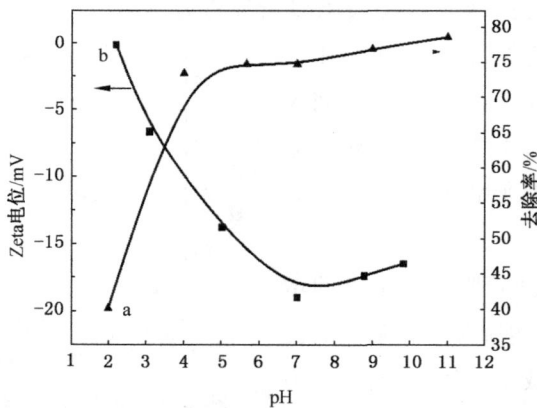

图 8-3　（a）不同 **pH** 值对亚甲基蓝去除率影响；
（b）不同 **pH** 下烟柴秆提取物残渣的 **Zeta** 电位

8.3.2　烟柴秆提取物残渣吸附亚甲基蓝动力学研究

图 8-4a、b 分别为烟柴秆提取物残渣吸附不同初始浓度（50 mg/L、100 mg/L、175 mg/L、250 mg/L）亚甲基蓝的拟一级和拟二级吸附动力学曲线。表 8-3 列出了烟柴秆提取物残渣吸附亚甲基蓝的动力学拟合数据。从图 8-4a 可以看出烟柴秆提取物残渣对亚甲基蓝的吸附一级动力学方程不符合，从表 8-3 拟二级动力学方程中的速率常数 K_2 和拟合的平衡吸附量 $Q_{e,cal}$ 可以看出，随着浓度的增大，速率常数不断减小，这是因为增大溶液的初始浓度，溶

液中存在较多的亚甲基蓝分子,这些分子对吸附造成空间位阻导致吸附速度的减慢,数据拟合的 $Q_{e,cal}$ 值与实验所得的 $Q_{e,exp}$ 非常接近,综上结果,提取物残渣对亚甲基蓝的吸附较符合二级动力学方程。说明提取物残渣对亚甲基蓝的吸附动力学主要受化学作用的控制,而不是受物质传输步骤所控制。

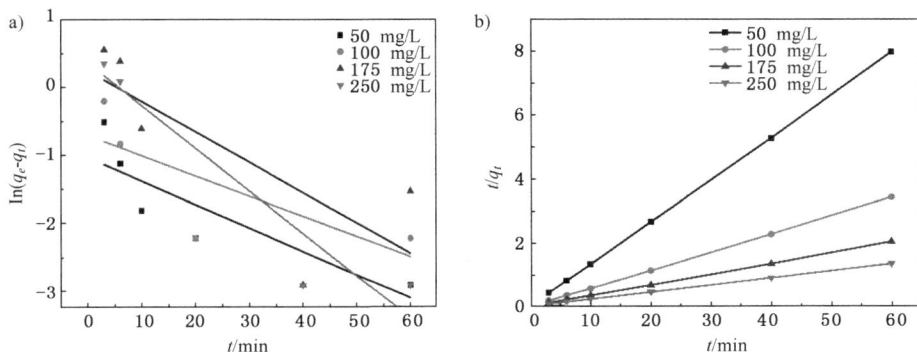

图 8-4　(a)吸附亚甲基蓝的一级动力学;(b)吸附亚甲基蓝的二级动力学

表 8-3　吸附亚甲基蓝的动力学参数

C_0 (mg/L)	一级动力学			二级动力学			
	$K_1(\min^{-1})$	$Q_{e,cal}$ (mg/g)	R^2	$Q_{e,cal}$ (mg/g)	K_2 (g/(g·min))	$Q_{e,exp}$ (mg/g)	R^2
50	0.034 6	0.355 6	0.666 5	7.577	0.941 7	7.584	0.999 95
100	0.029 7	0.490 9	0.384 0	17.443	0.592 9	17.497	0.999 97
175	0.044 7	1.269 4	0.477 9	29.291	0.316 4	29.361	0.999 94
250	0.062 8	1.428 9	0.867 9	43.898	0.233 1	43.878	0.999 99

8.3.3　烟柴秆提取物残渣吸附亚甲基蓝热力学研究

为了更好地描述烟柴秆提取物残渣对亚甲基蓝的吸附行为,分别采用 Freundlich 和 Henry 等温吸附模型对吸附平衡数据进行拟合,等温吸附模型公式如下:

Freundlich 方程　　　　　　　$Q_e = K_f C_e^{1/n}$

Henry 方程　　　　　　　　　$Q_e = k_H C_e$

式中:K_f 为 Freundlich 常数;k_H 为 Henry 常数。

从图 8-5 可以看出烟柴秆提取物残渣吸附亚甲基蓝的平衡浓度和平衡吸附

量是一种接近线性的关系。对于这种吸附等温模型，Langmuir 吸附等温模型并不适合，实验数据可以用 Freundlich 吸附等温方程和 Henry 吸附等温方程进行分析拟合。

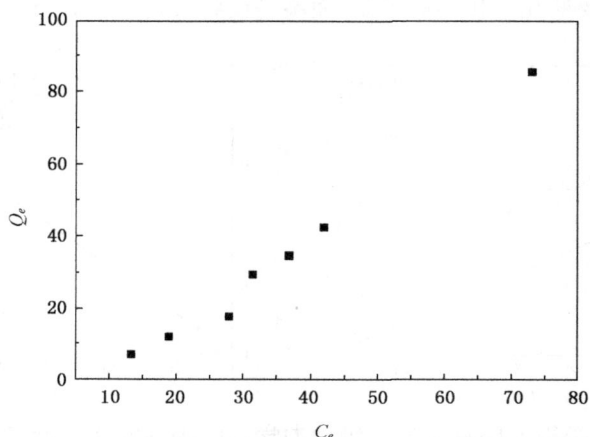

图 8-5　不同平衡浓度下烟柴秆提取物残渣对亚甲基蓝的吸附量

图 8-6a 和 b 分别是 Freundlich 方程和 Henry 方程的线性拟合形式，表 8-4 列出了 Freundlich 方程和 Henry 方程中参数的拟合数据和线性相关系数。

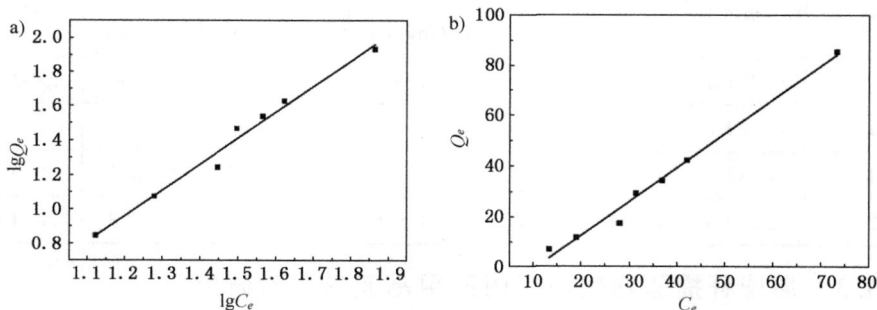

图 8-6　（a）Freundlich 模型（b）Henry 模型

Freundlich 吸附模型表示异构表面结合，预示着在很长的一段时间内随着平衡浓度的增加，吸附量将会一直增加。Freundlich 吸附模型并不能预测吸附剂表面的吸附容量，对于被附物来说，K_f 值可以作为吸附容量的一个相对指标。通过 Freundlich 方程，很好地预测了烟柴秆提取物残渣对初始浓度为 500 mg/L 亚甲基蓝溶液吸附的平衡吸附量。Freundlich 方程中 $1/n$ 的值表示能量位置的相对分布，取决于吸附过程的性质和强度。

表 8-4　吸附 MB 两种模型对比结果

	$1/n$	Freundlich 吸附模型		Henry 吸附模型	
		K_f（L/mg）	R^2	K_H	R^2
烟柴秆提取物残渣	1.51	0.142	0.980	1.35	0.986

　　Henry 模型表明烟柴秆提取物残渣上完全被亚甲基蓝占据的可用吸附位点的平衡浓度不高,随着平衡浓度的增大,吸附量一直增大。没有发现最大吸附量,以及吸附属于单层还是多层吸附。文献中,铬革屑对酸性黄的吸附,利用锌改性黄土对磷的吸附,硅藻土对活性黑和活性黄的吸附均得到类似的结论。

　　尽管没有得到最大吸附量,但是在实验条件下烟柴秆残渣对亚甲基蓝的吸附量已经达到了 85.4 mg/g,表 8-5 列出了已报道的吸附剂对亚甲基蓝的吸附平衡时间和吸附量,烟柴秆残渣对亚甲基蓝的吸附具有吸附平衡时间短、吸附量大的优点。

表 8-5　烟柴秆提取物残渣吸附 MB 与不同吸附剂吸附能力的比较

吸附剂种类	平衡时间/min	吸附量/($mg \cdot g^{-1}$)
改性海泡石	120	90.2
法国梧桐叶粉末	70	115
废茶	300	85.2
木屑	240	33.6
大葱皮	130	82.6
废茶	120	147
稻壳	150	40.6
烟柴秆残渣	10	85.4

8.3.4　吸附前后 Zeta 电位和傅里叶红外光谱分析

　　由吸附前后的 Zeta 电位图可知,吸附前烟柴秆提取物残渣表面带负电,由于有静电引力的作用,有利于吸附带正电的阳离子染料亚甲基,由图 8-7a 可知吸附前的 Zeta 电位值为 -16.6 mV,吸附后的 Zeta 电位值为 -15.4 mV,吸附亚甲基蓝后烟柴秆提取物残渣表面所带的负电量有所降低,说明烟柴秆提取物残渣与亚甲基蓝间存在静电作用。

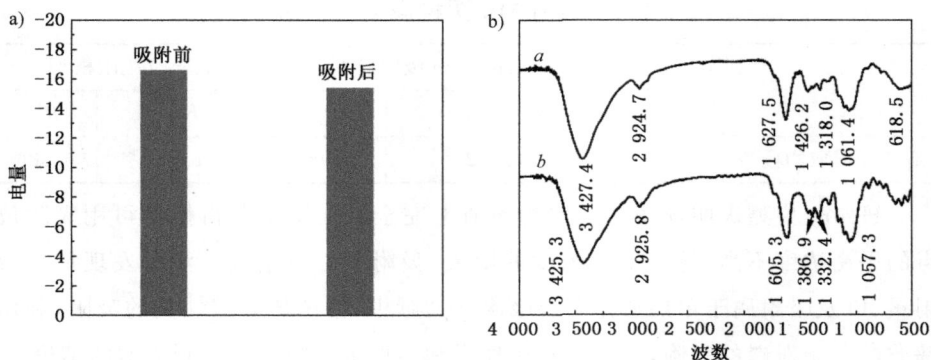

图 8-7 （a）吸附亚甲基蓝前后的 Zeta 电位；
（b）吸附亚甲基蓝前后的傅里叶红外光谱

图 8-7b 中曲线 a、b 分别表示吸附前后的傅里叶红外光谱图，对吸附前傅里叶红外光谱图进行分析可知 3 427.4 cm^{-1} 处的强峰为—COOH 中—OH 的伸缩振动，是纤维素的特征谱带。2 924.7 cm^{-1} 归属于脂肪族 C—H 的伸缩振动，1 627.5 cm^{-1} 归属于 C=C 的伸缩振动（1 627.5 cm^{-1} 附近的强峰为 NH_2 变角振动即酰胺Ⅱ吸收带）。1 426.2 cm^{-1} 附近的峰是羧酸 C—OH 面内弯曲振动，1 318.0 cm^{-1} 附近的峰是羧酸 C—OH 伸缩振动，1 061.4 cm^{-1} 附近的峰是糖类 C—OH 伸缩振动和 C—O—C 的伸缩振动，618.5 cm^{-1} 附近的峰是醇羟基 C—OH 面外弯曲振动。

吸附亚甲基蓝后 3 427.4 cm^{-1} 处和 2 924.7 cm^{-1} 处的吸收峰分别移动到 3 425.3 cm^{-1} 和 2 925.8 cm^{-1}，峰形、峰强均未发生大的变化。在 1 605.3 cm^{-1} 出现新峰，为 N=N 的伸缩振动，1 426.2 cm^{-1} 处的吸收峰消失，1 386.9 cm^{-1} 出现新峰，这是羰基中 C=O 双键的弯曲振动。1 318.0 cm^{-1} 处的吸收峰移动到 1 332.5 cm^{-1}，发生较大位移。1 061.4 cm^{-1} 处的吸收峰移动到 1 057.3 cm^{-1}，峰强变强。500～900 cm^{-1} 出现了很多小峰，是亚甲基蓝的吸收峰。通过表面官能团的红外分析可以判断，氨基、羧基可能是与亚甲基蓝作用的主要官能团，说明烟柴秆提取物残渣对亚甲基蓝的吸附受化学吸附的影响。

8.4 烟柴秆提取物残渣对刚果红的吸附性能研究

刚果红溶于水，属于连苯胺类直接染料，其潜在危害非常大。刚果红由于其应用属性,具有抗生物、抗氧化、难以降解的特性,因此含有刚果红的废水处理非常困难。对染料废水的处理方法,目前主要应用的有吸附法、混凝絮凝法、氧化法、膜分离法等。光催化降解法是近年来迅速发展起来的新型环境污染处理技术,研究经济高效的半导体光催化材料用于降解染料有利于保护自然生态环境。硫酸根自由基有较强的氧化能力,并且对难降解有机物具有优异的处理效果,因此以硫酸根自由基为核心的高级氧化法技术近年来受到了广泛的关注。在生物处理方面,由于染料废水可生化性差,且含有较多的有毒有害物质,因此需要筛选高效菌种对其生物进行吸附、氧化降解。席宇等利用烟草废水培养青霉菌获取菌丝体,以灭活菌丝体为材料制备廉价真菌吸附剂对刚果红的最大吸附量可达 312.5 mg/g。吸附法具有操作简单、吸附效果稳定等优点,在含刚果红废水的处理中可以作为一种选择,或者与其他方法组合应用以达到更好的处理效果。

烟柴秆中含有丰富的纤维素和木质素,其中含有的羟基和羧基使烟柴秆可以作为吸附剂使用成为可能。万学等利用双氧水和氢氧化钠,对烟草秸秆进行改性处理,得到的产物在对刚果红浓度为 100 mg/L 进行吸附处理后,刚果红人去除率可达到 99% 以上。席宇等还利用烟柴秆发酵生产真菌吸附剂并对脱色效果进行了研究,为烟柴秆的资源化利用提供一种新思路。微波辐射技术的最新发展为烟柴秆的应用提供了可能性,目前已有文献报道采用微波辐射法制备了高孔隙率的大孔材料。烟柴秆可以用作吸附剂,但直接吸附的效果并不理想,需要通过改性来提高其吸附量,以期达到"以废治废"的效果。硫酸通常用于纤维素产品制备碳吸附剂,通过降解植物材料中纤维素材料的非晶态结构和碳骨架的芳构化来形成多孔结构。本章通过浓硫酸对烟柴秆进行改性,制得烟柴秆碳化材料,以期提高烟柴秆对刚果红的吸附量,为刚果红的去除提供理论依据。

8.4.1　烟柴秆碳化材料制备工艺条件对刚果红吸附性能的影响

从图 8-8 可以看出,改性前的烟柴秆吸附刚果红的效果在不同 pH 条件下差异不大,且吸附量较小,而对烟柴秆改性后得到的烟柴秆碳化材料较改性前吸附能力大幅度提升。烟柴秆碳化材料在较低 pH 的时候,对刚果红具有更好的吸附效果。这是由于溶液在 pH 低的时候,电离出大量 H^+ 离子,烟柴秆碳化材料吸附了氢离子进而带上了正电,而在溶液中刚果红分子通过水解生成阴离子。刚果红和烟柴秆碳化材料之间带有正负相反的电荷,存在有较强的静电引力作用,因此在 pH 较低的时候,烟柴秆碳化材料吸附刚果红具有较好的吸附效果。而当 pH 增加升高后,溶液中 OH⁻ 离子相应增多,OH⁻ 离子在烟柴秆碳化材料的吸附位点位上与刚果红产生竞争,因此烟柴秆碳化材料对刚果红的吸附效果在低 pH 时效果较好。

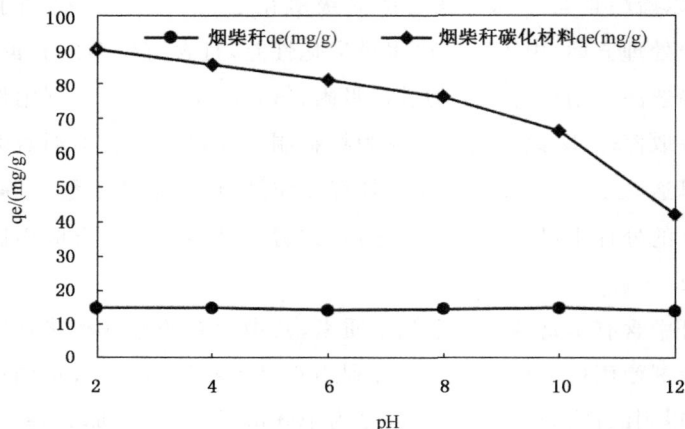

图 8-8 pH 对烟柴秆和烟柴秆碳化材料吸附刚果红的影响

从图 8-9 中可以看到,随着烟柴秆碳化材料投加量逐渐增加,其对刚果红的去除率表现的趋势为先增大之后逐渐趋于平缓。在烟柴秆碳化材料的投加量为 2 g/L 的时候,刚果红的去除率已经能够达到 82.1%,而随着烟柴秆碳化材料投加浓度的继续增大,其对刚果红的去除效果的改变不大。这是因为,当烟柴秆碳化材料添加量<2 g/L 时,其总表面积及吸附活性位点数量均随添加量的增加而增大,有效地提高了刚果红的去除率,但随着烟柴秆碳化材料添加量的增加,尤其是达到 2.4 g/L 时,该材料产生团聚作用,减少了吸附活性位点,导致刚果红的去除率增加不明显。从图 8-9 中同时还可以看出,烟柴秆碳化材料吸附刚果红的平衡吸附量随着投加量的增大是呈现为负相关的趋势,平衡吸附量由 240.13 mg/g 逐步降到 69.25 mg/g。这是由于增加投加烟柴秆碳化材料之后,虽然增加了吸附位点,而此时刚果红的总量是没有改变的,这最终导致了单位质量的烟柴秆碳化材料吸附刚果红的质量反而表现为减少的趋势。

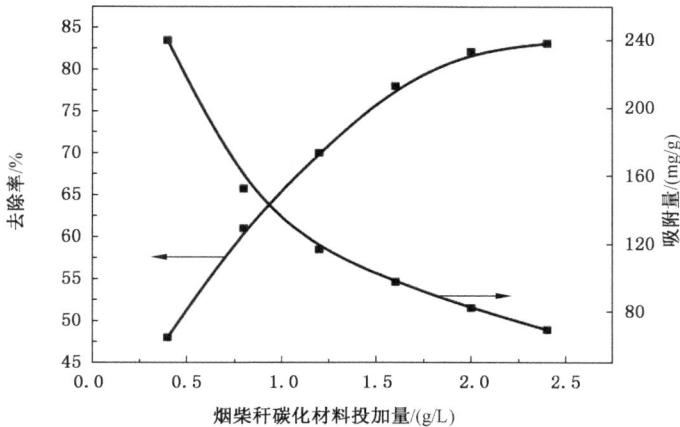

图 8-9　烟柴秆碳化材料投加量对吸附刚果红效果的影响

在 pH 为 6 的时候,烟柴秆碳化材投加量为 2 g/L,温度为 25 ℃,刚果红溶液浓度为 50~200 mg/L,吸附时间为 30~600 min 的条件下进行的吸附实验,如图 8-10 所示。

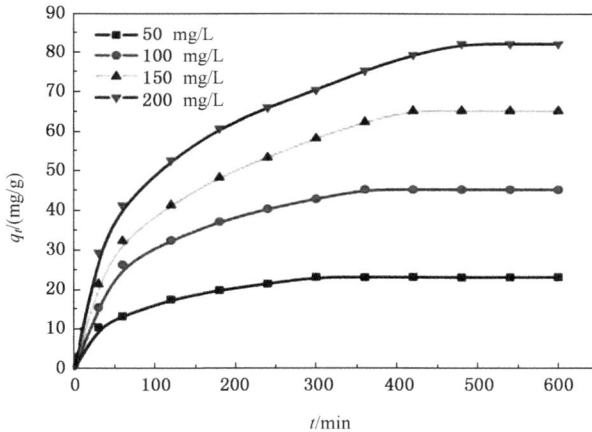

图 8-10　时间和刚果红初始浓度对烟柴秆碳化材料吸附的影响

从图 8-10 中可以看出,在初始阶段烟柴秆碳化材料对刚果红的吸附速度是非常快的,而之后逐渐趋于平衡。刚开始吸附刚果红较快是因为烟柴秆碳化材上存在有充足的吸附点位,并且溶液中有大量的待被吸附的刚果红分子,因此刚果红分子和烟柴秆碳化材之间充分接触,达到了很快的吸附速度。然而随着吸附反应的进行,烟柴秆碳化材料上的活性位点和吸附质都相应逐渐减少,因此吸附速率逐渐降低,直至达到动态平衡。从图 8-10 还可以看出,随着刚果红初始浓度的增大,烟柴秆碳化材料的吸附量逐渐增大。在刚果红初始浓度由 50 mg/L 增大至 200 mg/L 后,烟柴秆碳化材料对刚果红的吸附量从 23.01mg/g 增大到 82.12 mg/g。因为随着初始浓度的增大,有更多的刚果红分子与烟柴秆碳化材表面的吸附位点相接触,促进了烟柴秆碳化材料对刚果红的吸附。

文献中部分吸附材料对刚果红的吸附效果如下:改性麦糠最佳吸附量为 11.85 mg/g,改性麦壳最佳吸附量 11.87 mg/g,改性木屑最大吸附量为 111.36 mg/g,纳米钛酸亚铁最大平衡吸附量 128.7 mg/g,改性后的烟曲霉菌体最大吸附量接近 100 mg/g,改性烟草秸秆最大吸附量 349.70 mg/g,Cu-BTC/氧化石墨烯复合材料吸附容量达到 1 491.6 mg/g。文献中实验方法选择虽然存在差别,但是从中可以看出烟柴秆碳化材料对刚果红有一定的吸附效果,同时也还有进一步改进的空间。

8.4.2　烟柴秆碳化材料再生实验

通过实验可以发现,0.01M 的 NaOH 溶液对刚果红的解吸率为 83.4%,达到最高值。这是因为在碱性条件下溶液中含有的大量 OH^- 和刚果红阴离子发生竞争吸附,加之在碱性条件下烟柴秆碳化材料和刚果红之间的氢键作用被破坏,使得刚果红脱附。以 0.01M 的 NaOH 溶液为洗脱剂,研究了烟柴秆碳化材料的吸附-脱附,结果见图 8-11。经四次循环后,仍然可以达到较高的吸附量。

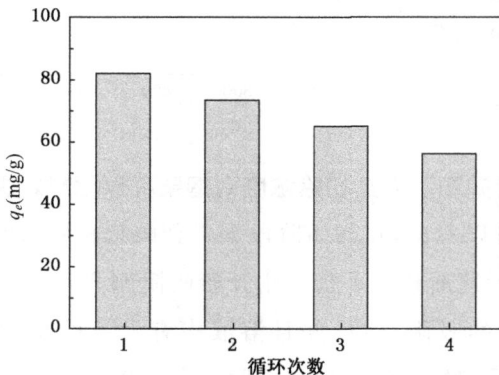

图 8-11　四次吸附-解吸循环吸附量的变化

烟柴秆碳化材料再生会产生废水,并在达不到使用效果时,不可避免地会产生固废。对于没有利用价值的剩余烟柴秆碳化材料,目前工业上主要有以下几种处理方式:安全焚烧、填埋、土地处理以及海洋处理。而通过选择合适的再生方法,促进其循环应用,从而减少二次污染,才能从根本上解决二次污染的问题。本研究中再生工艺采用的是传统化学再生法,这虽然证明了烟柴秆碳化材料有非常好的再生能力,但不可避免要产生废水及固体废弃物可能造成二次污染。随着再生技术的不断发展,加热再生法、电化学再生法、超声波再生法、微波加热再生法、超临界流体再生法、光催化氧化法等方法不断取得新进展。利用新工艺对烟柴秆进行碳化及再生并考察相应的应用价值,通过提高工艺效率,降低环境保护的成本将是今后烟柴秆碳化材料研究的重点。

8.4.3　烟柴秆碳化材料吸附动力学和热力学分析

在对烟柴秆碳化材料吸附刚果红的数据进行拟合过程中,先后利用了一级动力学模型与二级动力学模型以及 Elovich 方程,拟合结果分别见表 8-6、表 8-7及图 8-12。从其中可以看出,利用拟二级动力学方程对吸附数据拟合的相关系数是最大的,能更好地对实验过程中吸附量随时间的变化规律进行模拟,因此该吸附符合二级动力学模型。

表 8-6　拟一级、二级动力学方程的拟合参数

$C_0/$ (mg/L)	拟一级动力学模型			拟二级动力学模型			
	K_1/min^{-1}	$q_{e,cal}/$ (mg/g)	R^2	$q_{e,cal}/$ (mg/g)	$K_2/$ (g/(g·min))	$q_{e,exp}/$ (mg/g)	R^2
50	0.009 51	17.32	0.997	26.43	0.000 69	23.08	0.997
100	0.008 78	36.37	0.988	53.08	0.000 26	45.26	0.998
150	0.007 56	58.65	0.954	76.10	0.000 15	65.16	0.996
200	0.006 70	68.56	0.953	94.43	0.000 12	82.12	0.995

表 8-7　Elovich 方程的拟合参数

$C_0/$ (mg/L)	$\alpha/$ (mg/g·min)	$\beta/$ (g/mg)	R^2
50	0.037	5.53	0.992
100	0.012	11.50	0.992

C_0/ (mg/L)	α/ (mg/g·min)	β/ (g/mg)	R^2
150	0.007 0	16.40	0.991
200	0.007 7	18.92	0.993

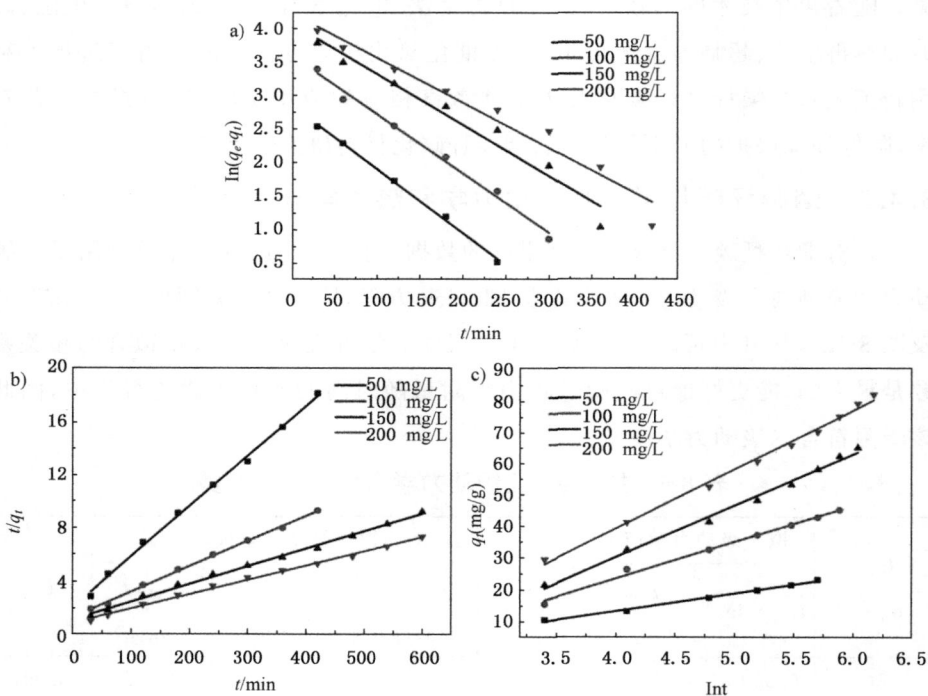

图 8-12　烟柴秆碳化材料吸附刚果红的拟一级动力学（a）、

拟二级动力学（b）及 Elovich 方程（c）

　　烟柴秆碳化材料吸附刚果红主要包括以下步骤：膜或外扩散；孔扩散；表面扩散；在孔表面吸附。由于拟一级动力学模型、拟二级动力学模型及 Elovich 方程，对吸附质与烟柴秆碳化材料之间的扩散过程无法进行较好的解释。因此，我们用 Weber-Morris 粒子内扩散模型及 Boyd 模型来阐明扩散过程中机理。结果见图 8-13 和表 8-8。由表 8-8 中的数据可以看出，Boyd 模型的线性相关系数与粒子内扩散模型的线性相关系数之间的差距不大。这可以说明在烟柴秆碳化材料上吸附刚果红的过程中,受到了膜扩散和粒子内扩散共同影响。在较低浓度时,Boy 模型的线性相关系数更大,此时刚果红在烟柴秆碳化材料上扩散过程主要是膜扩散;在较高浓度时,粒子内扩散模型的线性相关系数更大,扩散过程主要则是粒子内扩散。

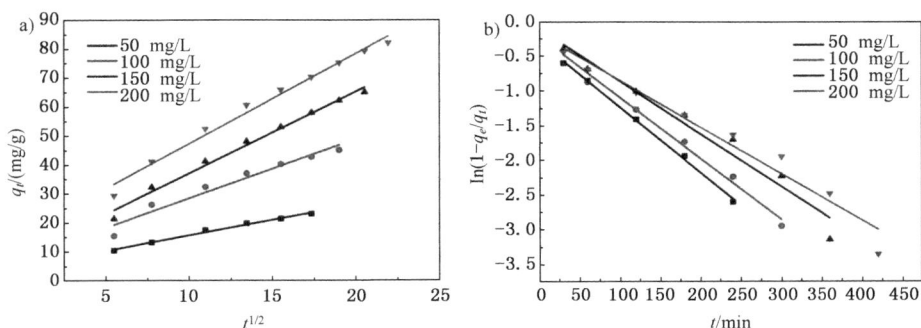

图 8-13　烟柴秆碳化材料吸附刚果红的粒子内扩散模型(a)和 **Boyd** 模型(b)

表 8-8　粒子内扩散模型和 **Boyd** 模型的拟合数据

C_0/ (mg/L)	Weber-Morris 粒子内扩散模型			Boyd 模型	
	kid/ (mol/(g·min$^{1/2}$))	C/ (mg/g)	R^2	k_{fd}	R^2
50	1.07	5.04	0.988	0.009 4	0.997
100	2.05	8.00	0.944	0.008 8	0.987
150	2.83	8.89	0.987	0.007 6	0.954
200	3.11	16.36	0.984	0.006 7	0.955

先后分别利用 Langmuir 方程、Freundlich 方程及 Temkin 方程三种吸附模型对烟柴秆碳化材料吸附刚果红的吸附过程进行了相应的研究,对吸附数据的拟合图以及拟合数据分别见表 8-9 和图 8-14。

表 8-9　吸附刚果红的三种吸附模型参数

Langmuir 吸附模型			Freundlich 吸附模型			Temkin 吸附模型		
R^2	q_m	b	R^2	K_F	n	R^2	B	A
0.982	285.5	0.013	0.972	17.436	2.18	0.936	48.44	0.259

在三种吸附模型当中,Langumir 吸附等温模型的相关系数最高,这表明了在烟柴秆碳化材料上发生的刚果红吸附为单层吸附,烟柴秆碳化材料的表面是比较均匀的,其对刚果红的最大吸附量达到 285.5 mg/g。通过 Langumir 吸附等温模型进一步计算吸附过程中的 RL 值是在 0 和 1 之间的,这说明了烟柴秆碳化材料对刚果红的吸附为优惠吸附。烟柴秆碳化材料对刚果红的吸附也比较符合 Freundlich 吸附模型,根据大量实验经验,通过 Freundlich 吸附模型中的 n 值对吸附的难易程度进行判断。由表 8-9 知,吸附的 n 值为 2.18,这表明烟柴秆碳化材料对刚果红的吸附是比较容易的。Temkin 吸附等温模型的相关系数的最低的,因此 Temkin 吸附等温模型不能很好地对刚果红在烟柴秆碳化材料上的吸附过程进行描述。

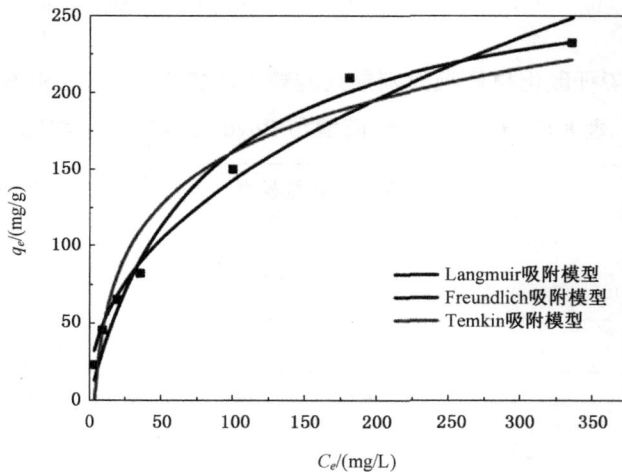

图 8-14　烟柴秆碳化材料吸附刚果红三种吸附模型拟合图

在烟柴秆碳化材料用量为 2 g/L,刚果红溶液的浓度为 0.2 g/L,pH 为 6,在吸附时间采用 12 h 的实验条件下,研究了不同的温度条件下烟柴秆碳化材料对刚果红的吸附效果。通过范特霍夫方程对热力学数据进行了拟合,得到了吉布斯自由能(ΔG)、吸附焓(ΔH)、吸附熵(ΔS)的值,结果见图 8-15 和表 8-10。对表 8-10 中数据可以判断出,烟柴秆碳化材料对刚果红的吸附是自发过程。在较高的温度条件下,吸附的自发性增强。

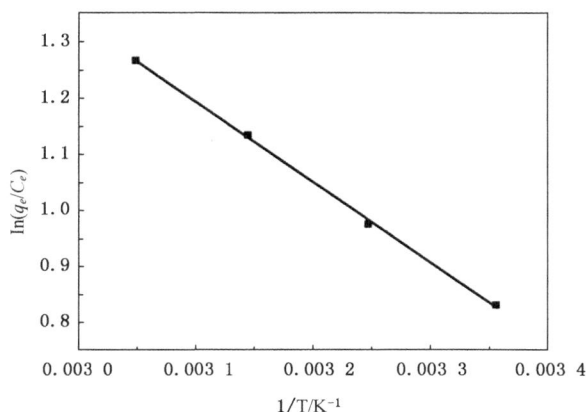

图 8-15　Van't Hoff 方程线性拟合图

表 8-10　烟柴秆碳化材料吸附刚果红的热力学参数

Temperature/K	$\Delta H/$ (kJ/mol)	$\Delta S/$ (J/(mol・K))	$\Delta G/$ (kJ/mol)	$T\Delta S/$ (kJ/mol)
298	11.901	46.82	−2.049	13.95
308	—	—	−2.519	14.42
318	—	—	−2.989	14.89
328	—	—	−3.459	15.36

8.4.4　烟柴秆碳化材料形态特征分析

通过美国麦克仪器公司生产的 ASAP2020M＋C 型比表面及孔隙度分析仪进行测定,烟柴秆和烟柴秆碳化材料的孔容、孔径和比表面积分别见表 8-11。实验结果表明:烟柴秆碳化材料的比表面积,较改性前大幅增加,同时孔隙结构更加丰富,从而为刚果红提供了更多的吸附位点,因此增加了烟柴秆碳化材料的吸附量。

表 8-11　烟柴秆和烟柴秆碳化材料的结构参数

物质	孔容/(cm³/g)	孔径/nm	比表面积/(m²/g)
烟柴秆	0.008 34	4.77	15.3
烟柴秆碳化材料	0.106	0.87	1 010.2

图 8-16　烟柴秆（a）、烟柴秆碳化材料（b）、吸附刚果红后烟柴秆碳化材料（c）扫描电镜图

通过扫描电镜的结果可知，烟柴秆为长条状的结构，经过浓硫酸改性后使得原来的结构被破坏，并有孔结构出现，比表面积可能有所增加。对比烟柴秆碳化材料及其吸附刚果红后的扫描电镜图可知，被刚果红分子均匀分布在烟柴秆碳化材料表面，说明烟柴秆碳化材料上吸附了刚果红。

进一步通过德国布鲁克 AXS 有限公司 D8FOCUS 型 X 射线衍射仪对烟柴秆碳化材料结构进行分析，石墨单色滤光片，狭缝 SS/DS10，RS0.15 mm，工作电压 40 kV，电流 100 mA，计数器 SC，扫面范围 5°～70°。烟柴秆和烟柴秆碳化材料的 XRD 数据见图 8-17，图 8-17a 中 15.40°和 21.70°处的强衍射峰是非晶型纤维素的（101）和（002）晶面，经浓硫酸处理后，纤维素的衍射峰消失，说明纤维素被溶解，改性后烟柴秆的孔结构可能增多，孔结构的增多有利于对染料吸附。

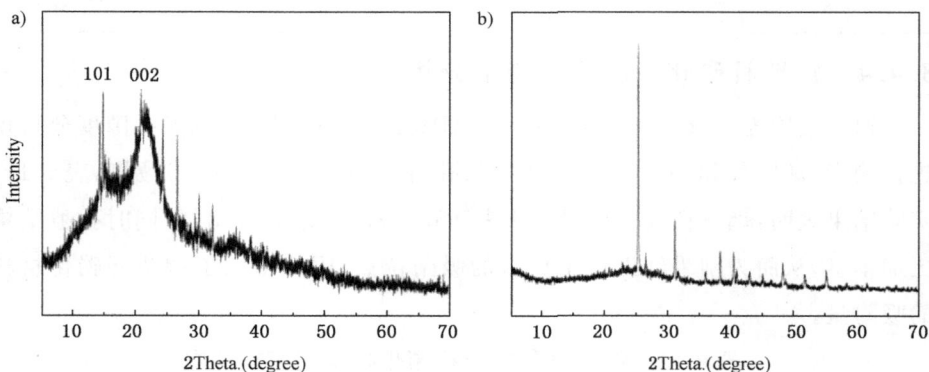

图 8-17　烟柴秆（a）、烟柴秆碳化材料（b）的 XRD 分析

8.4.5　烟柴秆碳化材料吸附机理分析

使用德国 Bruker 公司生产 Vector-22 型 FT-IR 光谱仪对对烟柴秆和烟柴秆碳化材料中的特征官能团进行分析，采用 KBr 压片法制样，仪器分辨率：

4 cm^{-1},扫描速度:0.2 cm^{-1},波数范围:400~4 000 cm^{-1}。结果如图 8-18 所示,烟柴秆 3 425 cm^{-1} 处的强吸收峰,属于—OH 的伸缩振动峰。2 928 cm^{-1} 处的吸收峰,为脂肪族 C—H 的伸缩振动峰。1 722 cm^{-1} 处的特征峰,是芳香族羧基的 C=O 的特征峰。1 620 cm^{-1} 处的特征峰,属于共轭烯烃中 C=C 的特征峰。1 102 cm^{-1} 处的特征峰,表示材料中存在 C—O 单键,如醇、酚类、酸、醚或酯类。浓硫酸处理烟柴秆后出现了一些新的特征峰。在 1 161 cm^{-1} 处的特征峰属于—SO$_3$H 基团中 O=S=O 的对称伸缩振动。在 676 和 610 cm^{-1} 处的新的特征峰属于 S—O 基团的对称伸缩振动和—OH 中 O—H 的弯曲振动。红外结果表明,用浓硫酸改性处理后得到的烟柴秆碳化材料的表面上存在丰富的—SO$_3$H 和—OH 官能团,—OH 是一种常见的吸附官能团,而—SO$_3$H 可以解离成负离子,从而与阳离子染料发生吸附。

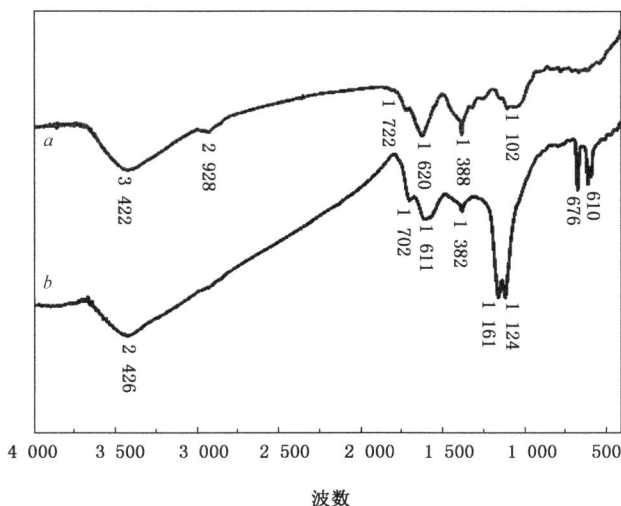

图 8-18　烟柴秆(a)和烟柴秆碳化材料(b)的红外光谱图

从 pH 对烟柴秆碳化材料吸附刚果红的影响来看,烟柴秆碳化材料吸附刚果红受静电引力的作用,同时烟柴秆碳化材料表面存在丰富的羟基和磺酸基,比较易于与偶氮染料刚果红分子中的氮原子产生氢键作用。在烟柴秆碳化材料再生实验中,NaOH 溶液对刚果红解吸效果最好从侧面验证了这点,用图 8-19 来说明在烟柴秆碳化材料和刚果红在酸性条件下吸附机理。

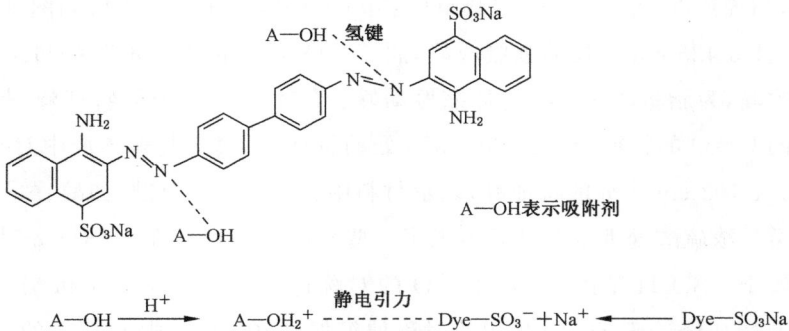

图 8-19　烟柴秆碳化材料和刚果红相互作用图

8.5　小结

（1）烟柴秆残渣对亚甲基蓝的吸附速率很快，10 min 左右便可达到平衡。实验条件下的最佳吸附剂投加量为 5 g/L。当 pH 等于 2 时，烟柴秆提取物残渣对亚甲基蓝的吸附效果很差，当 pH 大于 4 时，pH 对烟柴秆提取物残渣对亚甲基蓝吸附的影响不大，结合 Zeta 电位看出烟柴秆提取物残渣对亚甲基蓝吸附受静电引力和范德华力的共同影响。

（2）烟柴秆提取物残渣对亚甲基蓝的吸附更符合二级动力学方程，实际吸附量和理论值接近。烟柴秆提取物残渣对亚甲基蓝的吸附符合 Freundlich 和 Henry 吸附模型，在一定浓度范围内，随着平衡浓度的增大，平衡吸附量会一直增大。

（3）通过吸附前后的 Zeta 电位可知烟柴秆提取物残渣吸附亚甲基蓝跟静电引力有关，通过傅里叶红外光谱可知烟柴秆提取物残渣对亚甲基蓝的吸附受化学吸附的影响，与亚甲基蓝作用的主要官能团为氨基和羧基。

（4）通过对烟柴秆进行改性得到的烟柴秆碳化材料对刚果红具有较好的吸附效果，在投加量为 2 g/L 的时候，刚果红的去除率达到 82.1%，为烟柴秆废物的资源化提供了一种选择。

（5）烟柴秆碳化材料吸附刚果红动力学模型符合二级动力学模型，符合 Langumir 吸附模型，该过程是自发的吸热过程，为优惠吸附。

（6）烟柴秆碳化材料的解吸效果良好，其循环吸附-解吸四次后对刚果红仍可以达到较高的吸附量，烟柴秆碳化材料吸附刚果红有较好的应用前景。

参考文献

［1］Gupta V K，Suhas．Application of Low-cost Adsorbents for Dye Removal - A Review［J］．Journal of Environmental Management，2009，90(8)：2313-2342．

［2］Kornaros M，Lyberatos G．Biological Treatment of Wastewaters from a Dye Manufacturing Company Using a Trickling Filter［J］．Journal of Hazardous Materials，2006，136(1)：95-102．

［3］Ku Y，Wang L C，Ma C M，et al．Photocatalytic Oxidation of Reactive Red 22 in Aqueous Solution Using $La_2Ti_2O_7$ Photocatalyst［J］．Water Air & Soil Pollution，2011，215(1/4)：97-103．

［4］Gonzalez-Olmos R，Holzer F，Kopinke F D，et al．Indications of the Reactive Species in a Heterogeneous Fenton-like Reaction Using Fe-containing Zeolites［J］．Applied Catalysis A General，2011，398(1/2)：44-53．

［5］谢凯，罗莉璇，陈丰．TiO_2 纳米纤维的制备及其对染料的光催化降解性能［J］．化工设计通讯，2018，44(2)：65．

［6］袁蓁，隋铭皓，袁博杰，等．基于硫酸根自由基的活化过硫酸盐新型高级氧化技术研究新进展［J］．四川环境，2016，35(5)：142-146．

［7］席宇，王喜凤，宿显瑞，等．廉价生物吸附剂的制备及其对刚果红吸附研究［J］．郑州大学学报(理学版)，2013(1)：86-90．

［8］沈婷婷．磁性纤维素/Fe_3O_4/活性炭复合材料吸附刚果红性能研究［J］．安徽农业科学，2011，39(19)：11733-11736．

［9］万学，赖星，周道晏，等．改性烟草秸秆对水中刚果红的吸附和解吸［J］．环境工程学报，2016，10(12)：7007-7011．

［10］席宇，高明，郭东衡，等．废弃烟梗发酵生产真菌吸附剂及其脱色作用［J］．烟草科技，2012(6)：72-75．

［11］Wenhua Zi，Yubao Chen，Yihong Pan，et al．Pyrolysis，Morphology and Microwave Absorption Properties of Tobacco Stem Materials［J］．Science of the Total Environment，2019，683.

[12] Özgül G，Özcan A，Özcan A S，et al. Preparation of Activated Carbon from a Renewable Bio-plant of Euphorbia Rigida，by H_2SO_4 Activation and Its Adsorption Behavior in Aqueous Solutions[J]. Applied Surface Science，2007，253(11)：4843-4852.

[13] Munagapati V S，Kim D S. Equilibrium Isotherms，Kinetics，and Thermodynamics Studies for Congo Red Adsorption Using Calcium Alginate Beads Impregnated with Nano-goethite[J]. Ecotoxicology & Environmental Safety，2017，141：226-234.

[14] 孙绪兵，杜娇，李琪琪. 柠檬皮渣对刚果红的吸附性能[J]. 内江师范学院学报，2014，29(2)：35-38.

[15] 王翠萍，张杰，胡静，等. 改性麦糠对刚果红模拟废水吸附性能的研究[J]. 化工新型材料，2014，42(9)：178-180，190.

[16] 胡静，张杰，王翠萍，等. 改性麦壳对水中刚果红的吸附机理研究[J]. 化工新型材料，2015，43(1)：163-165,172.

[17] 吴艳，罗汉金，王侯. 改性木屑对水中刚果红的吸附性能研究[J]. 环境科学学报，2014(7)：1680-1688.

[18] 王晓欢，史志铭，孙丽，等. 纳米钛酸亚铁的制备及刚果红吸附性能[J]. 功能材料，2020，51(7)：7163-7168.

[19] 金显春，宋嘉宁. 改性烟曲霉对刚果红的去除动力学、等温线及机制[J]. 河北大学学报(自然科学版)，2019，39(6)：611-618.

[20] 王璇，贾荣畅，曹晓强，等. Cu-BTC/氧化石墨烯复合材料对刚果红的吸附特性[J]. 环境科学与技术，2019，42(12)：45-52.

[21] Kannan N，Meenakshisundaram M. Adsorption of Congo Red on Various Activated Carbons. A Comparative Study[J]. Water Air and Soil Pollution，2002，138(1-4)：289-305.

[22] 冯伟铭. 废活性炭再生技术及对应的环境管治研究[J]. 环境与发展，2020，32(3)：102-103.

[23] 翁元声. 活性炭再生及新技术研究[J]. 给水排水，2004，30(1)：86-91.

［24］岳宗豪，郑经堂，曲降伟，等. 活性炭再生技术研究进展［J］. 应用化工，2009(11)：127-130.

［25］Belgin Karabacakoĝlu，Öznur Savlak. Electrochemical Regeneration of Cr(VI) Saturated Granular and Powder Activated Carbon：Comparison of Regeneration Efficiency［J］. Industrial & Engineering Chemistry Research，2014，53(33)：13171-13179.

［26］胡莹. 活性炭再生技术研究与发展［J］. 煤炭与化工，2018，41(4)：136-139.

［27］刘晓咏，欧阳平. 吸附材料超声波再生的研究进展［J］. 材料导报，2016，30(11)：110-115.

［28］Salvador F，M J Sánchez-Montero，Salvador A，et al. Study of the Energetic Heterogeneity of the Adsorption of Phenol onto Activated Carbons by TPD under Supercritical Conditions［J］. Applied Surface Science，2005，252(3)：641-646.

［29］刘守新，陈广胜，孙承林. 活性炭的光催化再生机理［J］. 环境化学，2005(4)：405-408.

［30］Zou W，Bai H，Gao S，et al. Characterization of Modified Sawdust，Kinetic and Equilibrium Study About Methylene Blue Adsorption in Batch Mode［J］. Korean Journal of Chemical Engineering，2013，30(1)：111-122.

［31］Ponnusami V，Gunasekar V，Srivastava S N. Kinetics of Methylene Blue Removal from Aqueous Solution Using Gulmohar(Delonix Regia) Plant Leaf Powder：Multivariate Regression Analysis［J］. Journal of Hazardous Materials，2009，169(1-3)：119-127.

［32］Jia Z，Li Z，Li S，et al. Adsorption Performance and Mechanism of Methylene Blue on Chemically Activated Carbon Spheres Derived from Hydrothermally-prepared Poly(Vinyl Alcohol) Microspheres［J］. Journal of Molecular Liquids，2016(220)：56-62.

［33］Islam M A，Tan I，Benhouria A，et al. Mesoporous and Adsorptive Properties of Palm Date Seed Activated Carbon Prepared Via Sequential Hydrothermal Carbonization and Sodium Hydroxide Activation［J］. Chemical Engineering Journal，2015，270(11)：187-195.

[34] Bedin K C，Martins A C，Cazetta A L，et al. KOH-activated Carbon Prepared from Sucrose Spherical Carbon：Adsorption Equilibrium，Kinetic and Thermodynamic Studies for Methylene Blue Removal[J]. Chemical Engineering Journal，2016(286)：476-484.

[35] Özgül Gerçel，Özcan A，Özcan A S，et al. Preparation of Activated Carbon from a Renewable Bio-plant of Euphorbia Rigida，by H_2SO_4 Activation and Its Adsorption Behavior in Aqueous Solutions[J]. Applied Surface Science，2007，253(11)：4843-4852.

[36] Mahmoudi K，Hosni K，Hamdi N，et al. Kinetics and Equilibrium Studies on Removal of Methylene Blue and Methyl Orange by Adsorption onto Activated Carbon Prepared from Date Pits-A Comparative Study[J]. Korean Journal of Chemical Engineering，2015，32(2)：274-283.

[37] Fu J，Chen Z，Wu X，et al. Hollow Poly(Cyclotriphosphazene-co-phloroglucinol) Microspheres：An Effective and Selective Adsorbent for the Removal of Cationic Dyes from Aqueous Solution[J]. Chemical Engineering Journal，2015(281)：42-52.

[38] Malik P K. Dye Removal from Wastewater Using Activated Carbon Developed from Sawdust：Adsorption Equilibrium and Kinetics[J]. Journal of Hazardous Materials，2004，113(1-3)：81-88.

[39] Al-Ghouti M A，Khraisheh M A M，Allen S J，et al. The Removal of Dyes from Textile Wastewater：a Study of the Physical Characteristics and Adsorption Mechanisms of Diatomaceous Earth[J]. Journal of Environmental Management，2003，69(3)：229-238.

[40] Khraisheh M A M，Al-Ghouti M A，Allen S J，et al. Effect of OH and Silanol Groups in the Removal of Dyes from Aqueous Solution Using Diatomite[J]. Water Research，2005，39(5)：922-932.

[41] Piccin J S，Gomes C S，Feris L A，et al. Kinetics and Isotherms of Leather Dye Adsorption by Tannery Solid Waste[J]. Chemical Engineering Journal，2012，183(8)：30-38.

[42] Li Z, Tang X, Chen Y, et al. Behaviour and Mechanism of Enhanced Phosphate Sorption on Loess Modified with Metals: Equilibrium Study [J]. Journal of Chemical Technology & Biotechnology, 2009, 84 (84): 595-603.

[43] Cheng Z, Yang R, Zhu X. Adsorption Behaviors of the Methylene Blue Dye onto Modified Sepiolite from Its Aqueous Solutions: Desalination and Water Treatment[J]. Desalination & Water Treatment, 2016, 57(52): 1-9.

[44] Peydayesh M, Rahbar-Kelishami A. Adsorption of Methylene Blue onto Platanusorientalis, Leaf Powder: Kinetic, Equilibrium and Thermodynamic Studies[J]. Journal of Industrial & Engineering Chemistry, 2015, 21 (1): 1014-1019.

[45] Uddin M T, Islam M A, Mahmud S, et al. Adsorptive Removal of Methylene Blue by Tea Waste[J]. Journal of Hazardous Materials, 2009, 164 (1): 53-60.

[46] Akrout H, Jellali S, Bousselmi L. Enhancement of Methylene Blue Removal by Anodic Oxidation Using BDD Electrode Combined with Adsorption onto Sawdust[J]. Comptes Rendus Chimie, 2015, 18(1): 110-120.

[47] Hameed B H, Ahmad A A. Batch Adsorption of Methylene Blue from Aqueous Solution by Garlic Peel, an Agricultural Waste Biomass[J]. Journal of Hazardous Materials, 2009, 164(2-3): 870-875.

[48] Nasuha N, Hameed B H, Din A T M. Rejected Tea as a Potential Low-cost Adsorbent for the Removal of Methylene Blue[J]. Journal of Hazardous Materials, 2010, 175(1-3): 126-132.

[49] Vadivelan V, Kumar K V. Equilibrium, Kinetics, Mechanism, and Process Design for the Sorption of Methylene Blue onto Rice Husk[J]. Journal of Colloid & Interface Science, 2005, 286(1): 90-100.

[50] Ponnusami V, Gunasekar V, Srivastava S N. Kinetics of Methylene Blue Removal from Aqueous Solution Using Gulmohar(Delonix Regia) Plant Leaf Powder: Multivariate Regression Analysis[J]. Journal of Hazardous Ma-

terials，2009，169(1-3)：119-27.

[51] Zhang X，Cheng L，Wu X，et al. Activated Carbon Coated Palygor-skite as Adsorbent by Activation and Its Adsorption for Methylene Blue[J]. Journal of Environmental Sciences，2015，33(7)：97-105.

[52] 秦艳利，胡杰，王玉富. 亚甲基蓝的变温红外光谱研究[J]. 沈阳理工大学学报，2010(4)：41-43.